普通高等教育"十三五"规划教材
国家新闻出版改革发展项目库入库项目

全国高等院校计算机基础教育研究会重点立项项目

# 计算机通用技能实战教程

主　编　山美娟　潘珊珊

副主编　徐梦雪　权　赟　彭　娟

主　审　黄　鑫

北京邮电大学出版社
www.buptpress.com

# 内 容 简 介

本书紧扣应用型大学计算机基础课程教学的基本要求,在多年教学和教学研究的基础上编写而成。全书以信息素养和商务办公为核心,在解析如何利用计算机解决实际问题的同时,注重对学员信息素养的教育和终身学习的引导。全书系统完整,阐述清晰,突出应用性与创新性,难度适中,具有较强的时代感和较宽的适用面。

全书按 32 个学时设计,共 5 章,包括信息素养、Word 高级商务应用、Excel 高级数据分析、PowerPoint 设计与制作、高效办公之锦囊妙计。本书可作为高等院校各专业大学计算机基础课程的教材,也可供职场人员参考使用。

**图书在版编目(CIP)数据**

计算机通用技能实战教程 / 山美娟,潘珊珊主编. -- 北京:北京邮电大学出版社,2019.10(2023.8 重印)
ISBN 978-7-5635-5892-6

Ⅰ. ①计… Ⅱ. ①山… ②潘… Ⅲ. ①电子计算机—高等学校—教材 Ⅳ. ①TP3

中国版本图书馆 CIP 数据核字(2019)第 226704 号

| | |
|---|---|
| 书　　名: | 计算机通用技能实战教程 |
| 主　　编: | 山美娟　潘珊珊 |
| 责任编辑: | 王晓丹　左佳灵 |
| 出版发行: | 北京邮电大学出版社 |
| 社　　址: | 北京市海淀区西土城路 10 号(邮编:100876) |
| 发 行 部: | 电话:010-62282185　传真:010-62283578 |
| E-mail: | publish@bupt.edu.cn |
| 经　　销: | 各地新华书店 |
| 印　　刷: | 北京虎彩文化传播有限公司 |
| 开　　本: | 787 mm×1 092 mm　1/16 |
| 印　　张: | 21 |
| 字　　数: | 548 千字 |
| 版　　次: | 2019 年 10 月第 1 版　2023 年 8 月第 6 次印刷 |

ISBN 978-7-5635-5892-6　　　　　　　　　　　　　　　　　　定　价:62.00 元

# 前　言

随着人类社会进入全新的信息时代,现代科技进步和社会经济发展对信息资源、信息技术和信息产业的依赖性越来越大,人才被赋予了新的内涵。快速、准确、及时、有效地获取和利用信息资源,利用信息技术解决实际问题,是信息化社会中人们必须具备的基本信息素养。在当今的工作环境中,Office办公软件成为大部分行业的基本工作工具,大大提高了我们的工作和学习效率。

本书提供了计算机通用技能的学习方法,以真实办公应用场景为依托,教大家怎么去解决实际工作和学习中遇到的各种问题。本书不是简单的知识点的堆积,而是从"点"到"线"再到"面",系统完整地向大家展示学习技能和方法。本书普适性强,不论是学生还是职场人员都能用到。

**1. 本书内容介绍**

本书由5位高校教师根据他们十多年的教学及企业培训经验编写而成,是一本有趣、有料、更有效的计算机通用技能参考书。本书系统全面地介绍了信息素养、Office 2016的核心功能和经典应用技巧,每章都提供了案例练习,以便巩固学生的所学知识。全书共分为5章,内容概括如下。

第1章全面地介绍了信息素养的概念、网络安全与信息道德、信息检索、常用工具软件、新媒体的概念及其应用。

第2章通过真实案例系统详尽地介绍了Word的高级商务应用,包括基本排版、长文档编辑、图文混排、表格应用、邮件合并、文档的审阅与保护。

第3章通过真实案例系统详尽地介绍了Excel的高级数据分析,包括数据输入与格式设置、数据验证、公式与函数、排序、筛选、分类汇总、数据透视表与透视图、商务图表、表单控件、数据分析工具库。

第4章通过职场应用系统地介绍了PowerPoint的设计与制作,包括PPT概述、结构化思维、版面设计技巧、图片处理技巧、配色方案、PPT动画应用。

第5章是对第2、3、4章的有效补充,介绍了18招高效办公的锦囊妙计,包括实际工作中处理复杂问题的技巧、工具和插件。

为了满足广大学员考取资格证书的需求,帮助他们提前做好与职场无缝对接的准备,我们在附录中详细地介绍了全国计算机等级考试的证书体系及考试大纲,以及Microsoft Office认证体系结构、考试科目及其相关问题。

本书由山美娟、潘珊珊担任主编,负责教材的审定和统稿工作。各章节的编写分工如下:

前言、第 1 章、每章思考与实践由山美娟编写;第 2 章、第 3 章、第 5 章由徐梦雪、权赟、彭娟编写;第 4 章由潘珊珊编写;附录由权赟编写。

**2. 本书特色**

- 系统全面。本书提供了 40 多个应用案例,通过案例描述、案例分析、思维拓展等过程讲解了 Office 2016 的应用技巧,涵盖了 Office 2016 中的各个模块和功能。

- 综合练习。本书各章都安排了课堂练习,全部围绕实例来讲解相关内容,灵活生动地展示了 Office 2016 各功能的应用。课堂练习体现了本书实例的丰富性,方便读者学习。每章提供的思考与实践,用于测试读者对本章内容的综合应用及掌握程度。

- 全程图解。各章内容全部采用图解方式,图像均做了大量的裁切、拼合和加工,信息丰富,效果精美,阅读轻松,上手容易。

- 视频辅助。本书各章重、难点案例都提供了视频链接二维码,读者可通过扫描二维码来观看视频教程,直观了解操作技巧,轻松实践并应用。如果想了解更多学习内容,请登录智慧树网(https://www.zhihuishu.com)搜索"Office 高效办公"课程名称,即可注册学习。

**3. 下载本书的彩图**

由于第 4 章 PowerPoint 设计与制作里包含了大量案例的图形、图像,许多图形格式、色彩、层次、明暗在印刷出版物中未能体现出来,因此本书为读者提供了一个 PDF 文件,其中包含了 PPT 章节的彩图。这些彩图能帮助读者更好地理解 PPT 设计的变化。从地址 http://www.buptpress.com 下载该文件。

本书在编写过程中,得到了有关领导和同事的大力支持与热情帮助,同时参考并利用了许多作者的文献资料,在此表示衷心的感谢。特别感谢秋叶老师和锐普 PPT 对我们课程的专业指导。由于计算机科学技术发展迅速且编者水平有限,书中难免有疏漏和不足之处,敬请广大读者多提宝贵意见。

最后,感谢您的阅读,期盼您在阅读本书后,有不一样的收获。

编　者
2019 年 6 月

# 目　　录

# 第 1 章　信息素养

## 1.1　信息素养概述

随着计算机的出现和普及,信息对整个社会的影响逐步提高到了一种绝对重要的地位。信息量、信息传播的速度、信息处理的速度以及应用信息的程度等都以几何级数的方式在增长。

当今社会,互联网技术的快速发展带来了社会生产方式和生活方式的深刻改变。有学者称,从 1946 年美国 IBM 公司制造出世界上第一台数字计算机后,全球信息化的进程可以用三句话来概括:信息技术的产生演变成了一场全球性的信息革命;信息革命演变成了全球的信息化浪潮;信息化的结果将使人类社会进入信息社会。

信息时代是人类有史以来变化最为剧烈、最为激荡人心、最为伟大而神奇的时代。信息技术的巨大作用正快速地、大规模地改变着经济、文化、教育、科学、社会、政治等各个领域,并最终会在这些领域给人类带来根本的、彻底的变革。

### 1.1.1　信息时代的特征

在信息时代,信息记录方式、传播方式发生了重大变化。信息的传输能力和速度空前提高,人类活动的时空限制得到突破,网络构成了社会活动的基础平台,一个虚拟世界正在形成,并与现实世界相互交织影响。在信息时代,信息资源成为最重要的战略资源和主要的社会财富,知识创新成了社会发展的主要动力,情报源成了新的权利源。实物和货币的积累,曾经是国力的标志,而在信息时代,对数据的积累、加工和利用的能力将成为国力的新标志。

在信息时代,世界因互联网络而改变。从政治和社会管理角度看,互联网推动了全球一体化进程,增强了各国间的相互渗透和相互依存,使国家与国家之间、国家与国际组织之间形成了纵横交错的紧密关系。在信息时代,国家的整体实力和国家话语权,标志着一个国家的强弱。新闻传播成为无形的战场,网络舆论战的作用更加凸显。当今世界进入新媒体时代,舆论传播方式发生了重大变化,大众社交媒体等作为舆论的重要发源地,成为舆论争夺的新战场。

信息时代的到来,也带来了许多问题,比如,网络安全、网络犯罪等,社会中的丑恶现象在网络世界均有所反映。互联网的治理如同物理空间的管理一样,需要文明、公正、诚信和法制。我们需要弘扬健康的网络文化,推进网络文明,并从社会管理创新的角度,运用崭新的理念及措施来面对互联网带来的新现象、新问题。在信息时代,物联网、云计算、大数据的广泛应用必将带来巨大的思维变革。我们的学习方式、思维方式、生活方式均需要做出改变和适应。信息时代的特征总结如下。

**1. 信息记录方式发生了深刻变化**

在信息时代,信息的记录方式不再仅仅限于纸张,科技的发展还为我们提供了电子存储介质,这种介质体积小,存储容量大,易保存携带。电子化的信息具有海量性、可检索性和规模性。纵观信息存储介质的历史,过去用铜线、双绞线、电缆传输信息,需要耗费大量的铜。随着存储技术的发展,数字化信息在存储、处理、传输、交换信息方面,具有速度快、容量大、成本低,准确可靠、方便灵活等优点。光盘和互联网的出现,以及光导纤维的大量使用,极大地节约了铜矿和过去用于存储信息的介质资源。大量以固态形式存在的信息转化成了数字化信息,几张光盘就能代替庞大的图书馆藏书,或者被置于互联网的虚拟云中随时供人翻阅。科学家预言,也许不久的将来,人类会把信息最终存储到粒子上,以最小的载体,涵盖最多的信息。

### 2. 信息传播方式发生了重大变化

互联网将计算机、声像、通信技术合为一体,文本、图形、图像、声音、影像等单媒体和计算机程序融合在一起形成了多媒体信息。信息传播方式走向交互式,用户可以参与甚至改造多媒体信息。当前移动互联网的发展正在深刻地改变着人类的交往方式。移动互联网是移动无线通信和互联网融合的产物,既具有移动通信随时、随地、随身的特点,又具有互联网开放、共享、互动的特点,形成了泛在、跨界、互动、点对面、一人对无数受众的信息传播特点,使信息传播以令人称奇的速度在难以估量的范围内传递。特别是手机作为移动的信息载体,正在快速地改变着固有的信息传播形态和方式。在中国,微信已成为智能手机最热门的应用,自从腾讯公司 2011 年 1 月推出这一手机聊天软件后,截至 2018 年 3 月,其注册用户已迅速突破了 10 亿人,遍及 100 多个国家和地区。

### 3. 信息的传输能力和速度空前提高

信息传输是维持社会系统正常运转的大动脉。在科学实验中,网络数据传输速度已经可以达到每秒 10 GB。在实际应用中,预计 2020 年将实现有线网络每秒 20 GB 的商用化。回忆过去,2G 网络用来看文字信息无压力,看图片就需要很长的加载时间,打开网页的速度也非常慢,3G 网络用来看图片、看视频还算可以,2G 和 3G 网络都主要依靠基站控制连接无线资源管理器再连接核心网。4G 网络对于 2G 和 3G 网络来说,就是一个大的进步了,4G 网络靠基站直连核心网,整个网络更加扁平化,降低时延,看视频非常快、不卡顿。而现在 5G 时代也在向我们走来,让我们的生活和娱乐更加便捷。5G 商业服务将包括物联网、车联网、智慧医疗、VR/AR、工业 4.0 等关键应用,它将驱动新产业生态链的形成。5G 网络每平方千米能承载100 万个互联网设备,支持数据包从一个点到另一个点只需 1 毫秒延迟,以及高达每秒 20 GB的峰值数据下载速度。以自动驾驶汽车为例,车辆间能以 0.001 秒的速度交换数据。

### 4. 全球化日益加深,世界已成为地球村

在信息化时代,互联网、物联网、云计算和移动通信等技术的蓬勃发展,使人们突破了传统的时空界限,物流、资金流、信息流、知识流实现了全球化。随着广播、电视、互联网和其他电子媒介的出现,随着交通方式的飞速发展,人与人之间的时空距离骤然缩短,整个世界紧缩成一个"村落"。"地球村"的出现打破了传统的时空观念,使人们与外界乃至整个世界的联系更为紧密,人类相互间变得更加了解。"地球村"现象的产生改变了人们的新闻观念和宣传观念,迫使新闻传播媒介更多地关注受众的兴趣和需要,更加注重时效性和内容上的客观性、真实性。地球村促进了世界经济一体化进程。

### 5. 虚拟世界的形成和发展

人们借助计算机和计算机网络,把现实的事物和活动转变为虚拟的事物和活动的过程,以及这个转变过程的成果,构成了虚拟世界。电子邮件、电子商务、网络会议、电子图书、远程医疗、远程教育、虚拟制造、虚拟战场等都是虚拟的表现。虚拟世界的用户可以选择虚拟的 3D

模型作为自己的化身,通过走路、乘坐交通工具等各种手段进行移动,通过文字、图像、声音、视频等各种媒介进行交流。目前最能体现"虚拟的现实世界"的案例是由美国加州"林登实验室(Linden Lab)"开发的"Second Life(第二人生)"。这不仅仅是一款游戏,它正在重新定义着整个互联网三维空间的虚拟现实社会。在这里,你可以学习、工作、生产、购物、存款,也可以跟朋友们一起四处闲逛、娱乐……游戏中的通用货币林登币(Linden dollars)与美元可以以一定汇率进行自由兑换,"第二人生"内的经济活动能赚取真金白银,商业、政治和娱乐开始渗入其中,虚拟与现实的界限由此逐渐模糊。实际上,没有逃往虚拟世界一说。虚拟世界跟真实世界走向的是融合。游戏性虚拟世界直接投射了真实社会的集体意识。

**6. 改变了人们生活、工作和学习方式**

在信息化社会里,人们通过使用各种信息技术,拓展了改造社会的能力,使自己的学习、工作、生活更方便和舒适,从根本上改变了自己的工作方式、生活方式、行为方式和价值观念。由于产业结构的变更和网络空间的出现,某些行业的工作人员可以通过网络与他人展开合作,进行交流,传达任务和递交成果,不用每天到固定的工作地点上班,也不需要在固定的时间内工作,更加自由,更加人性化。人们的日常生活无时无处不受到计算机的制约。商业、金融、旅游、交通等都处于计算机网络服务之中,人们可以通过操作计算机来进行购物、学习和交流等。

**7. 信息时代创新成为崭新的动力**

信息时代最重要的是创造力,而不是劳动力,基于信息的创新是财富的来源。目前,人们在竞争博弈的过程中,由于社会信息的不对称,掌握信息资源的博弈者获得了大量的财富,而其他博弈者只能获得较少的财富。将来,人们通过虚拟世界能获得几乎相同的信息资源,由于信息对称,博弈者所获得的财富差异基本上由创新能力决定。创新能力真正体现了人的知识和智慧的价值。

### 1.1.2　信息素养

美国教育技术 CEO 论坛在 2001 年第四季度报告中提出,21 世纪的能力素养包括五个方面:基本学习技能(读、写、算)、信息素养、创新思维能力、实践能力、人际交往与合作精神。信息素养被列为其中一个重要的要素,成为衡量人才素质的重要标准,因此,把信息素养作为信息社会的一项重要的素质教育工程去加以建设,是人才战略中的一项重要内容。

在信息社会,信息素养是人们投身社会的一个先决条件,是构成人们终身学习的基础。

**1. 信息素养的定义**

信息素养(Information Literacy)由美国信息产业协会主席保罗·泽考斯基于 1974 年提出,并将其定义为"利用大量信息工具及主要信息源使问题得到解答的技能",后来又将其解释为"人们在解答问题时利用信息的技能"。1989 年美国图书馆协会对信息素养给出了简单的定义。信息素养包括:能够判断什么时候需要信息,并且懂得如何去获取信息,如何去评价和有效利用所需的信息。1998 年美国图书馆协会和美国教育传播与技术协会在《信息力量:创建学习的伙伴》一书中提到,信息素养是指能够有效和高效地获得信息,能够熟练和批判地评价信息,能够精确和创造地使用信息。

我国关于信息素养的定义,主要由著名教育技术专家李克东教授和徐福荫教授提出。李克东教授认为信息素养应包含信息技术操作能力,对信息内容的批判与理解能力,以及对信息的有效运用能力。徐福荫教授认为,从技术学视角看,信息素养应定位在信息处理能力;从心理学视角看,信息素养应定位在信息问题解决能力;从社会学视角看,信息素养应定位在信息交流能力;从文化学视角看,信息素养应定位在信息文化的多重构建能力,因此,信息素养是一个含义非常广泛而且不断变化发展的综合性概念,不同时期、不同国家的人们对信息素养赋予不同的含义。目前,人们是将信息素养作为一种能力来认识的。

**2. 信息素养的组成要素**

信息素养是一种个人综合能力素养,同时又是一种个人基本素养。作为大学生,信息素养教育的目的是培养学生能够认识到何时需要信息,能够有效地检索、评估和利用信息的综合能力;培养学生能够将获取的信息与自己已有知识相融合,构建新的知识体系,解决所遇到的问题与任务;培养学生能够了解利用信息所涉及的经济、法律和社会问题,合理、合法地获取和利用信息。

一般而言,信息素养主要包括信息意识、信息知识、信息能力和信息道德四个要素。信息素养的四个要素共同构成一个不可分割的统一整体,其中信息意识是先导,信息知识是基础,信息能力是核心,信息道德是保证。

(1) 信息意识

意识是人类头脑中对于客观世界的反映,是感觉和思维等过程的总和。意识来源于物质世界,并对物质世界具有反作用,是一种自觉的心理活动。信息意识是意识的一种,是信息在人脑中的集中反映。

信息意识是指对信息、信息问题的敏感程度,是对信息的捕捉、分析、判断和吸收的自觉程度。具体来说,就是人作为信息的主体在信息活动中产生的知识、观点和理论的总和。通俗地讲,面对不懂的东西,能积极主动地去寻找答案,并知道在哪里、用什么方法去寻求答案,这就是信息意识。信息意识强的人,能通过一点儿蛛丝马迹捕捉到有价值的信息,因而往往能够占得先机,获得优势;能在错综复杂、混乱无序的众多信息表象中,去粗取精、去伪存真、识别、选择、利用正确的信息。而信息意识淡薄的人,忽视信息的获取与利用,常使成功的机会与自己擦肩而过,导致错失良机而陷入被动,同时,信息意识还表现为对信息的持久注意力,对信息价值的判断力和洞察力。

(2) 信息知识

信息知识是人们在利用信息技术工具、拓展信息传播途径、提高信息交流效率的过程中积累的认识和经验的总和,是信息素养的基础,是进行各种信息行为的原材料和工具。

(3) 信息能力

信息能力是信息素养中最重要的一个组成部分。它是指运用信息知识、技术和工具解决信息问题的能力,包括专业知识能力、信息检索能力、信息获取能力、信息评价能力、信息组织能力、信息利用能力和信息交流能力等。

(4) 信息道德

信息道德是指在信息的采集、加工、存储、传播和利用等信息活动各个环节中,用来规范其间产生的各种社会关系的道德意识、道德规范和道德行为的总和。它通过社会舆论、传统习俗等,使人们形成一定的信念价值观和习惯,从而使人们自觉地通过自己的判断来规范自己的信息行为。

信息道德作为信息管理的一种手段,与信息政策、信息法律有密切的关系,它们各自从不同的角度实现对信息及信息行为的规范和管理。信息道德以其巨大的约束力在潜移默化中规范人们的信息行为,而在自觉、自发的道德约束无法涉及的领域,信息政策和信息法律则能够充分地发挥作用。信息政策弥补了信息法律滞后的不足,其形式较为灵活,有较强的适应性。

而信息法律则将相应的信息政策、信息道德固化为成文的法律、规定、条例等形式,从而使信息政策和信息道德的实施具有一定的强制性,更加有法可依。信息道德、信息政策和信息法律三者相互补充、相辅相成,共同促进各种信息活动的正常进行。

**3. 信息素养的内容**

信息素养包括关于信息和信息技术的基本知识和基本技能,运用信息技术进行学习、合作、交流和解决问题的能力,以及信息的意识和社会伦理道德问题。具体而言,信息素养应包含以下五个方面的内容。

(1)热爱生活,有获取新信息的意愿,能够主动地从生活实践中不断地查找、探究新信息。

(2)具有基本的科学和文化常识,能够较为自如地对获得的信息进行辨别和分析,并正确地加以评估。

(3)可灵活地支配信息,较好地掌握选择信息、拒绝信息的技能。

(4)能够有效地利用信息,表达个人的思想和观念,并乐意与他人分享不同的见解或资讯。

(5)无论面对何种情境,能够充满自信地运用各类信息解决问题,有较强的创新意识和进取精神。

## 1.2  网络安全与信息道德

### 1.2.1  网络安全

随着计算机和互联网的广泛普及,各行各业对计算机的依赖性日益增强,许多个人、公司甚至国家机密的重要信息,都存储在计算机中,但我国计算机安全防护能力尚不发达,计算机很容易受到内部窃贼、计算机病毒和网络黑客的攻击,具有极大的风险性和危险性。重要数据和文件的泄露、丢失和被盗,不仅会给国家、企业和个人造成巨大的经济损失,而且会严重危及国家安全和社会稳定。如何保护计算机中的信息不被非法获取、盗用、篡改和破坏,已成为令人关注和急需解决的问题。

网络安全是指网络系统的硬件、软件及其系统中的数据受到保护,不因偶然的或者恶意的原因而遭受到破坏、更改、泄露,系统连续、可靠、正常地运行,网络服务不中断。

影响网络安全的主要因素主要包括网络本身和外界威胁两个方面。网络本身错综复杂,难以监管,且存在软件系统和硬件方面的漏洞,如操作系统漏洞、IE漏洞、防火墙和路由器等的漏洞。漏洞是造成网络安全问题的重要隐患,绝大多数非法入侵、木马、病毒都是通过漏洞来突破网络安全防线的,因此,防堵漏洞是提高网络安全的关键之一。外界威胁主要来自计算机病毒与非法入侵。计算机感染病毒以后,轻则系统运行速度明显变慢,频繁宕机,重则文件被删除,硬盘被损坏。计算机里保存的重要数据和信息资料,如果被非法入侵者盗取或篡改,会造成数据信息的泄露和丢失,严重影响办公。

**1. 计算机病毒**

病毒是指编制或者在计算机程序中插入的,能破坏计算机功能或者毁坏数据,影响计算机使用,并能自我复制的一组计算机指令或者程序代码。

计算机病毒具有传播性、隐蔽性、感染性、潜伏性、可激发性和破坏性。计算机病毒的生命周期:开发期→传染期→潜伏期→发作期→发现期→消化期→消亡期。

计算机病毒是一个程序,一段可执行代码。就像生物病毒一样,计算机病毒具有自我繁殖、互相传染以及激活再生等特征。计算机病毒有独特的复制能力,它们能够快速蔓延,又常常难以根除。它们能把自身附着在各种类型的文件上,当文件被复制或从一个用户传送到另一个用户时,它们就随同文件一起蔓延开来。

病毒的种类主要有系统病毒、蠕虫病毒、木马病毒、宏病毒、脚本病毒等。

(1)历史上著名的5例计算机病毒

**第一名　CIH病毒(1998年)**

如果谈到破坏力,CIH病毒可能是当之无愧的第一名,其在计算机病毒史上"名留青史"。CIH病毒能够直接破坏计算机硬件,而不仅仅只是停留在软件层面,简单地说,它能够直接影响计算机主板BIOS,使得计算机彻底损坏无法启动。当年互联网刚刚起步不久,所以网络传播不广泛,CIH病毒更多的是通过盗版光盘逐步流传出来的。

**第二名　网游大盗(2007年)**

网游大盗是一款网络蠕虫病毒。2007年是网络游戏非常火爆的一年,当时有"魔兽世界""完美世界""征途"等多款知名网游。计算机中毒之后会造成游戏账户和游戏装备丢失。

**第三名　冲击波病毒(2003年)**

冲击波蠕虫(Worm.Blaster或Lovesan)是一种散播于Microsoft操作系统的蠕虫病毒,爆发于2003年8月,它给人们造成的麻烦也是非常大的。计算机中了这个病毒,会自动关机,同时弹出"关闭系统"窗口,如图1-1所示,提示系统关机的倒计时,并在一分钟内重新开机,任凭你使用什么手段都没有办法结束掉。

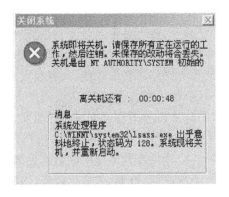

图1-1　"关闭系统"窗口

**第四名　熊猫烧香(2006年)**

熊猫烧香病毒是2006年10月16日由25岁的中国湖北武汉新洲区人李俊编写的,2007年1月初肆虐网络,它主要通过下载的文件传染。它是一种经过多次变种的蠕虫病毒,它能感染系统中的.exe,.com,.pif,.src,.html,.asp等文件,它还能中止大量的反病毒软件进程,并且会删除扩展名为.gho的文件(.gho文件是系统备份工具GHOST的备份文件),使用户的系统备份文件丢失。当年网络已经广泛普及,中毒用户不计其数。而且此病毒最为厉害的地方在于,这个病毒的变种数量竟然接近100种,令人防不胜防。被感染的用户系统中所有.exe可执行文件全部被改成熊猫举着三根香的图标样式,如图1-2所示。2007年2月12日,湖北省公安厅宣布,李俊及其同伙共8人已经落网,这是中国警方破获的首例计算机病毒大案。

图 1-2  熊猫烧香病毒

**第五名  LOVE BUG(2000 年)**

LOVE BUG,即鼎鼎大名的求爱信病毒。2000 年是计算机网络大爆发的一年,这一年网络宽带正在逐步进入寻常百姓家,不少企业才刚刚开始在网络领域挣扎。求爱信病毒伪装成一封情书诱导用户打开,在用户打开"情书"后瞬间爆发。求爱信病毒的作用是不断复制和群发邮件,当年宽带速度和带宽都很一般,很快全球网络就因为电子邮件的群发而出现问题了。

此外,2017 年 5 月 12 日勒索病毒袭击了全球 100 多个国家,攻击了大量机构和个人的计算机。勒索病毒是不法分子通过加密文件、锁屏等方式劫持用户文件等资产或资源,并以此敲诈用户钱财的一种恶意软件。不法分子通过发送邮件等网络钓鱼方式,向受害电脑或服务器植入敲诈病毒来加密硬盘上的文档甚至整个硬盘,随后向受害企业或者个人索要数额不等的赎金后才予以解密。

由此可见计算机病毒的厉害,我们不得不在日常计算机使用过程中多加防范。

(2)病毒的征兆

- 屏幕上出现不应有的特殊字符或图像,字符无规则变化或脱落,图像时而静止、时而跳动,以及出现莫名其妙的信息提示等。
- 计算机发出尖叫、蜂鸣音或非正常奏乐等。
- 计算机经常无故死机,随机地重新启动或无法正常启动,运行速度明显下降,内存空间变小,磁盘驱动器以及其他设备无缘无故地变成无效设备。
- 磁盘标号被自动改写,出现异常文件,出现固定的坏扇区,可用磁盘空间变小,文件无故变大、失踪或被改乱,可执行文件变得无法运行等。
- 打印异常,打印速度明显降低,不能打印,不能打印汉字与图形,打印时出现乱码等。
- 计算机收到来历不明的电子邮件,自动链接到陌生的网站,自动发送电子邮件等。

**2. 木马**

木马(Trojan),也称木马病毒,能通过特定的木马程序来控制另一台计算机。木马通常有两个可执行程序,一个是控制端,另一个是被控制端。木马程序是目前比较流行的病毒文件,与一般的病毒不同,它不会自我繁殖,也不刻意地去感染其他文件,它通过伪装自身来吸引用户下载执行,向施种木马者提供打开被种主机的门户,使施种者可以任意毁坏、窃取被种者的文件,甚至远程操控被种主机。木马病毒的产生严重危害着现代网络的安全运行。

### 3. 黑客

黑客通常是指对计算机科学、编程和设计方面具有高度理解的人。在信息安全里,黑客指研究、智取计算机安全系统的人员。

黑客又分为黑帽黑客和白帽黑客两种。黑帽黑客是指利用公共通信网络,如互联网和电话系统,在未经许可的情况下,载入对方系统的黑客。白帽黑客是指调试和分析计算机安全系统的黑客。

## 1.2.2 计算机安全防范

网络存在诸多安全隐患,要保障网络安全,我们可以从系统平台和手机网络两方面重点防范。对于个人计算机,要做到不轻易打开来历不明的电子邮件;使用新的计算机系统或软件时,要先杀毒后使用;及时备份系统和参数,建立系统的应急计划等;安装杀毒软件;分类管理数据。此外,我们还要启动系统防火墙,定期查杀病毒,针对变种病毒还需安装专杀工具进行预防,还要加强网络连接安全性,预防ARP攻击。对于手机,要加强手机病毒防护和手机隐私安全保护,预防手机扣费陷阱和诈骗。

计算机网络安全措施主要包括保护网络安全、保护应用服务安全和保护系统安全三个方面,各个方面都要结合考虑安全防护的物理安全、防火墙、信息安全、Web安全、媒体安全等。

### 1. 保护网络安全

网络安全,即保障商务各方网络端系统之间通信过程的安全性。保证机密性、完整性、认证性和访问控制性是网络安全的重要因素。保护网络安全的主要措施如下:

- 全面规划网络平台的安全策略;
- 制定网络安全的管理措施;
- 使用防火墙;
- 尽可能记录网络上的一切活动;
- 注意对网络设备的物理保护;
- 检验网络平台系统的脆弱性;
- 建立可靠的识别和鉴别机制。

### 2. 保护应用安全

保护应用安全,主要是针对特定应用(如Web服务器、网络支付专用软件系统)所建立的安全防护措施,它独立于网络的任何其他安全防护措施。虽然有些防护措施可能是网络安全业务的一种替代或重叠,如Web浏览器和Web服务器在应用层上对网络支付结算信息包的加密,都是通过IP层来加密的,但是许多应用还有自己特定的安全要求。

由于电子商务中的应用层对安全的要求最严格、最复杂,因此人们更倾向于在应用层而不是在网络层采取各种安全措施。

虽然网络层上的安全有其特定地位,但是人们不能完全依靠它来解决电子商务应用的安全性问题。应用层上的安全业务可以涉及认证、访问控制、机密性、数据完整性、不可否认性、Web安全性、EDI和网络支付等方面的安全性。

### 3. 保护系统安全

保护系统安全,是指从整体电子商务系统或网络支付系统的角度进行安全防护,它与网络系统硬件平台、操作系统、各种应用软件等互相关联。涉及网络支付结算的系统安全措施包含下述几种：

- 在安装的软件,如浏览器软件、电子钱包软件、支付网关软件等中,检查和确认未知的安全漏洞;
- 技术与管理相结合,使系统具有最小穿透风险性,例如,通过诸多认证才允许连通,对所有接入数据进行审计,对系统用户进行严格安全管理;
- 建立详细的安全审计日志,以便检测并跟踪入侵攻击等。

商务交易安全服务则紧紧围绕传统商务在互联网络上应用时产生的各种安全问题,在计算机网络安全的基础上,保障电子商务过程的顺利进行。

各种商务交易安全服务都是通过安全技术来实现的,主要包括加密技术、认证技术和电子商务安全协议等。

除了采取这些防范措施外,还要提升大家的信息道德修养,才能保证我们能有一个安全的计算机使用环境,才能真正让信息为人类服务,让科技造福人类。

### 1.2.3 信息道德

#### 1. 信息道德的内涵

信息道德是指人们在收集信息、获取信息和利用信息时必须遵守的法律、法规、伦理道德和行为规范。

在知识经济时代,知识产权保护是促进社会科技、文化事业发展的重要法律措施。对于通过利用信息获益的人们,更应将信息道德作为必须遵守的行为道德规范。

信息道德具体包括:信息行为人必须在充分了解利用信息以及与信息技术相关的法律、法规、伦理道德的基础上,在存取、使用信息资源时遵守国家有关信息的法律、法规,遵守信息资源提供机构的规定以及约定俗成的一些规则,不制作、不传播、不利用违反国家政策的信息、不健康信息和虚假信息,要充分树立知识产权意识,不侵犯知识产权,不利用信息技术谋取不正当利益或从事违法活动等。在日趋繁杂的信息环境中,自觉而良好的信息道德,是信息素养乃至个人综合素养中非常重要的部分。

信息需求是源动力,信息知识和信息能力是构成信息素养的重要组成部分,是形成信息素养的“物质”基础,信息素养除了需要“物质”基础以外,还必须要有“精神”要素,这就是意识情感和伦理道德。这些“精神”要素决定了人们在社会生活中使用知识工具的价值取向。

信息道德作为信息管理的一种手段,与信息政策、信息法律有密切的关系,它们各自从不同的角度对信息及信息行为进行规范和管理。信息道德以其巨大的约束力在潜移默化中规范人们的信息行为,而在自觉、自发的道德约束无法涉及的领域,信息政策和信息法律则能够充分地发挥作用。信息政策弥补了信息法律滞后的不足,其形式较为灵活,有较强的适应性。而信息法律则将相应的信息政策、信息道德固化为成文的法律、法规、条例等形式,从而使信息政策和信息道德的实施具有一定的强制性,更加有法可依。信息道德、信息政策和信息法律三者相互补充、相辅相成,共同保障各种信息活动的正常进行。

#### 2. 大学生如何树立信息道德

作为大学生,我们应该从以下方面树立信息道德。

(1) 遵守信息法律法规。大学生要了解与信息活动有关的法律法规,培养遵纪守法的观念,养成在信息活动中遵纪守法的意识与行为习惯。

(2) 抵制不良信息。提高判断是非、善恶和美丑的能力,能够自觉选择正确的信息,抵制垃圾信息、黄色信息、反动信息和封建迷信信息等。

（3）批评与抵制不道德的信息行为。培养大学生的信息评价能力，使大学生能认识到维护信息活动的正常秩序是每个人应负担的责任，对不符合社会信息道德规范的行为应坚决予以批评和抵制，营造积极的舆论氛围。

（4）不损害他人利益。个人的信息活动应以不损害他人的正当利益为原则，我们要尊重他人的财产权、知识产权，不使用未经授权的信息资源，尊重他人的隐私，保守他人秘密，信守承诺，不损人利己。

（5）不随意发布信息。个人应对自己发出的信息承担责任，应清楚自己发布的信息可能产生的后果，应慎重表达自己的观点和看法，不能不负责任或信口开河，更不能有意传播虚假信息、流言等误导他人。

信息道德在潜移默化中调整人们的信息行为，使其符合信息社会基本的价值规范和道德准则，从而使社会信息活动中个人与他人、个人与社会的关系变得和谐与完善，并最终对个人和组织等信息行为主体的各种信息行为产生约束或激励作用，同时，信息政策和信息法律的制定及实施必须考虑现实社会的道德基础，因此信息道德还是信息政策和信息法律建立和发挥作用的基础。

总之，信息素养四要素的相互关系可以归纳总结为：信息意识是前提，决定信息行为主体是否能够想到用信息和信息技术；信息知识是基础；信息能力是核心，决定能不能把想到的做到、做好；信息道德是保证和准则，决定在做的过程中能不能遵守信息道德规范，合乎信息伦理。它们共同构成不可分割的统一整体。

目前为止，很多国家都在信息道德建设方面给予了极大的关注，其中很多团体、组织，尤其是计算机专业的组织，纷纷提出了各自的伦理道德原则、伦理道德戒律等，如"计算机伦理十诫""南加利福尼亚大学网络伦理声明"等。

**3. 中国维护网络安全的举措**

2011 年 8 月 29 日，我国最高人民法院和最高人民检察院联合发布《关于办理危害计算机信息系统安全刑事案件应用法律若干问题的解释》。该司法解释规定，黑客非法获取用于支付结算、证券交易、期货交易等网络金融服务的账号、口令、密码等信息 10 组以上，可处 3 年以下有期徒刑等刑罚，获取上述信息 50 组以上的，处 3 年以上 7 年以下有期徒刑。

2012 年 7 月，中国国务院发布了《关于大力推进信息化发展和切实保障信息安全的若干意见》。2012 年 12 月，全国人大常委会通过了《关于加强网络信息保护的决定》。《信息安全技术公共及商用服务信息系统个人信息保护指南》于 2013 年 2 月颁布。2016 年 11 月，全国人民代表大会常务委员会颁布了《中华人民共和国网络安全法》。

2013 年 2 月，我国成立中央网络安全和信息化领导小组，习近平总书记亲自担任组长。2015 年 12 月 16 日，习近平总书记在第二届世界互联网大会开幕式上的讲话中指出："加强网络伦理、网络文明建设，发挥道德教化引导作用，用人类文明优秀成果滋养网络空间、修复网络生态"。

有了司法条例，人们使用信息的行为才能更理性，更符合道德规范。让我们从道德的角度出发，规范开发和利用信息技术，尽量减少信息技术的负面效应，尽可能发挥信息技术应用的正面效应，从而保证信息技术朝着有利于人类生存、社会发展的方向前行。

## 1.3　信息检索

处于信息爆炸时代的我们,可能每天都会在网上查找信息,寻求我们需要的有价值的信息资源。比如,找一份理想的工作,选一件喜欢的衣服,解决工作中的某个难题,学习某种职场技能,找一本经典的书籍等。我们常常在一大堆信息中不断寻找,又不断筛选,有时会有浪费时间的惆怅。那么如何准确、快速地找到自己所需的信息呢?那就需要提高"搜商",即增强信息意识并掌握一定的信息检索方法和技能。在这个知识经济时代,信息和智慧成为了重要生产力,我们通过高效搜索信息和资源来帮助自己解决问题的意识和能力显得尤为重要。

**1. 信息检索的起源**

信息检索起源于图书馆的参考咨询和文摘索引工作,从19世纪下半叶开始发展,至20世纪40年代,索引和检索已成为图书馆独立的工具和用户服务项目。随着1946年世界上第一台电子计算机的问世,计算机技术逐步走进信息检索领域,并与信息检索理论紧密结合起来。信息检索在教育、军事和商业等各领域高速发展,并得到了广泛的应用。

**2. 信息检索的概念**

信息检索(Information Retrieval)是指信息按一定的方式组织起来,并根据信息用户的需要找出相关信息的过程和技术。狭义的信息检索就是信息检索过程的后半部分,即从信息集合中找出所需要的信息的过程,也就是我们常说的信息查询(Information Search 或 Information Seek)。

信息检索是用户进行信息查询和获取的主要方式,是查找信息的方法和手段,它能使人们在浩如烟海的信息海洋中迅速、准确、全面地查找所需信息。可以说,信息检索在人们的学习、生活和工作等方面都有非常大的作用。

**3. 信息检索的原理**

人们对信息的需求千差万别,获取信息的方法也不尽相同,但信息检索的基本原理却是相通的。信息检索原理的核心是用户信息需求与文献信息集合的比较和选择,是两者匹配的过程。一方面是组织有序的文献信息集合,即存储过程;另一方面是根据用户的需求查询相关信息,即检索过程。信息存储与检索过程如图1-3所示。

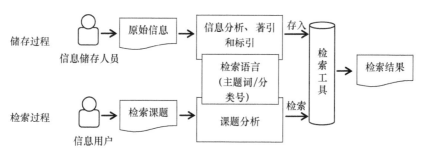

图 1-3　信息存储与检索过程示意图

### 1.3.1 搜索引擎的应用

**1. 什么是搜索引擎**

随着网络的发展,互联网上的资源以惊人的速度在不断增长,人们在浩如烟海的信息面前无所适从,想迅速、准确地获取自己需要的信息,变得十分困难。为了解决用户信息需求与网上海量、无序资源间的矛盾,20 世纪 90 年代,网络信息资源检索工具应运而生,这就是搜索引擎。

搜索引擎是指根据一定的策略,运用特定的计算机程序从互联网上搜集信息,在对信息进行组织和处理后,为用户提供检索服务,将用户检索的相关信息展示给用户的系统。百度和谷歌等都是很著名、功能很完善的搜索引擎。

**2. 搜索引擎的分类**

搜索引擎的分类标准很多,按照检索范围分为综合搜索引擎和专业搜索引擎两种;按其工作方式主要可分为全文搜索引擎、目录索引类搜索引擎和元搜索引擎。

全文搜索引擎是目前的主流搜索引擎,国外搜索引擎的代表是谷歌,国内则有最大中文搜索引擎百度。它们从互联网提取各个网站的信息,建立起数据库,检索与用户查询条件相匹配的记录,并能按一定的排列顺序返回结果。根据搜索结果来源的不同,全文搜索引擎可分为两类,一类拥有自己的检索程序(Indexer),俗称"蜘蛛(Spider)"程序或"机器人(Robot)"程序,它们能自建网页数据库,直接从其自身的数据库中调用搜索结果,谷歌和 360 搜索就属于此类;另一类则是租用其他搜索引擎的数据库,并按自定的格式排列搜索结果,如 Lycos 搜索引擎。

目录索引也称为分类检索,是互联网上最早提供万维网资源查询的服务,主要通过搜集和整理互联网的资源,根据搜索到的网页的内容,将其网址分配到相关分类主题目录的不同层次的类目之下,形成像图书馆目录一样的分类树形结构索引。目录索引无需输入任何文字,用户只要根据网站提供的主题分类目录,层层点击进入,便可查到所需的网络信息资源。

目录索引虽然有搜索的功能,但严格意义上不能称为真正的搜索引擎,它只是按目录分类的网站链接列表而已。用户完全可以按照分类目录找到所需要的信息,不依靠关键词进行查询。目录索引中最具代表性的莫过于大名鼎鼎的雅虎和新浪分类目录搜索。

元搜索引擎(META Search Engine)在接受用户查询请求后,能同时在多个搜索引擎上进行搜索,并将结果返回给用户。著名的元搜索引擎有 InfoSpace、Dogpile、Vivisimo 等,中文元搜索引擎中具代表性的是搜星搜索引擎。在搜索结果排列方面,有的直接按来源排列搜索结果,如 Dogpile;有的则按自定的规则将结果重新排列组合,如 Vivisimo。

**3. 综合搜索引擎**

综合搜索引擎可以检索任何方面的信息资源,但由于检出的内容太多而使用户无法一一过目。比如,谷歌、雅虎、百度、必应等都属于这类搜索引擎。在搜索引擎中输入关键词,然后单击"搜索",很快会返回系统查询结果。这是最简单的查询方法,使用方便,但是查询的结果却不准确,其中可能包含着许多无用的信息。

(1) 谷歌

Google(http://www.google.cn)是一家以提供搜索服务为重点的盈利公司,是由斯坦福大学博士拉里·佩奇和谢尔盖·布林于 1998 年 9 月在美国硅谷共同创建的,旨在提高全球的搜索引擎服务。Google 以其强大、迅速而方便的搜索引擎,为用户提供准确、详实、符合需要的信息。Google 目前已经成为全球规模最大的搜索引擎。

Google 的搜索服务产品主要包括网页搜索、学术搜索、图书搜索、图片搜索、美国专利信息全文查询、API 程序和开放源代码存取、地图搜索、3D 绘图软件搜索、视频搜索、博客搜索、财经信息搜索、购物信息搜索等。用户可以利用 Google 提供的基本搜索、高级搜索和特殊搜索功能满足不同的搜索需求。

（2）雅虎

Yahoo!（http://www.yahoo.com）由美国斯坦福大学的华裔博士杨致远与他的同学 David Filo 于 1994 年开发，是全球著名的搜索引擎之一。Yahoo! 的搜索服务主要是分类目录检索和 YST 检索。

依托雅虎国际领先搜索技术（YST 技术）和阿里巴巴的本地化策略，Yahoo! 致力于打造"中国人做的面向全世界的最好的搜索"。至 2013 年，雅虎搜索是国际两大顶级网页搜索引擎之一，也是全球使用率较高的搜索引擎之一，具有全球第一庞大的海量数据库，拥有能索引全球 190 亿个网页（其中包括 20 亿个中文网页）的全球最大网页搜索引擎、能索引 20 亿张图片的全球最大图片搜索引擎、能索引 2 000 万个音乐文档的全球最大音乐搜索引擎。

（3）百度

百度（http://www.baidu.com）是全球最大的中文搜索引擎，2000 年 1 月由李彦宏、徐勇二人创立于北京中关村，致力于向人们提供"简单、可依赖"的信息获取方式。"百度"二字源于中国宋朝词人辛弃疾的《青玉案 元夕》中的词句"众里寻他千百度"，象征着百度对中文信息检索技术的执着追求。

百度的搜索服务产品主要包括网页搜索、图片搜索、视频搜索、音乐搜索、新闻搜索、词典、地图搜索、百度学术、百度识图、百度医生、百度房产等。

（4）必应

Bing（http://cn.bing.com）是微软公司于 2009 年 5 月推出的一款用以取代 Live Search 的搜索引擎，中文名称定为"必应"，与微软全球搜索品牌 Bing 同步，提供网页、图片、视频、地图、资讯、词典、在线翻译、导航等搜索服务。必应的界面不像谷歌那样只有简单的白色背景，取而代之的则是一幅精美的照片，并且会定期更换，其界面如图 1-4 所示，在网页页面的左侧会列出一部分相关搜索结果。

图 1-4　必应搜索引擎

专业搜索引擎是专门搜集特定的某一方面信息的搜索引擎。如学术搜索引擎、专利搜索引擎和医学搜索引擎等，Medscape（美国医景医药搜索引擎）、Intute（学术资源搜索引擎）、Midomi（音乐搜索引擎）等都属于这类搜索引擎。

**4. 如何应用搜索引擎检索信息**

利用关键词一键搜索，得到的信息太多，为了进一步缩小检索范围，我们可以使用筛选器做高级检索。比如，用必应检索图片，我们可以选择图片的大小、颜色、类型、版式、日期等，从而找到合适的图片，如图 1-5 所示。如果我们要以图找图，也是非常方便的，可以用 360 识图、百度识图等，上传已有的图片，就可以搜索到相类似的图片，如图 1-6 所示。如果我们要找特定类型的文件，也有相应的检索工具，比如，百度文库就可以筛选文件类型，如图 1-7 所示。

图 1-5　必应特殊检索

图 1-6　360 识图

图 1-7　百度文库按文件类型检索

**5. 搜索聚合工具——虫部落**

给大家介绍一个搜索利器，它叫虫部落。虫部落是一个纯粹的知识、技术和经验分享的平台。虫部落快搜、虫部落学术搜索等搜索聚合工具均为虫部落独家原创出品。虫部落快搜可以跳转到必应、百度、谷歌、搜狗等各个搜索引擎，也提供微信、微博、知乎信息的搜索，其数据搜索功能也很强大，如图 1-8 所示。

搜索引擎虽然可以帮助用户在 Internet 上找到所需信息，但同时也会返回大量无关的信息，因此，多使用一些检索技巧，将会在更短的时间内找到需要的确切信息，具体方法如下。

图 1-8　虫部落

（1）提炼搜索关键词

选择正确的关键词是一切的开始。学会从复杂搜索意图中提炼出最具代表性和指示性的关键词对提高信息查询效率来说至关重要。

（2）细化搜索条件

搜索条件越具体，搜索引擎返回的结果就越精确，有时多输入一两个关键词效果就完全不同。

（3）用好逻辑命令

搜索逻辑命令通常是指布尔命令"AND""OR""NOT"等逻辑符号命令。用好这些命令同样可使搜索应用达到事半功倍的效果。

随着互联网的发展，网上可以搜索到的网页变得愈来愈多，但网页内容的质量良莠不齐，没有保证。未来的搜索引擎将会朝着知识型搜索引擎的方向发展，为搜索者提供更准确、更适用的数据。

### 1.3.2　专业网络信息检索

各种专业领域的信息都可以通过专业搜索引擎获得。下面主要介绍图书、期刊、专利信息的检索。

**1. 图书检索**

中文图书检索平台主要有读秀中文学术搜索和超星数字图书馆。

读秀中文学术搜索是全球最大的中文文献资源服务平台，可以从图书、期刊、报纸、学位论文、会议论文、视频、词典、标准、新闻等多种信息资源中进行检索，并且可以提供在结果中检索的二次检索功能。

读秀现收录了 430 万种中文图书题录信息、275 万种中文图书原文，可搜索的信息量超过 13 亿页，可为读者提供了深入到图书内容的全文检索，如图 1-9 所示。

目前，读秀已经实现了馆藏纸质图书和超星电子图书数据库电子图书的整合，同时实现了资源的一站式检索，即输入检索词，检索结果可延展到相关图书、期刊、会议论文、学位论文、报纸等文献资源，并且提供了图书封面页、目录页以及部分正文内容的试读。已购买的资源，用户可以通过馆藏纸书图书的借阅、电子资源的挂接来获取全文;未购买的资源,用户可以通过文献传递、按需印刷等途径获取。

图 1-9　读秀学术搜索

超星数字图书馆是目前世界上最大的中文在线数字图书馆,由北京世纪超星信息技术发展有限公司制作,设有文学、历史、法律、军事、经济、科学、医药、工程、建筑等几十个分馆。使用超星数字图书馆阅读或下载图书时,必须下载并安装 SSReader 阅读器才能阅读图书全文。超星学术视频目前囊括了学术视频、高校课堂实录、讲座等系列视频 13 万余集,课程达 6 650 门。它后期还推出了公开课,内容涉及哲学、文学、艺术、历史、法学、经济学、理工、医学、农学等多个学科门类。授课教师均来自清华、北大、复旦、南开、浙大等国内著名大学以及中国社科院、中国科学院等科研单位。目前超星公开课大多和高校进行合作,通过超星尔雅通识课为高校大学生提供互联网在线自主学习服务。

输入超星学术视频访问地址 http://video.chaoxing.com,如图 1-10 所示。

图 1-10　超星学术搜索

**2. 期刊检索**

中文期刊检索平台主要有 CNKI、万方数据资源系统、维普中文科技期刊数据库和龙源期刊网。

CNKI 是中国知识基础设施工程(China National Knowledge Infrastructure)的简称,它深

度集成整合了期刊、博硕士论文、会议论文、报纸、年鉴、工具书等各种文献资源,并以"中国知网"为网络出版与知识服务平台,为全社会提供了丰富的信息资源和有效的知识传播途径以及数字化学习服务。输入网址 http://www.cnki.net,便可登录中国知网首页,如图 1-11 所示。

图 1-11  中国知网

万方数据知识服务平台(http://www.wanfangdata.com.cn)集高品质的知识资源、先进的发现技术、人性化的设计于一身,是国内一流的知识资源出版、增值服务平台。万方数据资源系统涉及自然科学和社会科学的各个专业领域,收录文献类型有期刊论文、会议文献、学位论文、标准、专利、名录、科技成果、政策法规等。

**3. 专利文献检索**

(1)专利的含义及类型

在现代,专利一般是由政府机关或者代表若干国家的区域性组织根据申请而颁发的一种文件,这种文件记载了发明创造的内容,并且在一定时期内产生这样一种法律状态,即获得专利的发明创造在一般情况下他人只有经专利权人许可才能予以实施。

专利的种类在不同的国家有不同规定。在我国,专利分为发明、实用新型和外观设计三种类型。

发明专利是指对产品、方法或者其改进所提出的新的技术方案。取得专利的发明又分为产品发明(如机器、仪器设备、用具)和方法发明(制造方法)两大类。

实用新型专利是指对产品的形状、构造或者其结合所提出的适于实用的新技术方案。实用新型专利与发明专利有两点不同:一是其技术含量比发明专利的技术含量低,所以有人称之为"小发明";二是它的保护期限比发明专利的保护期限短。

外观设计专利是指对产品的形状、图案、色彩或者其结合所提出的富有美感并适于工业上应用的新设计方案,注重装饰性和艺术性。

所有的发明都不能自动生成专利,生成专利必须要经过一定的程序,如申请、审查、授权等。此外,发明专利和实用新型专利还应具备新颖性、创造性和实用性。

(2)专利检索平台

国内专利文献检索平台主要有国家知识产权局、中国知识产权网和中国专利信息中心等。

• 国家知识产权局

中华人民共和国国家知识产权局(SIPO)专利检索数据库(http://www.sipo.gov.cn)由国家知识产权局和中国专利信息中心开发,该专利检索系统收录了 1985 年中国实施专利制度以来的全部中国专利文献,用户可以免费检索及下载专利说明书,数据每周更新。SIPO 系统全文为 TIFF 格式,需要安装专用浏览器才能阅读。该系统是国内最具权威性的专利检索系统之一如图 1-12 所示。

图 1-12　国家知识产权局

• 中国知识产权网

中国知识产权网专利检索系统(http://www.cnipr.com)是由国家知识产权局知识产权出版社通过"中国知识产权网"提供的中国专利文献检索系统,如图 1-13 所示。该系统收录了 1985 年专利法实施以来全部公开的中国发明,包括实用新型、外观设计专利和发明授权专利。该数据库每周随中国专利公报出版的数据更新而更新。

图 1-13　中国知识产权网

该系统既有免费检索又有收费检索。免费检索可免费查看专利的著录项目、摘要、主权项内容;收费系统可查看专利的法律状态信息、专利说明书全文等。

- 中国专利信息中心

中国专利信息中心(http://www.cnpat.com.cn)成立于 1993 年,是国内知识产权局直属的事业单位、国家级专利信息服务机构,其主营业务包括信息化系统运行维护、信息化系统研究开发、专利信息加工和专利信息服务等。

- 美国专利商标局

美国专利商标局(https://www.uspto.gov)是美国商务部的下属机构,为发明者及其发明提供专利保护、商品商标注册和知识产权证明。该网站可以免费检索 1970 年以来美国专利的全文与图像。它分为两个数据库:PatFT(授权专利数据库)和 AppFT(申请专利数据库)。二者需要分别进入,各自单独检索。

- 欧洲专利局

欧洲专利局(https://worldwide.espacennet.com)的 esp@cenet 专利检索系统是综合性的检索网站,也是目前经常被使用的免费专利检索数据库,它支持英文、德文和法文三种语言界面,该检索系统提供了包括欧洲专利局和欧洲专利组织成员国出版的欧洲专利数据库,以及世界知识产权组织 WIPO 出版的 PCT 专利数据库、世界专利数据库等。

此外,对于矿业工程、地球与环境科学、建筑与土木工程、机电、化学化工材料、数理学科、法学法律等领域网络信息资源的检索,也都有很多不同的专业信息检索平台,还有更多的国外专业信息检索网站和引文数据库,大家可以利用所学的方法自己搜索。

总之,各种搜索引擎在查找范围、检索功能等方面各有千秋,我们要选择合适的搜索工具,精确关键词,并综合选用高级搜索或特殊搜索命令,才能提高检索质量。

### 1.3.3 信息检索技术

前面我们已经了解了综合搜索和专业信息检索,但仅有这些有时候仍不能满足我们对高效且高质量信息检索的需求,因此就需要采用高级的信息检索技术来实现我们的目标。

计算机信息检索过程实际上是检索词与标引词比较的过程。单个检索词的计算机信息检索比较简单,两个或两个以上检索词的信息检索则需要先根据检索课题的要求对检索词进行组配。在计算机信息检索中,常用的检索技术有布尔逻辑检索、词组检索、限定检索等。

**1. 布尔逻辑检索**

运用布尔逻辑运算符表达各检索词之间的逻辑关系,是信息检索中最为常用的一种方法。布尔逻辑检索的基础是逻辑运算,包括"与""或""非",此外还有大于、小于、等于、不等于等运算。

(1)逻辑"与",用"AND"或"*"表示,其含义是检出的记录必须同时含有所有用"与"连接的检索词。若有两个检索词 A 和 B,"A AND B"或"A * B"表示被检中的记录必须同时含有 A 和 B 两个检索词,如图 1-14 所示。

例如,要查找"计算机在财务分析中的应用"的文献,可以用下列逻辑式表示:

计算机 AND 财务分析    或    计算机 * 财务分析

逻辑与连接的检索词越多,检索范围越小,专指性就越强,能起到缩小检索主题范围的作用,提高检索的准确率。

(2)逻辑"或",用"OR"或"+"表示,表示被检中的记录只需满足检索词的任何一个或一个以上。若有两个检索词 A 和 B,"A OR B"或"A + B"表示被检中的记录有检索词 A 或有检索词 B，或 A、B 两个检索词都有，如图 1-15 所示。

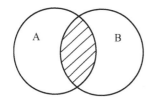
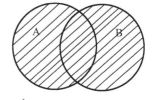

图 1-14  逻辑"与"示意图          图 1-15  逻辑"或"示意图

例如，要求查找人工智能或机器人方面的文献，可以用下列逻辑式表示：

人工智能 OR 机器人  或  人工智能＋机器人

在实际检索中，一般用逻辑"或"可以扩大检索范围，这样能避免漏检，提高查全率。

（3）逻辑"非"，用"NOT"或 "－"表示，是具有概念删除关系的一种组配，可从原来的检索范围中剔除一部分不需要的内容，即检出的记录中只能含有 NOT 算符前的检索词，且不包含 NOT 算符后的检索词。若有两个检索词 A 和 B，逻辑式"A NOT B"或"A－B"表示被检中的记录包含检索词 A，但不包含检索词 B。

例如，要求检索汽车方面的文献，而又不希望文献中出现卡车的主题，可以下列逻辑式表示：

汽车 NOT 卡车  或  汽车－卡车

**2. 词组检索**

词组检索也可以称为精确检索，是把检索词当作一个精确的词组来进行检索和匹配，一般对检索词用双引号或书名号进行标注。例如，用双引号括起来的"青岛大学"，专指查找青岛大学的相关信息，不包括位于青岛其他大学的信息，如青岛科技大学、青岛理工大学等的信息；用书名号括起来的《手机》，专指查找电影《手机》的相关信息，但不包括手机的排行、报价等信息。词组检索可以排除不相关的检索结果，提高检索的专指度和准确性。

**3. 限定检索**

在检索系统中，为提高检索的查全率或查准率，需要采取一些缩小或约束检索结果的方法，我们称之为限定检索。限定检索又称字段检索，组成数据库的最小单位是记录，一条完整记录中的每一个著录事项为字段。文献书目型数据库的记录基本包括下列字段：题名字段（Title，TI）、文摘字段（Abstract，AB）、标识字段（Identified，ID）、著者字段（Author，AU）、著者机构字段（Corporate Source，CS）、刊名字段（Journal，JN）、出版年字段（Publication Year，PY）、文献类型字段（Document Type，DT）、语种字段（Language，LA）等。

表 1-1  信息检索字段表

| 字段名称 | | 字段代码 | 字段名称 | | 字段代码 |
| --- | --- | --- | --- | --- | --- |
| Abstract | 文摘 | AB | Keywords | 关键词 | KW |
| Author | 著者 | AU | Language | 语种 | LA |
| Author Affiliation | 著者单位 | AF | Patent Country | 专利国 | PC |
| Conference | 会议 | CF | Publication type | 出版类型 | PT |
| Corporate Author | 团体作者 | CA | Publication Year | 出版年 | PY |
| Descriptor | 叙述词 | DE | Publisher | 出版者 | PB |

| 字段名称 | | 字段代码 | 字段名称 | | 字段代码 |
|---|---|---|---|---|---|
| Editor | 编者 | ED | Report Number | 报告号 | RP |
| Identifiers | 标识 | ID | Source | 来源 | SO |
| ISBN | 国际标准书号 | IB | Title | 题名 | TI |
| ISSN | 国际标准刊号 | IS | Corporate Source | 著者机构 | CS |

例如,"Computer/TI,AB"表示在题名或文摘中查找含"Computer"一词的文献。检索表达式中也可以使用通配符"＊"和"?",通常星号"＊"表示替代若干字符,问号"?"表示替代一个字符。

除了这些,还有加权检索、位置检索、截词检索等检索技术,在这里就不详细介绍了,大家可以参考网上教程自主学习。

### 1.3.4 图书馆资源的利用

图书馆是为教学和科学研究服务的学术性机构,既是学校信息化和社会信息化的重要基地,又是学生素质教育的重要基地。

每所图书馆都致力于培养读者的信息素质和求知热情。图书馆一般拥有多功能学术报告厅、会议室、视听室、数字阅览室等,并配备丰富的纸质图书、数字化图书、期刊、学位论文和会议论文等,是文献资源加工、存储、共享的信息中心。图书馆每年除大量增加纸质图书、期刊外,通常还会购置数字超星电子图书、清华同方 CNKI 系列全文数据库、万方数字化期刊数据库、读秀知识库、新东方数据库、博看期刊网数据库、外文电子图书、起点考试库等资源。比如,美国探索教育视频资源库,它精选并整合了美国探索频道和国家地理频道近年来的最新节目,涵盖了工程巡礼、科学发现、军事天地、自然星球、历史人文、生物百科、宇宙科幻、犯罪调查等20 余个专题。图书馆资源非常丰富,可以满足每个用户个性化的需求对培养用户的人文素养和科学素养有很大的帮助。

那么怎样才能找到自己喜欢的油墨宝藏呢? 只需要一台联网的计算机和一个 Web 浏览器,在任何时间都可以帮你找到所需的图书,并且,还可以进行图书预约、续借,浏览新书通报,查询馆藏书刊目录信息等。另外,图书馆非书资源管理系统里收录了大量的随书光盘资料,可供用户下载使用。

## 1.4 常用工具软件

### 1.4.1 常用工具软件介绍

随着计算机科学技术的迅猛发展,计算机软件的发展也日新月异,人们对计算机应用的需求也越来越高,不再满足于简单的文字处理和上网浏览信息等基本操作,而是希望能够更加轻松自如地对计算机进行各种设置,能够分析和排除一些常见故障,能够对计算机进行日常维护,并熟练使用各种工具软件,提高学习和工作效率,充分享受使用计算机的乐趣。本节主要介绍工具软件的特点、分类以及使用方法。

常用工具软件是指在计算机操作系统的支撑环境中,为了扩展和补充系统功能而设计和开发的一系列软件。许多看似复杂烦琐的事情,只要找对了相应的工具软件,都可以轻松地解决。

工具软件涉及的范围非常广,按其用途可划分为文件类、多媒体类、图形图像类、网络类和系统类。大多数工具软件是共享软件、免费软件,它们通常体积较小,功能相对单一,但却是我们解决一些特定问题的好帮手。

工具软件多种多样,实现同一功能的工具软件可能有几十种,这给用户的选择和使用带来了许多不便。下面将概括性地介绍几类常用的工具软件,帮助大家对工具软件有一个整体的认识。

**1. 工具软件的特点**

(1)功能专一、种类多样

工具软件的种类繁多,各自有各自的功能,功能比较专一。比如,有专门用来看图的软件,有专门用来进行数据压缩的软件等。

(2)体积小、使用方便

工具软件的体积通常都比较小,和几百 MB、上 GB 的大型软件相比,工具软件最小的只有几十或者几百 KB,大的一般也不超过 100 MB,因此,在安装、卸载、启动和退出上,工具软件比大型软件方便快捷得多。

**2. 工具软件的分类**

根据实现功能的不同,可以将常用工具软件分为如下五大类。

(1)办公文档类软件:常用的有文字输入工具、翻译工具、电子书工具、光盘刻录工具等。

(2)媒体娱乐类软件:常用的有音频播放工具、视频播放工具、网络流媒体工具等。

(3)图形图像类软件:常用的有图像浏览工具、抓图工具等。

(4)网络工具类软件:常用的有网络浏览器搜索工具、网络聊天工具、邮件收发工具、网络数据传输工具等。

(5)系统工具类软件:常用的有信息安全工具、系统安全设置工具、磁盘工具、备份恢复工具等。

**3. 工具软件的使用**

种类繁多的工具软件作为计算机的辅助工具,极大地方便了人们的工作。它们的功能、使用方法各不相同,在此总结了常用工具软件比较通用的使用方法,以帮助大家做到触类旁通,从而更好地学习和使用常用工具软件。

(1)文字输入工具

随着网络时代的来临,每天都有大量的新词、新人名涌现出来,如劲舞团、超女等。由于传统输入法的词库是封闭静态的,不具备对流行词汇的敏感性,这些词都是不能默认输入的,必须要选很多次,传统的输入法已经对流畅输入中文的重任力不从心。基于时代的需求,搜狗拼音输入法依托于强大的搜狗搜索引擎应运而生。

虽然从外表上看搜狗拼音输入法与其他输入法相似,但是其内在核心大不相同。搜狗输入法应用了多项先进的搜索引擎技术,传统的输入法的词库是静态的、陈旧的,而搜狗输入法的词库是网络的、动态的、新鲜的。

搜狗拼音输入法需要用户自行下载、安装,可以从官方网站下载原版,地址为 https://pinyin.sogou.com。

(2)翻译工具

翻译工具作为语言交流的辅助工具软件,在人们的学习和工作中起着举足轻重的作用。特别是随着当今网络的飞速发展,跨国界的聊天、外文资料、外贸业务等也越来越多,传统的翻译词典等工具难以满足现代化办公的需要,学会并使用翻译工具将会使学习和办公的效率变得更高。

金山词霸由北京金山公司开发，它是一款功能强大的翻译软件，采用了国内领先技术的 Smart 查词引擎，具有完善的智能取词识别和模糊听音查询功能，是用户学习和工作时不可或缺的实用工具软件。

金山词霸虽然是一个方便实用的大"辞海"，但在日常工作中有些用户还需要对整句甚至整篇文章进行翻译，这时便需要借助金山快译。金山快译具有快速翻译英、日文文章，浏览英、日文网站等功能。

百度在线翻译是由百度搜索引擎提供的英汉互译服务，不但能翻译普通的英文单词、词组、汉字词语，甚至还能翻译常见的中文成语，其网址为 http://fanyi.baidu.com。

打开百度在线翻译，在"请输入你要翻译的文字"文本框内输入想要翻译的中文或英文单词，在下方的下拉列表框中选择源语言和目标语言，单击"百度翻译"按钮就可以得到翻译的结果。

（3）文件解压缩工具

WinRAR 是一个强大的压缩文件管理工具。它能备份用户的数据，减少 E-mail 附件的大小，能解压从互联网上下载的 RAR、ZIP 和其他格式的压缩文件，并能创建 RAR 和 ZIP 格式的压缩文件。WinRAR 内置程序可以解压 CAB、ARJ、LZH、TAR、GZ、ISO 等多种类型的档案文件、镜像文件和 TAR 组合型文件。

① 压缩

右击要压缩的文件夹，在弹出的快捷菜单中选择【添加到压缩文件】，或者添加到同名的 ZIP 文件中，如图 1-16 所示，在默认位置会产生一个压缩文件。

② 解压

选中要解压的文件，在选中的文件上右击，在弹出的快捷菜单中选择【解压到当前文件夹】命令，或解压到同名文件夹中，如图 1-17 所示。

图 1-16　压缩命令

图 1-17　解压命令

如果解压到指定目录,在弹出的快捷菜单中选择【解压到】命令,弹出【解压文件】对话框,设置解压路径,单击【立即解压】按钮,操作过程如图 1-18 所示。

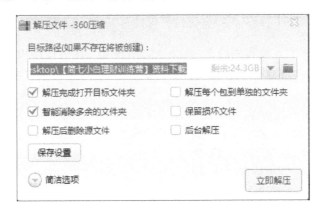

图 1-18　解压文件

(4) 光盘刻录工具

光盘是目前最好的海量信息存储载体之一,其不仅存储容量巨大,而且成本低、体积小。光盘的可靠性高,对使用环境要求不高,不需要采取特殊的防震和防尘措施,因此光盘普遍用于重要文献资料、试听材料、教育软件、影视节目和游戏动画等媒体信息的存储。

光盘是利用激光原理进行读、写信息的辅助存储设备。光盘驱动器是一种读取光盘信息的设备,通过激光在光盘表面反射光强度的变化来实现信息的读取。

根据存储性能和用途的不同,光盘存储器可分为以下三类。

- 只读型光盘(CD-ROM)。这种光盘内的数据和程序由光盘生产厂家写入,用户使用时只能读出,不能修改或写入新的内容。它主要用于电视唱片和数字音频唱片,可以获得高质量的图像和高保真的音乐。在计算机领域,它主要用于检索文献数据库或其他数据库,也可用于计算机的辅助教学等。

- 只写一次型光盘(CD-R)。这种光盘允许用户写入信息,写入后可多次读出,但只能写入一次,而且不能修改,故称它为"只写一次型(WORM,Write One Read Many)"。这种光盘主要用于计算机系统中的文件存档,或写入的信息不再需要修改的场合。

- 可擦写型光盘(CD-RW)。这种光盘类似于磁盘,可以重复读写。从原理上来看,目前仅有光磁记录(热磁反转)和相变记录(晶态—非晶态转变)两种。这是很有前景的一类辅助存储器。

光盘存储器中最引人注目的是 DVD-ROM,特别是可擦写的 DVD-RAM,可重写次数为数千次,而且相对于 CD 来说,DVD 的容量更大,是 CD 容量的 7～20 倍,且读取速度更快。

使用光盘备份数据需要具备的条件为:光盘驱动器(光盘刻录机)具有刻录功能,光盘非只读型、操作系统为 Windows XP 及以上版本或系统中安装有光盘刻录软件。

光盘工具软件是使用光盘和光盘驱动器的途径。对于配备了刻录机的计算机,我们可以利用刻录软件刻录数据光盘、CD 音乐光盘或 DVD 视频光盘。若要读取网上下载的镜像文件,则需要借助虚拟光驱。

当前的刻录软件比较多,Nero 是一款优秀的光盘刻录工具,其操作简单、功能强大,支持多国语系。使用 Nero 可以轻松制作 CD 和 DVD。

ONES 光盘刻录软件装在 U 盘里随时随地都能用,它包含了非常多的光盘刻录功能,如光盘擦除、光盘复制、抓去音频、管理 ISO 映像、比较光盘文件等,此外,还支持创建音乐光盘、数据光盘和启动光盘。用 ONES 软件刻录数据光盘的界面如图 1-19 所示。

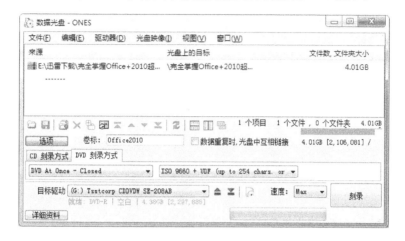

图 1-19　ONES 刻录数据光盘

（5）信息安全工具

计算机网络技术的发展不仅提高了人们的工作效率,还丰富了人们的业余生活,但人们在享受便利生活的同时,计算机病毒、木马也越来越多地困扰着人们。文件无故丢失、系统崩溃、盗号事件、隐私泄露等现象层出不穷,特别是近年来的"震荡波""熊猫烧香"等病毒,在全球范围内都造成了巨大的损失,因此,选择一款实用的网络安全工具是保证计算机安全的最佳方法。

常用的计算机网络安全工具有杀毒软件和网络防火墙两种。杀毒软件也称反病毒软件,是用于清除计算机病毒、特洛伊木马和恶意软件的一类软件。杀毒软件通常集成了监控识别、病毒扫描和清除以及自动升级等功能。网络防火墙是一项协助确保资讯安全的装置,其依照特定的规则,允许或是限制资料通过。防火墙可以是一台专属的硬件,也可以是架设在一般硬件上的一套软件。

瑞星杀毒软件是一款优秀的国产杀毒软件,由北京瑞星科技股份有限公司开发,用于防止计算机遭受病毒的入侵和有害程序的破坏,从而有效维护计算机系统的安全。瑞星杀毒软件是一款付费软件,用户购买正版杀毒软件并安装后,才可以实时进行病毒库的更新。

金山毒霸是金山软件公司推出的智能反病毒软件,是市场上较有影响力的一个品牌,它通过了多项国际杀毒认证和 Windows Vista 官方认证,市场的竞争力很强。金山毒霸包括金山毒霸、金山网镖和金山清理专家,三者紧密结合,在预防计算机病毒、木马、垃圾邮件等方面的性能大大增强,可使用户计算机在网络中相对安全。

360 杀毒软件是 360 安全中心出品的一款免费的云安全杀毒软件。它创新地整合了五大领先查杀引擎,包括国际知名的 BitDefender 病毒查杀引擎、小红伞病毒查杀引擎、360 云查杀引擎、360 主动防御引擎以及 360 第二代 QVM 人工智能引擎,为用户带来安全、专业、有效、新颖的查杀防护体验。

（6）磁盘工具

磁盘作为计算机存储数据的重要设备,用于存储用户所需的系统、软件、数据等,所以我们在使用计算机时,要学会对磁盘进行维护。比如,清理磁盘无用文件,整理磁盘碎片,对磁盘进行分区、格式化等操作。Windows 系统自带了一些磁盘维护工具，平时使用最多的有磁盘碎片整理工具、Fdisk 分区工具、Format 格式化工具和磁盘清理工具，如图 1-20 所示。

图 1-20　磁盘清理工具

（7）多媒体工具

多媒体技术的出现，使计算机的娱乐功能更加强大。我们可以使用计算机播放音频、视频文件，也可以使用计算机处理图形图像、音频和视频等多媒体文件。

我们先来了解图形图像工具。图形（graph）和图像（image）都是多媒体系统中的可视元素，那么矢量图形和位图图像有什么区别呢？

先说位图图像，位图图像是由像素点组合而成的，色彩丰富、过渡自然，计算机保存时需记录每个像素点的位置和颜色，图像像素点越多，也就是图像分辨率越高，图像就越清晰，文件就越大，一般能直接通过照相、扫描、摄像方式得到的图像都是位图图像。位图图像的缺点是放大图像不能增加图像的像素点点数，肉眼可以看到不光滑的边缘和明显的颗粒，质量

杂志封面制作

不容易得到保证。常用的位图软件有 Photoshop、Cool 3D、Fireworks、光影魔术手等。Photoshop 常见操作包括图像选取、颜色调整、文字添加和图层样式编辑等，具体操作参见微视频"杂志封面制作"。

矢量图形是由数学公式表达的线条所构成的，线条非常光滑流畅，放大图形，其线条依然可以保持良好的光滑性及比例相似性，图形整体不变形，占用空间较小。工程设计图、图表、插图经常以矢量图形曲线来表示。常用的矢量绘图软件有 AutoCAD、CorelDraw、Illustrator、Freehand 等。

动画是一种随电影技术发展而来的媒体技术，将连续变化的图片按顺序进行快速播放就能产生运动效果，延迟时间越短，动画的运动效果就越逼真。动画的基本原理与电影、电视一样，都是视觉原理。医学证明，人眼在观察景物时有"视觉暂留"的现象，当光信号传入大脑后，视觉形象在 0.34 秒内不会消失。利用这一原理，在上一幅画消失前播放下一幅画，就可以给人造成一种流畅的视觉变化效果。

动画制作工具主要有 Flash、GIF 动画制作工具 Ulead GIF Animator、三维动画制作工具 Ulead CooL 3D 等。Flash 是一种交互式动画设计工具，用它可以将音乐、声效、动画，以及富有新意的元素融合在一起，制作出高品质的网页动态效果。Flash 动画设计的基本功能是绘图、编辑图形、补间动画和遮罩。Flash 动画通过不同元素的不同组合，可以创造出千变万化的效果。

音频制作工具主要有酷狗音乐盒、Cool Edit、GoldWave 等。

视频制作工具主要有 CamStudio、Premiere、屏幕录制专家等。CamStudio 是一款开源软

件,它可以录制计算机上所有的视频和音频活动,同时生成符合行业标准的 AVI 视频文件。通过 CamStudio 内置的 SWF 生成器可以将 AVI 格式的视频转换成更加小巧的、适用于互联网的 Flash 视频流文件。

（8）文档格式转换工具

将 Word 转换为 PowerPoint 文档,首先打开要转换的 Word 文档,设置好各级标题和段落的大纲级别,再在【文件】选项卡中单击【选项】命令,打开【Word 选项】对话框,在对话框中单击左侧的【自定义功能区】,在下拉列表中选择"所有命令",然后在所有命令列表中将"发送到 Microsoft PowerPoint"添加到"新建选项卡"中,如图 1-21 所示,最后单击新建选项卡中的"发送到 Microsoft Office PowerPoint"。完成上述操作后,PowerPoint 会自动打开,并且把 Word 全部内容转换到 PPT 中。这种转换方法方便快捷,但新生成的 PPT 需要进行格式编辑。

图 1-21 "Word 选项"对话框

将 PDF 文档转换为 Word 文档,可以用 Solid Converter PDF 软件,以及迅捷 PDF 转换器,能支持更多格式文件转换,如图 1-22 所示。

图 1-22 迅捷 PDF 转换器

另外,还有更多的媒体转换工具,比如,格式工厂、暴风转码等。

总之,工具软件多不胜数、层出不穷,在本节就简要介绍以上这些,大家在使用过程中要多比较、多总结,不断探索,不断更新,进而提高学习和工作效率。

### 1.4.2 思维导图

#### 1. 思维导图概述

思维导图,又称脑图,是表达发散性思维的有效图形思维工具。它由东尼·博赞(Tony Buzan)发明,并在全世界各领域得到了广泛的使用。思维导图运用图文并重的技巧,把各级主题的关系用相互隶属及相关的层级图表现出来,在主题关键词与图像、颜色等之间建立记忆链接,开启人类大脑的无限潜能。

思维导图是有效的思维模式,能应用于笔记、创意、展示、计划、学习和决策等方面,如图 1-23 所示。

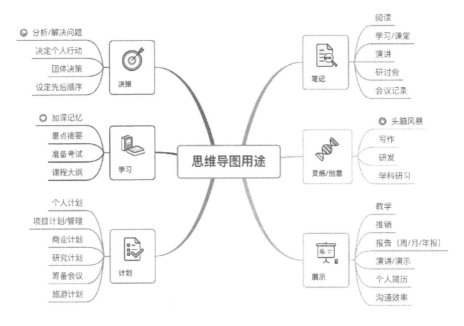

图 1-23　思维导图的应用领域

思维导图可以手绘,也可以用计算机软件来绘制。手绘思维导图只要有纸和笔,就可以随时随地进行创作,不受设备限制,自由灵活,但不便于复制、修改、存储和分享。用计算机软件绘制的思维导图,容易修改,延展性好,还可嵌入报告中,也能方便地转换成各种文件格式。

#### 2. 思维导图绘制软件

(1) XMind

XMind 是一个全功能的思维导图制作软件,在商业领域,它可以用来进行会议管理、项目管理、时间管理、企业决策分析等。在教育领域,它通常被用于教师备课、课程规划、头脑风暴等。XMind 支持导出 Office/PDF/Evernote 等格式,能满足各种场合的需求。

(2) MindMaster

MindMaster 是一款国产跨平台的思维导图软件,可同时在 Windows、Mac 和 Linux 系统上使用。该软件提供了智能布局、多样的幻灯片展示模式、精美的设计元素、预置的主题样式、甘特图视图、手绘效果的思维导图等。

（3）Mindmanager

Mindmanager 是一个创造、管理和交流思想的软件，其直观、友好的用户界面和丰富的功能，能帮助用户有序地组织思维、资源和项目进程。Mindmanager 与其他思维导图软件相比，其最大的优势是软件同 Microsoft Office 无缝集成，能快速将数据导入到 Word、PowerPoint、Excel、Outlook、Project 和 Visio 中，同时也能从 Office 中导出越来越受职场人士的青睐。

（4）IMindMap

IMindMap 工具主要用于做会议笔记、计划任务、规划活动、创建及呈现演示等。IMindMap 包含了各种直观、省时的功能，能协助用户减轻繁忙的日程。

（5）FreeMind

FreeMind 是一款跨平台的、基于 GPL 协议的思维导图绘制软件，它用 Java 编写而成。其产生的文件格式后缀为".mm"。FreeMind 可用来做笔记、会议记录、脑力激荡等。

（6）百度脑图

百度脑图是一款在线思维导图编辑器，使用浏览器来打开使用，如图 1-24 所示。除基本功能以外，它支持 XMind、FreeMind 文件的导入和导出，也能导出 PNG、SVG 图像文件。具备分享功能，编辑后可在线分享给其他人浏览。

图 1-24　百度脑图

（7）ProcessOn

ProcessOn 是一个在线作图工具的聚合平台，它可以在线画流程图、思维导图、UI 原型图、UML、网络拓扑图、组织结构图等，如图 1-25 所示。

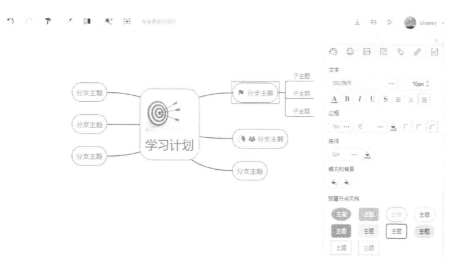

图 1-25　ProcessOn 在线作图工具

案例描述

利用 XMind 软件绘制思维导图，呈现工作计划。

 案例分析

（1）打开 XMind 8 程序，新建文件，选择"思维导图"类别，然后选择合适的风格，单击【新建】按钮，如图 1-26 所示；

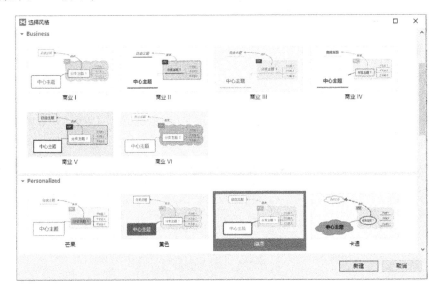

图 1-26　思维导图选择风格

（2）双击画布中央的"中心主题"，将主题修改为"工作计划"；

（3）右击中心主题，在【插入】的级联菜单中选择【子主题】命令，如图 1-27 所示；

图 1-27　"插入子主题"命令

（4）选择"分支主题1"，通过按回车键，可以产生多个同级子主题，如图1-28所示，双击分支主题即可修改分支主题内容；

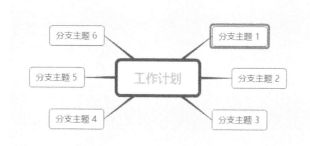

图1-28　创建多个分支主题

（5）采用相同方法添加下一级分支，并修改内容；

（6）单击窗口右侧的【格式】按钮，打开"画布格式"工具箱，即可设置"背景""墙纸"等元素的格式；

（7）选择要修改的主题，打开"主题格式"工具箱，即可根据需要修改文字、边框和线条的格式，如图1-29所示；

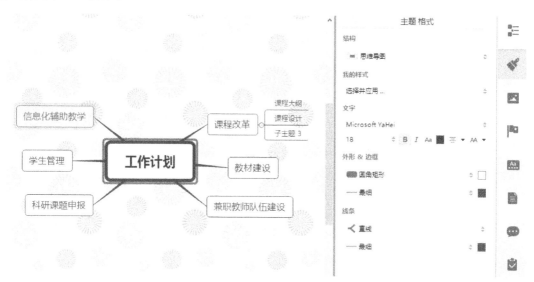

图1-29　"主题格式"界面

（8）单击【插入】选项卡，在下拉列表中选择【图标】，即可插入任务优先级、任务进度、月份、表情等，使思维导图更详细和直观，如图1-30所示；

（9）所有主题分支绘制完成后，单击右上角的【导出】按钮，即可导出思维导图，如图1-31所示，然后选择文件类型，单击【下一步】按钮，选择保存路径并输入文件名称，最后单击【完成】按钮。这样一份图示化的工作计划就完成了。

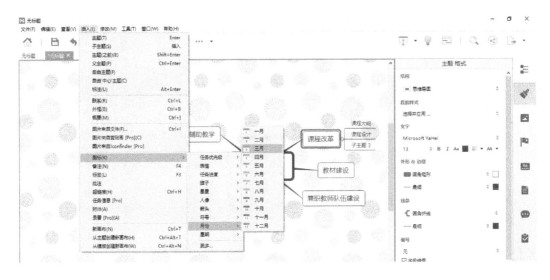

图 1-30 "插入图标"命令

图 1-31 导出思维导图

## 1.5 新媒体应用

移动互联网的发展,不仅促进了报纸、电视等传统媒体的转型,也催生了一种新型的媒体形式——新媒体。新媒体对传统媒体产生了很大的冲击,也为其他行业的发展提供了新的营销平台。本节主要带领大家一起认识新媒体,了解新媒体运营的基础知识和工具。

### 1.5.1　基本概念

媒体,该词源于拉丁语"Medium",指受众能获取信息的一切信息源,包括我们熟悉的报纸、图书、广播、电视等,也涵盖了互联网上种种信息发布的新形态。

媒介,它比媒体的外延广泛,所有能够进行信息交换的中间物都是媒介,比如,手机、接入互联网的家用电器,以及植入芯片的衣服等。

自媒体(We Media),又称"公民媒体"或"个人媒体",是指普通大众通过网络等途径向外发布他们本身的事实和新闻的传播方式。是指私人化、平民化、普泛化、自主化的传播者,以现代化、电子化的手段,向不特定的大多数或者特定的个人传递规范性及非规范性信息的新媒体的总称。自媒体平台包括:博客、微博、微信、论坛等。

新媒体。1967 年,美国哥伦比亚广播电视网 CBS 技术研究所所长戈尔德马克率先提出了新媒体的概念,但是却没能给出一个比较权威的定义。直到如今,新媒体的定义和内涵也没能统一。很多普通大众,在提及新媒体时,往往会对传统媒体进行定义。那么,传统媒体又是什么呢? 大家可能第一时间会想到报纸、广播和电视。新闻客户端相对于报纸就是新媒体,直播平台相对于广播就是新媒体,智能电视相对于电视就是新媒体。那么,究竟如何定义新媒体? 这里引用联合国教科文组织的定义:新媒体是以数字技术为基础,以网络技术为载体的信息传播的媒介。这个定义指出了新媒体的两个关键因素:数字技术和网络。

以新媒体、旧媒体来描述今日媒体的形态不够准确,今天涌现出的所谓的新媒体可能明日即成旧媒体。业内经过对媒体的研究、对大量市场数据的分析,以及纵观业内对新媒体的认识和看法,结合消费者的观点,总结出了新媒体相对准确的定义——新媒体是在新的技术支撑体系下出现的媒体形态,如数字杂志、数字报纸、数字广播、手机短信、移动电视、网络、桌面视窗、数字电视、数字电影、触摸媒体等。相对于报刊、户外、广播、电视四大传统意义上的媒体而言,新媒体被形象地称为"第五媒体"。

### 1.5.2　常见的新媒体类型

常见的新媒体形式有直播平台、智能电视、门户网站、电子邮件、个人博客、微博、微信、新闻客户端、户外电子屏等,这些都是传统媒体进行数字化升级变化而来的。

**1. 门户网站**

门户网站是互联网时代的第一代新媒体。门户网站通俗地讲就是进入互联网的入口,你可以在门户网站获取想要的信息或者前往想去的网站。门户网站最初只是一个提供简单搜索功能的网站目录,例如,1994 年的美国雅虎网站就是一个网站链接的集合,当时它号称为用户整合了互联网上几乎所有的优质网站链接,并不断更新。相比之下,今天的门户网站已经发生了翻天覆地的变化。大多数的门户网站已经被打造成栏目多元化的综合性服务网站,服务内容包括电子邮件、新闻发布、搜索引擎、网站链接、在线调查、专栏话题、社区论坛和网络游戏等。

**2. 电子邮件**

电子邮件也是一类重要的新媒体。回顾一下,1987 年 9 月 20 日,有着"中国互联网第一人"之称的钱天白先生从北京经意大利向当时的联邦德国卡尔斯鲁厄大学发出了中国第一封电子邮件,内容是"穿越长城,走向世界"。我们可以把电子邮件看成是第一代网络沟通工具。

电子邮件可以以非常快的速度将文字、图片、声音等各种形式的媒体信息发送到世界上任何一个有互联网络的角落。

### 3. 微信

微信已经是人们熟悉的一种新媒体形式了,说微信前必然先说 QQ。腾讯 QQ,是 IM 软件的绝对代表,IM(Instant Messaging)就是即时通信、实时传言,是一种在网络私人聊天室进行交流的实时通信服务。当前,即时通信软件主要包括腾讯 QQ、微信、阿里旺旺、YY 语音、MSN、易信、京东咚咚、百度 HI 和移动飞信。

2011 年 1 月 12 日,腾讯推出了为智能移动终端提供即时通信服务的微信。这款明星产品,在短短两年之内覆盖了中国几亿用户,并且还走出了国门,成为今天世界上一款主流的 IM 应用程序。据腾讯公司发布的 2019 年第一季度业绩报告数据显示,微信及 WeChat 的合并月活跃账户达 11.12 亿个。

### 4. 博客与微博

博客是第一代自媒体,英文名 Blog,源于 Weblog,指的是网络日志,是一种以网络作为载体,由个人管理的,可发布文字、图片、视频的媒体形式。其实博客就像一个在线日记,记录事件,分享信息,抒发感情,传播思想。人们会在博客上分享自己的所见所闻、身边发生的事情、知识技能、思考和感悟等。可以说看了一个人的博客,就能够大概了解一个人的喜好、当时的情绪、他身边发生了什么事情,甚至可以走近他的内心,充分了解他的世界观和人生观。与论坛相比,博客更加真实,它让个人的真实面目和真实性格清晰可见。正因为如此,博客更容易得到大家的认可和关注。于是,很自然地衍生出了很多通过博客来获利的模式,现如今博客还可以通过内容打赏获得收入。

微博是 Microblog,即微博客,是一种简化的博客,是一个基于用户社交关系的信息分享、传播及获取的平台。微博用户可以通过微博平台发布 140 字左右的文字信息,并实现实时分享。自 2009 年微博迅速发展以来,其后的三年时间里,微博成为最热门的新媒体。微博的火爆,很大程度要归功于移动互联网和智能手机的迅速发展,它们让大家可以随时随地通过微博发布文字、图片、音频和视频等不同类型的信息,同时以短消息的方式,把自己更新的内容推送给关注者。

微博的入门更加简单,140 个字的要求大大降低了写作和分享的门槛,很多微博用户表示写博客太难了,还是微博更好,可以随时随地发布新消息,更好地利用碎片化时间。正是这个客观原因,导致拥有很多用户的微博逐步取代了博客,同时,相较博客而言,微博的互动性更强,一句话或者一张照片,让发布者和阅读者都能在很短的碎片化时间内完成发布和阅读,加快了交流速度,降低了交流成本,最终强化了人与人之间的互动交流,加上移动设备的普及,使人们的碎片化时间得以更加充分的利用。

### 5. 新闻客户端

随着互联网的发展与普及,移动阅读已经成为用户获取资讯最主要的手段。今天,不管是互联网门户网站还是传统媒体,都纷纷涌向了移动新闻客户端,争夺资讯入口。

自 2012 年开始,各大媒体网站相继推出自己的新闻客户端。新闻客户端的推出就是为了适应移动阅读模式,常见的有网易新闻客户端、腾讯新闻客户端、搜狐新闻客户端、新浪新闻客户端、今日头条、一点资讯、凤凰新闻等。这些借助数字技术、信息技术和移动技术,安装在智能移动设备上的新闻类服务程序,人们统一称之为新闻客户端产品。

相对于报纸和门户网站,新闻客户端更加适合碎片化阅读,也更加适合于手机载体,受众可随时随地阅读相应信息。新闻客户端非常注重突出头条新闻,注重引入独家原创内容,抓住目标人群,围绕精准定位推送文章。新闻客户端还强调个性化推送,依据用户的阅读习惯,智能推送用户喜欢的文章,用户可以分类订阅所关注的内容,同时还可以设置自动弹出所关注信息的更新提示。与知乎一样,新闻客户端鼓励转发,强化交流与分享,打通了与包括微博、微信在内的几乎所有的常见新媒体之间的通道,具有非常强大的媒体营销和推广效应。

**6. 论坛**

论坛,英文缩写是BBS,也被称为网络社区,我们可以简单地理解为用于发帖回帖、讨论话题的平台。从技术角度上讲,论坛是互联网上的一种电子信息服务系统。它提供一块公共电子白板,供每个用户发布、查阅和回复信息,说出自己的看法,由此我们可以看出,论坛是一种交互性强、内容丰富而且即时的互联网电子信息服务系统。

1998年以后,随着网络的发展和普及,除了新浪、搜狐、网易这三大门户网站的论坛之外,天涯、西祠胡同、猫扑等中文论坛逐渐兴起,甚至连搜索巨头百度也建立了"百度贴吧",加入互联网社区行列。

论坛有一个致命的硬伤,就是信息搜索困难。就在论坛慢慢沦为过时的媒体时,2010年12月创立的网络问答社区——知乎,异军突起。知乎是一个真实的网络问答社区,相对于传统论坛而言,知乎摒弃了匿名注册,要求实名认证,从根本上避免了恶意拍砖的现象,同时,它采用精英人群带动普通人群的策略,先联系各行各业的精英人士,分享高质量的专业知识,然后再带动普通用户逐步加入,大家在知乎分享彼此的专业知识,构建理性沟通的文化氛围,保证高质量的信息交流。值得一提的是,知乎利用关键词搜索机制对话题进行管理,贴合了现今网民的搜索习惯,提高了查询、检索的效率。

**7. 社群**

说到社群,大家可能会想到微信群和QQ群。建一个群,把大家拉进来,这只能说是一个群,而称不上为一个社群。一个真正的社群必须包含同好、结构、输出、运营、复制五个要素。

**8. 秒拍与直播**

秒拍是一种视频新媒体。常规的视频媒体可以用于企业宣传、文化宣传和产品介绍。秒拍的宣传语是"10秒钟拍大片",以60秒为限,拍摄出优质的短视频,在朋友圈分享,在社交圈传播,甚至在媒体领域推广,秒拍视频成为了一种重要的新媒体宣传营销模式。

2015年以来,互联网上最热的新媒体无疑是网络直播。随着技术的发展,出现了类似六间房等网页端的"秀场"形式,到如今,直播平台已经进入了"随走、随看、随播"的移动视频直播时代。网络直播只需要通过一部手机便能够实现,大大降低了传播的门槛。通过直播,人们能够将自己的日常生活发布到网站上,以新鲜、奇特的内容吸引更多人的关注,同时通过策划和设计,完全可以在直播过程中将自己希望传递的信息附加进去,实现产品的推广和宣传,感兴趣的人可以通过购买让直播者实现流量变现。

### 1.5.3 新媒体的特性

(1)迎合了人们休闲娱乐时间碎片化的需求。由于工作与生活节奏的加快,人们的休闲时间呈现出了碎片化的倾向,新媒体正是迎合了这种需求应运而生。

(2)满足了随时随地互动、娱乐与获取信息的需要。以互联网为标志的新一代媒体在传播的诉求方面走向了个性表达与交流的阶段。对于网络电视和手机电视而言,消费者同时也是生产者。

(3)人们使用新媒体的目的性与选择的主动性更强。

（4）媒体使用与内容选择更具个性化，导致市场细分更加充分。

我们总结一下，新媒体的特性就是交互性与即时性，海量性与共享性，多媒体与超文本，个性化与社群化。

永远无法预言什么样的技术会在将来成为某种"新"媒体的特征，但我们可以预言的是，当这项技术可以使人们更加便利地运用时，可以使人们更加公开公正地讨论和传播信息时，可以使人们更加良好和广泛地进行社会交往时，另一个新媒体的时代就来临了。

新媒体的发展已经对人们的生活产生了深远影响。新媒体的发展趋势主要表现在三方面，即吸引目标人群的注意力、注重移动载体和头部内容、提升用户的参与感。

### 1.5.4　中国新媒体的发展

随着传统媒体的滑跌，新媒体则纷纷拱土而出，一面是新兴科技媒体六大门派的开山立户，如爱范儿、36氪、雷锋网、虎嗅网、品玩网、钛媒体；一面是媒体机构诞下的新生儿，如澎湃新闻、界面新闻、无界新闻，还有以今日头条为代表的新式聚合类新闻客户端绽放光芒，无数基于微信公众平台的个人自媒体涌现而出。

新媒体的发展不仅对传统媒体产生了核爆式的影响，而且使受众同样产生了信息爆炸焦虑。手机成了人的数字器官。信息爆炸、信息过载让我们变得恐惧，那么如何免除信息未知的焦虑呢？对信息的掌握能力和处理能力，已经成为我们在数字世界生存的新的等级资格考试。因为我们只有一个大脑，而且每天只有24小时，那就需要信息过滤和信息前置。信息过滤是帮我们排除掉不需要、不应该知道的信息。信息前置是把真正对受众有用的、与受众相关的信息在其信息流中前置。比如搜索和推荐就是信息前置的方法之一。微信朋友圈在某种程度上也提供了一种信息前置的功能。

### 1.5.5　新媒体编辑工具

随着新媒体的不断发展，现如今，越来越多的人从事新媒体工作。本节主要对新媒体编辑所需的技能进行具体介绍。新媒体工作人员除了要具备"网感"和灵感，写作和策划能力，营销思维和平台思维以外，还需要掌握一定的新媒体编辑工具的使用方法。简单的微信编辑工具有美篇、135编辑器、快站和易企秀等，H5海报制作工具主要有搜狐快站、初页和MAKA等。

**1. 美篇**

美篇是一款最新的微文图文分享社交应用工具，如图1-32所示。使用微文，任何人都可以像公众号一样发布图文并茂的文章，只需几分钟就可以做出一篇精彩的美文。

图1-32　美篇编辑

**2. 135 编辑器——微信图文编辑**

135 编辑器是一个微信文章美化工具,用户编辑文章就像拼积木一样,可以挑选样式,调整文字,搭配颜色,最后形成排版优质的文章,让读者赏心悦目。

135 编辑器的界面如图 1-33 所示,左侧和上方有相应的功能区按钮,用户可根据需要进行相关的图文操作与编辑。

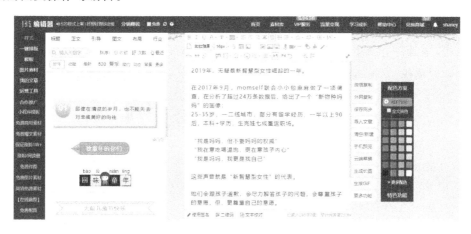

图 1-33　135 编辑器

**3. 易企秀——线上活动策划**

易企秀是一款针对移动互联网营销的手机网页 DIY 制作工具,如图 1-34 所示。个人用户只要在易企秀 APP 上完成注册,就可以在这个 APP 上制作相册、贺卡、恋爱笔记、精美简历等,同时,用户还可以将自己编辑的网页分享到社交网络,通过报名表单收集潜在的客户或其他反馈信息。

图 1-34　易企秀

### 4. MAKA——H5 海报设计

在这个移动社交时代,H5 营销凭借着其简单、快捷、灵活、酷炫的特点获得了大量用户的认可,同时,它也因此迎来了新的发展,提升了移动营销的新热度。

一份 H5 海报一般包括文字、图片、声音、视频、链接等多种元素,拥有多种用户使用场景。制作 H5 海报的主要目的是帮助企业开展宣传推广活动,介绍产品信息及具体的营销内容。

MAKA 是国内首家 HTML5 数字营销创作及创意平台。具体来讲,它不仅是一个海量的行业模板,也是一个图文编辑工具。它的主要功能是为用户提供表单,收集潜在客户信息,方便用户随时创作、编辑、管理 H5 项目。图 1-35 所示为 MAKA 的界面。

图 1-35　MAKA 编辑工具

在使用 MAKA 制作作品时,可以直接利用 MAKA 提供的模板来制作需要的内容。如果用户对提供的模板不满意,则可以新建一个项目,上传自己的作品封面、命名、描述等,并可以对背景的内容进行相关设置,在文本框中添加相应的文字,即可出现制作后的效果,制作完成后,单击"预览"就可以对作品进行预览了。

## 思考与实践

1. 什么是搜索引擎?常用的国内外搜索引擎有哪些?

2. 某同学要了解央视关于 2018 年我国改革开放 40 年的相关报道,该怎么检索?

3. 如何快速查找到一些大学网站提供的 PDF 版的《中文核心期刊目录总览》?

4. 如何应对新媒体带来的负面影响?

5. 请根据新媒体主流平台的实际工作内容,为文章设计不同的图片,包括封面图、信息长图、图标图片、九宫图和 GIF 图。

# 第2章 Word高级商务应用

Word是Microsoft公司开发的一款优秀的文字处理软件,其扩展名为".docx",主要用于文档的格式化和排版,目前广泛用于各领域办公自动化。它可以用来书写信函、报告、论文等文档,还可以用来处理各种表格与图片。使用它编辑、排版文档,能满足各种文档的编排、打印和"所见即所得"的排版功能,产生如同书籍、杂志、报刊的排版效果。

**1. Word 2016界面**

Word 2016的界面包括标题栏、文件选项卡、快速访问工具栏、功能区、文档编辑区、状态栏和标尺等,如图2-1所示。

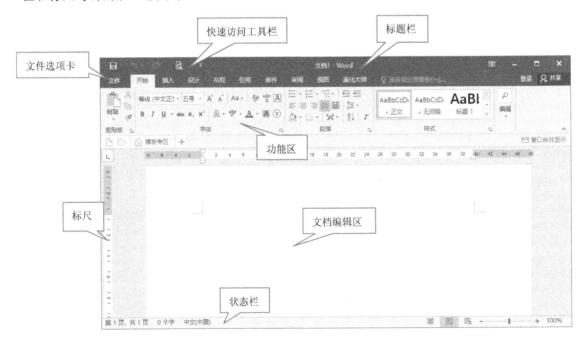

图2-1　Word 2016界面

（1）标题栏

标题栏显示当前正在编辑的文档的文件名和Word应用程序名。标题栏右侧的按钮分别是"功能区显示选项""最小化""还原/最大化"和"关闭"按钮。

（2）【文件】选项卡

单击【文件】选项卡,可以看到在选项卡中主要包括了信息、新建、打开、保存、另存为、打印等选项,如图2-2所示。

（3）快速访问工具栏

快速访问工具栏提供了快速执行某项常用命令的按钮,单击相应工具按钮,可立即执行对应操作,如保存、撤销、恢复、打印预览和快速打印等。

图2-2　Word 2016"文件"选项卡

（4）功能区

功能区是选项卡和工具栏的主要显现区域,几乎涵盖了所有的按钮、库和对话框。功能区首先将控件对象分为多个选项卡,然后在选项卡中将控件细化为不同的组。

（5）标尺

标尺为用户提供当前页面设置、段落缩进尺寸,还可以直接用标尺进行段落排版、改变页边距、调整上下边界等。

（6）文档编辑区

在 Word 2016 窗口中间的大块空白部分是文档编辑区域。在此区域可对文字、图形进行输入、插入、删除、修改等编辑操作。

（7）状态栏

状态栏显示当前文档的页码、总页数、字数统计、视图方式、显示比例和缩放滑块等。

**2. 新建文档**

（1）启动 Word 2016 后,在开始界面中单击【空白文档】即可新建 Word 文档。

（2）单击【文件】选项卡,选择【新建】选项,在打开的【新建】界面中,单击【空白文档】即可,如图 2-3 所示。

**3. 打开文档**

如果需要打开已有文档,选择【文件】选项卡中的【打开】命令,显示【打开】界面,如图 2-4所示,可通过单击【这台电脑】或【浏览】选项,进一步选择文档所在位置及文档名。

若选择【浏览】选项,弹出【打开】对话框,如图 2-5 所示。

用户可以在左侧窗格选择要打开文档的位置,然后在右侧窗格文件和文件夹列表中选择要打开的文件,再单击【打开】按钮即可;也可以直接在"文件名"文本框中输入要打开文档的路径和文件名,然后按 Enter 键或单击【打开】按钮,或者直接在右侧窗格中双击目标文件打开文档。

**4. 保存文档**

（1）保存新文档

①单击【文件】选项卡中的【保存】选项,或单击【快速访问】工具栏中的【保存】按钮。②弹

图 2-3 "新建"界面

图 2-4 "打开"界面

出【另存为】对话框后,选择文档要保存的位置,设置文件名以及文档保存类型,设置完成后单击【保存】按钮,如图 2-6 所示。

（2）保存已有文档

如果当前编辑的是已经命名的文档,单击【快速访问】工具栏上的【保存】按钮,或执行【文件】选项卡的【保存】选项,可将修改的内容直接保存到原来的文档中,替换原来的内容,且当前编辑状态保持不变,可继续编辑文档。

选择【文件】选项卡的【另存为】,用户可以选择不同的保存位置或更换文件名。

**5. Word 的文档视图**

为方便对文档的编辑,Word 提供了多种显示文档的方式,主要包括阅读视图、页面视图、Web 版式视图、大纲视图和草稿等视图。不同视图方式之间可以进行相互切换,可以根据不同需要选择适合自己的视图方式来显示和编辑文档。

图 2-5 "打开"对话框

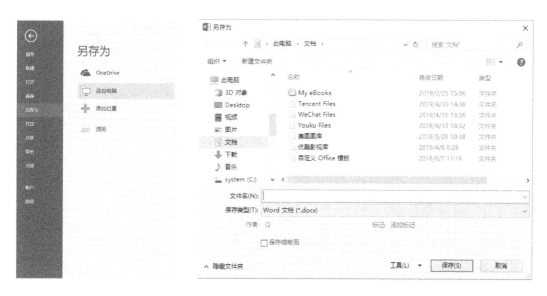

图 2-6 "另存为"界面

（1）阅读视图

阅读视图将当前文档按照浏览的模式进行显示。在该视图方式下，文档将被分屏显示，用户可通过方向键进行翻页。在默认状态下不能进行文档的修改，用户可通过选中【视图】菜单下的【编辑文档】命令进行文档修改。

（2）页面视图

页面视图是最常用的视图方式，能将文档按照用户设置的页面大小进行显示，此时的显示效果与打印效果完全一致，用户可从中看到页眉、页脚、脚注、尾注和图形等各种对象在页面中的实际打印位置，实现"所见即所得"的功能，以方便用户进行文本、格式、版面的修改。

（3）Web 版式视图

Web 版式视图能够按照窗口显示比例的大小进行自动换行。当用户只需要撰写、浏览文档但不需要打印文档的时候，可使用该模式，它会将内容按照网络浏览器中的样式进行显示，但该视图下的排版效果与打印结果不一致。

（4）大纲视图

大纲视图按照文档中标题的层次来显示文档，用户可以折叠文档，只查看各级标题，或者扩展文档，查看整个文档的内容，这样查看文档结构十分便利。在这种视图方式下，还可以通过拖动标题来移动、复制或重新组织正文，便于对文档大纲进行修改。

（5）草稿视图

草稿视图能将页面布局简化，在此视图中不会显示文档的某些元素，如页眉与页脚等。它可以连续地显示文档内容，使阅读更为连贯。这种显示方式适合用于查看简单的格式文档。

视图切换可通过单击【视图】选项卡，在【视图】组中选择相应的文档视图方式，如图 2-7 所示，或单击状态栏右侧相应的视图切换按钮来实现。

在 Word 窗口中查看文档时，可以放大或缩小文档的显示比例。用户在【视图】选项卡的【显示比例】组中，可以选择不同的显示比例，如图 2-8 所示。

图 2-7　视图切换

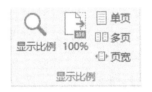

图 2-8　显示比例

## 2.1　基本排版

### 2.1.1　字符和段落

如果对已经输入的文字进行字符的格式化设置，必须先选定要设置的文本块。

**1. 文本的选择**

（1）一个单词或中文词组：双击该单词或词组。

（2）一个段落：将鼠标指针移动到该段落的左侧，直到指针变为指向右边的箭头，然后双击，或者在该段落中的任意位置连续三击。

（3）连续文本：单击要选定内容的起始处，然后在按住 Shift 键的同时单击要选定内容的结尾处。

（4）不连续文本：先选中第一部分需要的内容，然后在按住 Ctrl 键的同时再选中其他需要的内容。

（5）整篇文档：将鼠标指针移动到文档左侧，直到指针变为指向右边的箭头，然后连续三击，或者按下"Ctrl＋A"快捷键。

**2. 字符格式设置**

字符格式是字符的一种或多种属性。包括各种字符（汉字、字母、数字及其他特殊符号）的大小、字体、字间距、边框和底纹等各种修饰效果。

字符格式的设置可以通过以下三种方法完成。

（1）使用【开始】选项卡【字体】组

利用如图2-9所示【字体】组的按钮，可以快速应用或删除字符格式。

图2-9 "字体"组

（2）使用【字体】对话框

在功能区【开始】选项卡中找到【字体】组，然后单击右下角的"对话框启动器"按钮"□"，打开【字体】对话框，如图2-10所示。

图2-10 "字体"对话框

（3）使用【格式刷】按钮

格式刷的功能是为文本设置完全相同的字体格式或段落格式。具体操作步骤如下：

① 选定已设置好格式的源文本或将插入点定位在源文本的任意位置处；

② 在功能区【开始】选项卡【剪贴板】组中，单击 格式刷，光标随即变成刷子形状；

③ 在目标文本上拖曳鼠标，即可完成格式复制。

单击格式刷按钮只能复制一次格式，若需将选定格式复制到多处文本块上，则需双击【格式刷】按钮，然后按照上述步骤③在多处文本块上进行操作，完成复制。若再次单击【格式刷】

按钮或按 Esc 键,则取消格式复制。

**3. 插入特殊字符**

在输入文本时,可能要输入(或插入)一些键盘上没有的特殊符号(如希腊文字、数学符号、图形符号等),这时可以使用 Word 提供的插入符号功能,具体操作步骤如下:

(1) 将插入点置于要插入特殊符号的位置;

(2) 在【插入】选项卡的【符号】组中,单击【符号】按钮下的【其他符号】选项;

(3) 在弹出的【符号】对话框中,单击【符号】选项卡,选择所需符号,单击【插入】按钮即可完成,如图 2-11 所示。

图 2-11 "符号"对话框

如果要插入其他特殊符号,把插入点移动到要插入特殊符号的位置,单击【符号】对话框中的【特殊字符】选项卡,选择所需的特殊符号,单击【插入】即可。另外,也可以借助软键盘来输入特殊符号。

**4. 插入公式**

在 Word 中可以插入各种公式,具体操作步骤如下:

(1) 选定待输入公式的位置;

(2) 在【插入】选项卡的【符号】组中,单击【公式】按钮,在下拉列表中可以直接插入系统内置的公式,或选择【插入新公式】,手动输入公式,如图 2-12 所示;

(3) 利用【公式工具/设计】选项卡工具栏上的各种符号,可以进行公式编辑,如图 2-13 所示。

如果要在公式中插入符号,可以选择工具栏【符号】组的符号按钮。【结构】组包含根式、求和、积分、函数和矩阵等符号,以及像方括号和大括号这样的成对匹配符号,可以使用运算符及模板来创建公式。

**5. 插入日期和时间**

在 Word 文档中,可以直接输入日期和时间,也可以使用【插入】选项卡中的【日期和时间】命令来插入日期和时间,具体步骤如下:

(1) 在【插入】选项卡的【文本】组中,单击【日期和时间】按钮,打开【日期和时间】对话框,如图 2-14 所示;

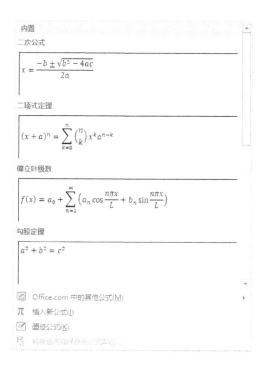

图 2-12 "公式"选项

图 2-13 "公式工具/设计"选项卡

图 2-14 "日期和时间"对话框

（2）在【语言（国家/地区）】下拉列表中选定【中文（中国）】或【英语（美国）】，在【可用格式】列表框中选定所需的格式；

（3）如果选定【自动更新】复选框，则所插入的日期和时间会自动更新，否则保持原插入的值；

（4）单击【确定】按钮，即可完成设置并关闭当前对话框。

**6．插入文件**

利用 Word 的插入文件功能，可以将几个文档连接成一个文档。具体操作步骤如下：

（1）将插入点移动到要插入文档的位置；

（2）在【插入】选项卡的【文本】组中，单击【对象】右侧的下拉按钮，在下拉列表中选择【文件中的文字】，打开【插入文件】对话框，如图 2-15 所示；

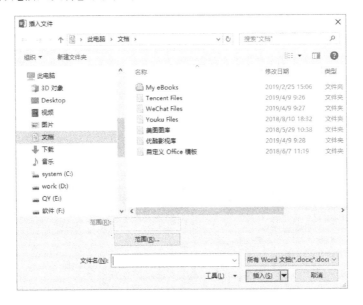

图 2-15　"插入文件"对话框

（3）在【插入文件】对话框中，选定要插入的文档；

（4）单击【确定】按钮，即可在插入点位置插入所需文档内容。

**7．段落标记**

在 Word 文档中输入文字时，在一个段落结束时需按 Enter 键，系统会插入一个回车符"↵"，这个符号被称为"段落标记"或"硬回车"。它用于标记段落的结尾，并记录该段落的格式信息。

如果用户需要另起一行，但又不需要增加新段落，可按"Shift＋Enter"组合键实现。此时，行尾将显示"↓"标示，该标示被称为"手动换行符"或"软回车"。

**8．段落的格式设置**

在 Word 中，段落为排版的基本单位，每个段落都可以有自己的格式设置。在编辑文档时，按下 Enter 键，表明前一段落的结束和后一段落的开始。每个段落都有一个段落标记，它包含了该段落所有的格式设置。如果将段落标记删除，那么下一段的格式信息会随之丢失，而与当前段落的格式保持一致。

段落的格式化主要包括段落的对齐方式、段落的缩进（左缩进、右缩进、首行缩进、悬挂缩进）、行距与段间距、段落的修饰等。

（1）段落对齐

段落对齐方式是指段落在页面水平方向的对齐方式，包括左对齐、居中对齐、右对齐、两端对齐和分散对齐5种。Word默认的对齐方式是两端对齐。

- 左对齐：段落左侧边界以页面左侧为基准对齐排列，不自动调整字符间距。一般左对齐用于英文排版中，可使单词之间距离均匀，但右侧边界并不对齐。
- 居中对齐：段落以页面中间为基准对齐排列。段落中的每一行文本距离页面左、右边界距离相等。一般居中对齐适用于标题。
- 右对齐：段落右侧边界以页面右侧为基准对齐排列，左侧边界并不对齐。一般右对齐用于署名、日期等。
- 两端对齐：段落的每行在页面中首尾对齐。Word自动调整文字的水平间距，使得段落中文字均匀分布在左右页边距之间。两端对齐使得两侧文字具有整齐的边缘。当段落最后一行未满时，默认左对齐。
- 分散对齐：段落在页面中分散对齐排列，并根据需要自动调整字符间距。将每行中的文字均匀分散并两端对齐。

（2）段落缩进

为了增强文档的层次感，提高可阅读性，可以为段落设置合适的缩进。段落缩进是段落在水平方向上的表现形式，设置段落缩进会使文档显得更有条理。Word提供了4种缩进方式：左缩进、右缩进、首行缩进和悬挂缩进。

- 左缩进：段落左侧边界与左页边距的距离。
- 右缩进：段落右侧边界与右页边距的距离。
- 首行缩进：段落首行第一个字符与左侧边界的距离。
- 悬挂缩进：段落中除首行以外的其他各行与左侧边界的距离。

（3）段落间距和行距

段落间距是指两个段落之间的距离，段间距包括段前间距和段后间距两种。段前间距是指所选段落和前一段之间的间距，段后间距是指所选段落和后一段之间的间距。

行距是指段落中行与行之间的垂直距离，默认为单倍行距。

- 单倍行距：指所选择文本的行间距为所使用文字大小的1倍。
- 1.5倍行距：为单倍行距的1.5倍。
- 2倍行距：为单倍行距的2倍。
- 最小值：可在对话框"设置值"框中输入具体磅值。若输入的数值大于该行字符的磅值，则会在字符上方增加相应的空白。若输入的数值小于该行中最大字符的磅值，则会自动将行距调整为该字符的磅值数，"设置值"框中输入的数值将不起作用。
- 固定值：可在对话框"设置值"框中输入具体磅值，行距固定，Word不能进行调整。若图片以嵌入型放在文档中，用固定值设置行距，如果磅值较小则图片无法完全显示。
- 多倍行距：此选项也与"设置值"框配合使用，但不能设置度量单位。在"设置值"框中键入或选择的数值为"单倍行距"的倍数，默认值为3。

对段落的格式进行设置前，必须先选定该段落对象。如果设定一段，只需要将插入点移至该段落内即可，但如果同时对多个段落进行设置，则必须先选定需要进行设置的段落及段落标记符。

段落的格式设置方式如下。

① 【开始】选项卡【段落】组

利用如图 2-16 所示的【段落】组的按钮,可以应用或删除段落格式。

图 2-16 "段落"组

② 【段落】对话框

在功能区【开始】选项卡【段落】组中,单击右下角的"对话框启动器"按钮"□",打开【段落】对话框,如图 2-17 所示。

图 2-17 "段落"对话框

**9. 项目符号和编号**

在文档中合理使用项目符号和编号,可以使文档的层次结构更清晰、更有条理。符号用于强调一些特别重要的观点或条目;编号用于逐步展开一个文档的内容。添加项目符号和编号的步骤如下(以项目符号为例):

(1)选中需添加项目符号的段落文本;

（2）在【开始】选项卡的【段落】组中单击【项目符号】下拉列表，打开项目符号库，如图 2-18 所示；

（3）可以直接选择所需符号，还可以单击【定义新项目符号】，打开【定义新项目符号】对话框，选择图片作为项目符号，也可以进一步设置项目符号的格式，如图 2-19 所示。

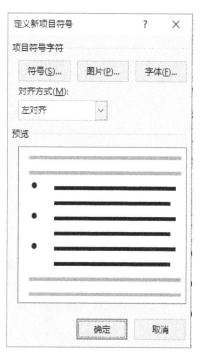

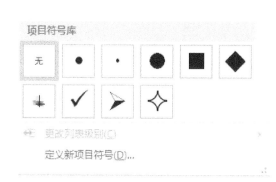

图 2-18　项目符号库　　　　　　　图 2-19　"定义新项目符号"对话框

### 10. 边框和底纹

在文档中为指定的文字、段落等添加边框和底纹，可以起到强调或美化文档的作用。设置边框和底纹的操作步骤如下。

（1）选择要添加边框和底纹的文档内容。

（2）在【设计】选项卡【页面背景】组中选择【页面边框】，打开【边框和底纹】对话框，如图 2-20 所示。

（3）在【边框和底纹】对话框内可进行如下设置。

- 边框：为所选内容设置边框的形式、样式、颜色、宽度等框线的外观效果，主要应用于文字、段落和表格。
- 页面边框：可以为页面添加边框，打开【页面边框】选项卡，其设置方法与设置边框相似。另外，为增强排版效果也可添加艺术型的边框。
- 底纹：在【填充】下拉列表中选择底纹的颜色（背景色），在【样式】下拉列表中设置底纹的样式，在【颜色】列表框中选择底纹内填充的颜色（前景色）。底纹可根据需要应用于文字、段落，用户在设置时应注意二者的区别。

### 11. 批注

批注是读者在阅读 Word 文档时所提出的注释、问题、建议或者其他想法。批注不是直接修改文档，只是对编辑提出建议。

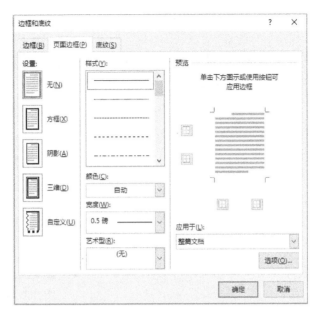

图 2-20 "边框和底纹"对话框

在文档中选择需要插入批注的文本,切换到【审阅】选项卡的【批注】组,单击【新建批注】,或者在【插入】选项卡的【批注】组中单击【批注】按钮。默认情况会在文档右侧插入一个批注框,用户可以在里面输入批注内容,如图 2-21 所示。

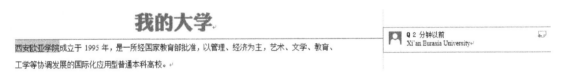

图 2-21 文档中插入批注的效果

若要删除某个批注,可将插入点插入到带批注的文本或者批注框内,在【审阅】选项卡的【批注】组中,单击【删除】下拉列表中的【删除】选项即可。

若要删除全部批注,可以单击【删除】按钮,在下拉列表中单击【删除文档中的所有批注】选项。

 案例描述

企业联合公文是指多个企业或部门联合共同发表的文书,是格式比较正式的文档之一。企业联合公文案例效果样张如图 2-22 所示。

图 2-22  "企业联合公文"效果样张

## 案例分析

在"企业联合公文"案例中标题使用到了"双行合一"效果,标题下方需要使用"形状"绘制直线,"宣传"字样处需要插入批注文字,下方主题词部分需要使用表格,并将表格的上、左、右框线隐去。具体步骤如下。

(1)在功能区【开始】选项卡的【字体】组中,将发文机关标识"幻影演示工作室设计部项目部文件"设置为黑体、加粗、红色、小一字号。在【段落】组中将其对齐方式设置为居中对齐。

(2)选中文字"设计部项目部",然后在【开始】选项卡的【段落】组中,单击【中文版式】下拉列表中的【双行合一】选项,打开【双行合一】对话框,如图 2-23 所示,可将两个部门设置为双行合一效果。

(3)在【开始】选项卡的【字体】组中,将发文字号"幻影发〔2017〕1 号"设置为仿宋、三号字,在【段落】组中选择"居中对齐"。

(4)在【插入】选项卡的【插图】组中,选择【形状】下拉列表中的"线条-直线",可以按住鼠标左键绘制直线,并在【绘图工具/格式】选项卡的【形状样式】组中将线条形状轮廓设置为红色,粗细设置为 2.25 磅。

(5)在【开始】选项卡的【字体】组中,将公文标题"关于在公司开展绿色创新设计工作的请示"设置为方正小标宋体字、二号,在【段落】组中选择"居中对齐"。

(6)在【开始】选项卡的【字体】组中,将公文正文全部设置为三号、仿宋。在【段落】组中设置署名和日期右对齐,然后打开【段落】对话框,设置正文首行缩进 2 字符。

(7)选中需插入批注的文本"宣传",在【审阅】选项卡的【批注】组中,单击【新建批注】,然后在批注框里输入批注内容。

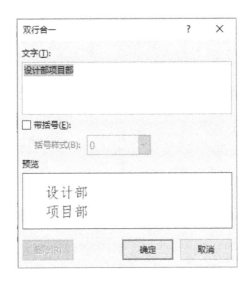

图 2-23 "双行合一"对话框

（8）在功能区【插入】选项卡的【表格】组中建立 3 行 1 列的表格，然后在【表格工具/设计】选项卡【边框】组中隐去表格上、左、右框线。

 思维拓展

　　Word 提供了灵活的制表位功能，通过设置制表位可以让文本靠左、靠右或居中对齐，也可以使文本与小数点或竖线对齐，还可以在制表位的前面插入特殊的字符，如虚线等。

　　设置制表位有两种方法：一是通过水平标尺；二是通过【制表位】对话框。下面分别对这两种方法进行介绍。

**1. 通过水平标尺**

　　（1）选择制表位的类型，可单击标尺左侧的【制表符类型】按钮，直到出现所需要的对齐方式图标为止。Word 提供了多种制表位，分别为"左对齐式制表符""右对齐式制表符""居中对齐式制表符""小数点对齐式制表符"和"竖线对齐式制表符"。

　　（2）选中相应的段落，然后在水平标尺的适当位置单击标尺下沿，即可在相应位置设置制表位，如图 2-24 所示。

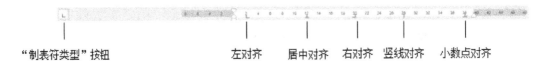

图 2-24 标尺上的制表位

　　设置好制表位后就可以用制表位输入文本，按 Tab 键使插入点跳转到所需的位置，然后可输入文本内容，每行结束按 Enter 键。

　　如果要取消某个制表位，将鼠标箭头移至水平标尺的制表位上，按住鼠标左键将其拖出水平标尺即可取消该制表位。

**2. 通过【制表位】对话框**

（1）在功能区【开始】选项卡【段落】组中，单击右下角的"对话框启动器"按钮"⌐"，打开【段落】对话框，单击对话框左下角的【制表位】按钮，如图 2-25 所示，弹出【制表位】对话框，如图 2-26 所示。

图 2-25　"段落"对话框　　　　图 2-26　"制表位"对话框

（2）在【制表位位置】文本框中输入所需的度量值，在【对齐方式】选项组中选择制表符类型，然后单击【设置】按钮，在列表框中就会显示制表位的位置。

（3）在【前导符】选项组中选中相应的前导符后，单击【设置】按钮，可以给制表位的左侧添加前导符。

（4）单击【确定】按钮，就可以看到在水平标尺相应的位置上出现的制表位。文本输入方式同上。

## 2.1.2　查找与替换

如何在长文档中快速准确地查找到指定内容呢？Word 给我们提供了强大的查找和替换功能，使用此功能可以快速地找到文档中的某个信息或对文字进行批量修改，从而节约时间，提高效率。

 案例描述

查找下文中的"金融报告"，如图 2-27。

# 行业分析报告

金融报告内容是商业信息、是竞争情报，具有很强的时效性，一般都是根据国家政府机构及专业市调组织的一些最新统计数据及调研数据、通过合作机构专业的研究模型和特定的分析方法、经过行业资深人士的分析和研究，做出的对当前行业、市场的研究分析和预测。

**金融报告有何价值：**

1、行业分析报告可以帮助你对整个市场的脉络了解更为清晰，从而成为你做重大市场决策的有力依据。

2、如果想要进入一个行业进行投资，一份高质量的金融报告是系统地、快速地了解一个行业最快最好的助手，使得你的投资决策更为科学，避免投资失误造成的巨大损失。

**金融报告主要内容：**

标准行业研究报告主要包括七个部分，分别是行业简介、行业现状、市场特征、企业特征、发展环境、竞争格局、发展趋势。(不同的报告侧重点有所不同，这需要看具体的报告目录)。

**金融报告适用对象：**

报告广泛适用于政府的产业规划、金融保险机构、投资机构、咨询公司、行业协会、公司、企业信息中心和战略规划部门和个人研究等客户。

**金融报告数据来源：**

一份金融报告一般的数据渠道主要包括：国家统计局、国家海关总署、商务部、各行业协会、研究机构、市场一线采集。

图 2-27 "查找与替换"素材

 案例分析

查找与替换

Word 中的查找功能可以帮助我们迅速查找到想要的内容，除了文字外，还可以查找非打印符号、带格式查找等。具体步骤如下。

（1）在功能区【开始】选项卡的【编辑】组中，单击【查找】右侧按钮选择【高级查找】，打开【查找和替换】对话框，如图 2-28 所示。

图 2-28 "查找"对话框

（2）在【查找】选项卡的【查找内容】下拉列表框中输入"金融报告"。

（3）单击【查找下一处】按钮，开始查找文本。如果找到要查找的文本，Word 会将找到的文本反白显示，若再单击【查找下一处】按钮，则将继续往下查找。完成整个文档的查找后，

Word将提示用户完成搜索。

（4）单击【阅读突出显示】中的"全部突出显示"，则查找到的文本默认以黄色底纹突出显示，单击"清除突出显示"可清除突出显示格式。

（5）单击【在以下项中查找】中的"主文档"或"当前所选内容"，则主文档或所选区域中被查找到的文本全部反白显示。

若需要更详细地设置查找匹配条件，可以在【查找和替换】对话框左下角单击【更多】按钮，如图 2-29 所示，进行对搜索选项的设置。

图 2-29　"查找/更多"对话框

【参数说明】

- 【搜索】下拉列表框可以用于选择搜索的方向，即从当前插入点向上、向下或全部查找。
- 【区分大小写】复选框用于查找大小写完全匹配的文本。
- 【使用通配符】复选框用于在查找内容中使用通配符。
- 【格式】按钮。我们可以选择其中的命令来设置查找对象的排版格式，如字体、段落、样式等。
- 【特殊格式】按钮。我们可以选择其中的选项来设置查找一些特殊符号，如分栏符、分页符等。
- 【不限定格式】按钮用于取消"查找内容"文本框指定的所有格式。

 案例描述

将上文（素材如图 2-27）中的"金融报告"文字替换成"行业报告"，并将文中的"行业报告"四个字设置为加粗、蓝色。

案例分析

"替换"功能可以把查找到的内容按要求替换成需要的内容。具体操作步骤如下。

（1）在功能区【开始】选项卡的【编辑】组里单击【替换】按钮，打开【查找和替换】对话框，如图 2-30 所示。

图 2-30 "查找和替换"对话框

（2）在【替换】选项卡的【查找内容】下拉列表框中输入"金融报告"，在【替换为】下拉列表框中输入"行业报告"。

（3）单击【更多】按钮，在【格式】菜单中选择【字体】，在弹出的【替换字体】对话框中的【字体】选项卡中选择字形为加粗，字体颜色为蓝色。此时，在【替换为】下方的格式处会出现如图 2-31 所示字样。

图 2-31 带格式替换

（4）单击【全部替换】按钮，则 Word 会将满足条件的内容全部替换。若单击【替换】按钮，则只替换当前一个，再按此按钮可继续向下替换；若单击【查找下一处】按钮，Word 将不替换当前找到的内容，而是继续查找下一处要查找的内容，查找到后是否替换由用户决定。

 思维拓展

将手动换行符"↓"替换成段落标记"↵"。

在网上下载的文字有时会自带人工换行符，或称软回车。为了不影响文档排版，我们常常需要将人工换行符替换为段落标记，即将软回车替换为硬回车。

在功能区的【开始】选项卡中，单击【编辑】组的【替换】按钮，打开【替换】对话框，然后单击【更多】按钮。在【查找内容】处输入"^l"，在【替换为】处输入"^P"；也可以直接在【查找和替换】对话框下方单击【特殊格式】按钮，在【查找内容】处选择【手动换行符】选项，在【替换为】处选择【段落标记】选项，然后单击【全部替换】按钮即可完成批量替换，如图 2-32 所示。

图 2-32　特殊格式

## 2.2　长文档编辑

我们在大学毕业之前，必须将撰写的毕业论文按照学校要求的格式进行排版、打印和装订。除了毕业论文以外，还有手册、说明书等长文档，该如何使用 Word 对其进行排版呢？长文档由于篇幅长、格式多，因而后期对格式的修改的次数也多，那么，用什么方法来解决这类烦

琐的问题呢？这就需要使用 Word 的"样式"了。

使用样式既能简化编辑操作、节省时间，又能使文档格式更容易统一，能构建出文档的大纲，使文档更有条理，让编辑和修改更加简单。样式在编辑长文档时尤为重要。

### 2.2.1 样式

"样式"是指一组已经命名的字符和段落格式，它规定了文档中标题、题注及正文等各类文本的格式。将一种样式应用于某个段落或选定的字符，所选的内容便具有了这种样式所定义的格式。当需要改变使用某个样式的文本格式时，只需要修改该样式即可。

**1. 应用样式**

方法一：选中文本，在【开始】选项卡的【样式】组中，打开样式库选择所需样式即可应用该样式，如图 2-33 所示。

图 2-33　样式库

方法二：选中文字，在弹出的工具栏中单击【样式】按钮，然后在弹出的样式列表里选择样式即可应用，如图 2-34 所示。

图 2-34　样式列表

**2. 新建样式**

Word 内置的样式往往满足不了长文档复杂格式的要求，用户可以根据实际情况来自定义样式。

方法:在【开始】选项卡的【样式】组中,单击右下角的"对话框启动器"按钮"⌐",打开【样式】窗格。单击左下角的"新建样式"按钮"⚐",弹出【根据格式设置创建新样式】对话框,如图 2-35 所示,在【名称】文本框中输入样式名称,然后通过【格式】组对格式进行设置,或单击左下方【格式】按钮,在弹出的菜单中选择相应的命令,最后单击【确定】按钮,用户新建的样式就会出现在样式列表中。

图 2-35　"根据格式设置创建新样式"对话框

(1) 样式类型

Word 提供了五种样式类型:

- "段落"指新建的样式仅应用于段落级别;
- "字符"指新建的样式仅应用于字符级别;
- "链接段落和字符"指新建的样式将用于段落和字符两种级别;
- "表格"指新建的样式主要用于表格;
- "列表"指新建的样式主要用于项目符号和编号列表。

(2) 样式基准

样式基准是指新建样式的基准。默认显示样式为插入点所在样式,基准样式发生改变,新建样式会随基准样式的改变而变化。

(3) 后续段落样式

后续段落样式设置在应用了新建样式的段落结尾,按下 Enter 键后,自动为下一个段落应用那种样式。

注:Word 内置样式无法删除。若需删除用户创建的样式,可以在【样式】窗格中,单击该样式右侧的下拉按钮,选择【删除】命令即可。

### 3. 修改样式

有时我们需要对已有样式进行修改,具体步骤如下:

在【开始】选项卡的【样式】组中选择要修改的样式,右击鼠标,在弹出的快捷菜单中单击【修改】命令,如图 2-36(a)所示,或者单击【样式】功能区的"对话框启动器"按钮"⬚",在弹出【样式】窗格后,将鼠标指向要修改的样式,单击样式右侧出现的下拉按钮,在下拉菜单中单击【修改】命令,如图 2-36(b)所示。弹出【修改样式】对话框后,即可对已有样式进行编辑修改,如图 2-37 所示。

图 2-36  "修改"样式的两种方式

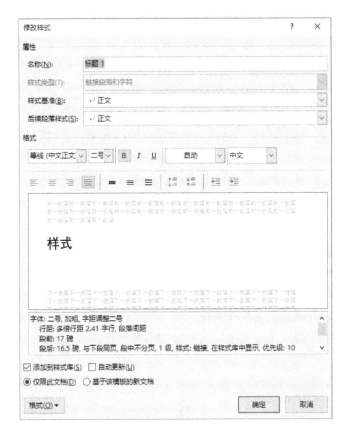

图 2-37  "修改样式"对话框

样式的优点:

(1)样式可用于选择相同样式的文本。在样式库中选择某个样式,右击鼠标,在弹出的快捷菜单中选择"选择所有 n 个实例"命令,可以快速选中所有应用了该样式的文字。

（2）样式可以统一更新应用了相同样式的文字格式。使用样式后,修改某一样式就可以更新所有应用了该样式的文字对象,避免重复设置。

 思维拓展

若要使文档的外观具有设计感,让文档具有协调的主题颜色和主题字体,可以使用 Word 提供的主题功能。

"样式"是字体、段落间距、缩进等设置的组合。"主题"则是字体、效果、颜色等格式设置的组合。

1. 在功能区【设计】选项卡的【文档格式】组中,单击【主题】下拉按钮,在弹出的下拉选项框中可以选择所需主题,如图 2-38 所示。

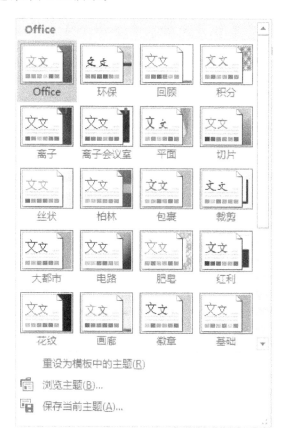

图 2-38 Word 主题

2. 在【文档格式】组里选择一种与文档相适应的样式。主题被设定后,【设计】选项卡里【文档格式】组里的样式集就会更新,如图 2-39 所示。

3. 在【文档格式】组中的右侧,还可以单击【颜色】【字体】等下拉按钮对颜色、字体等进行更改。

图 2-39　文档格式

### 2.2.2　目录

目录是长文档排版中必要的一部分,在完成了样式和编号设置的基础上,可快速自动生成目录,不必再手工录入目录。

**1. 大纲级别**

长文档可以使用层次结构来组织文档,大纲级别就是段落所处层次的级别编号。Word 提供 9 级大纲级别,默认级别为正文文本。Word 目录的提取基于段落样式和大纲级别。

方法:选中标题文字,右击快捷菜单中选择【段落】,弹出【段落】对话框,在【大纲级别】处选择相应的标题级别,如图 2-40 所示。

图 2-40　Word 大纲级别

注:标题新建样式时可以直接在段落对话框选取大纲级别。

**2. 导航窗格**

导航窗格是应用标题样式后最佳的工作模式。切换到【视图】选项卡的【显示】组,勾选【导航窗格】的复选框 ☑ 导航窗格 ,此时,Word 的工作界面被分为两部分,如图 2-41 所示。

左边的【导航窗格】显示整个文档的标题结构,右边窗口显示文档的全部内容,在文档结构图的标题大纲窗口中,单击当前文档的任一标题,在右侧的内容显示窗口中,插入点将自动定位到该标题对应内容的最前面。在浏览或修改长文档时,"导航窗格＋页面视图"是最佳的工作模式。

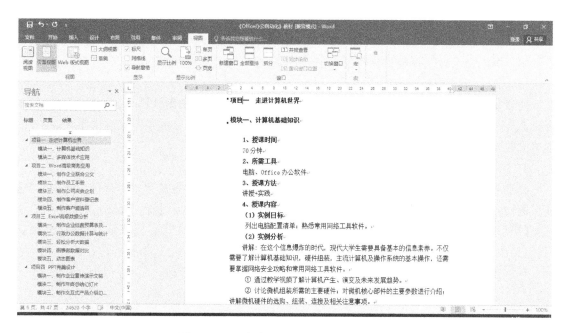

图 2-41 "导航窗格＋页面视图"工作界面

### 3. 生成目录

制作目录前首先要统一同一级标题格式,可以应用标题样式,也可以使用格式刷按钮。

(1)在功能区【引用】选项卡的【目录】组中,单击【目录】按钮,在下拉菜单中可以选择内置的手动目录模板和自动模板,也可以自定义目录。

(2)单击【自定义目录】命令,弹出【目录】对话框,如图 2-42 所示。

图 2-42 "目录"对话框

（3）勾选【显示页码】和【页码右对齐】复选框。

（4）在对话框【常规】区域的【格式】下拉列表中选择目录的格式,如果选择"来自模板",表示使用内置的目录样式来格式化目录,选择的模板效果可以通过"打印预览"列表框查看。

（5）最后,单击【确定】即可。

注:【制表符前导符】为标题和页码之间的符号,若无特殊需求默认即可。在【显示级别】中可以选择在目录中出现的标题级别。目录生成后,将光标指向目录的某个标题文字上,按 Ctrl 键的同时单击标题文字,页面将会跳转到对应的章节位置。

**4. 更新目录**

自动生成目录后,一旦文档中的标题或者标题所在的页码发生变化,用户可以在【引用】选项卡的【目录】功能区,单击【更新目录】按钮"📄!更新目录",或者在目录上右击鼠标在快捷菜单中选择【更新域】命令,还可以直接按下键盘中的功能键 F9,在弹出的【更新目录】对话框中更新目录,如图 2-43 所示。

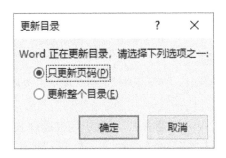

图 2-43　"更新目录"对话框

如果只是各级标题所在的页码发生了变化,选择【只更新页码】选项;若是标题的内容、数量都发生了变化,则选择【更新整个目录】选项。单击【确定】按钮后,将会自动更新已经生成的目录。

**5. 修改目录样式**

（1）将光标置于目录区的任意位置,在【引用】选项卡的【目录】功能区中,单击【目录】按钮,在下拉菜单中选择【自定义目录】命令,弹出【目录】对话框,单击对话框右下角的【修改】按钮,弹出【样式】对话框,如图 2-44 所示。

（2）样式列表中的"目录 1"对应的是一级标题的目录格式,依次类推。选中需要修改的目录,然后单击【样式】对话框的【修改】按钮,修改完后单击【确定】按钮即可完成目录样式的修改。

**6. 分页**

Word 在当前页已满时自动插入分页符,开始新的一页。这些分页符被称为自动分页符或软分页符,但有时我们也需要强制分页,这时可以人工输入分页符,这种分页符称为硬分页符。

插入分页符的操作步骤如下:

（1）将插入点定位在强制分页的位置;

（2）在【布局】选项卡的【页面设置】组中,单击【分隔符】右侧下拉按钮,然后选择【分页符】,如图 2-45 所示。也可在定位插入点后,使用"Ctrl ＋ Enter"快捷键插入分页符。

注:• 分栏符:指示分栏符后面的文字将从下一栏开始。

• 自动换行符:"↓",换行但段落格式不变。

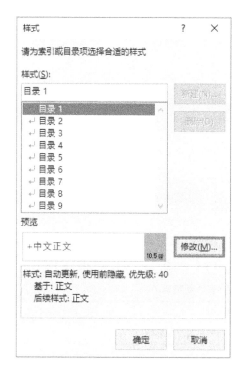

图 2-44 "样式"对话框

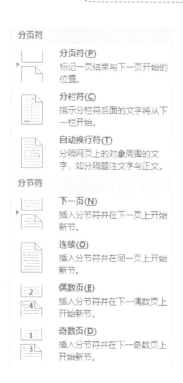

图 2-45 "分隔符"选项

### 7. 分节

在页面设置和排版中,可以将长文档分成任意几节,并且分别格式化每一节。"节"可以是整个文档,也可以是文档的一部分,如一段或一页。如书籍、论文的前言、目录、正文等部分均需设置不同的页眉和页脚,并且目录与正文部分的页码格式不同,如何对同一个文档中的不同部分采用不同的版面设置呢?

Word 的分节设置,能将所在节的格式,如页边距、页码、页眉和页脚等都存储在分节符中。分节符有下一页、连续、奇数页、偶数页 4 种类型。

插入分节符的操作步骤如下。

(1) 将插入点移动到需分节的位置。

(2) 在【布局】选项卡的【页面设置】组中,单击【分隔符】右侧下拉按钮,然后在【分节符】区域选择分节符的类型,如图 2-45 所示。

- "下一页"表示分节符后的文本从新的一页开始。
- "连续"表示新节与其前一节同处于当前页中。
- "偶数页"表示分节符后面的内容转入下一个偶数页。
- "奇数页"表示分节符后面的内容转入下一个奇数页。

在【开始】选项卡【段落】组中,单击【显示/隐藏编辑标记】按钮,用于指示分节符的类型和位置,如图 2-46 所示。

(3) 若要删除分页符或者分节符,先选中分页符或分节符,然后按 Delete 键即可。

(4) 用户可以对长文档的不同节分别设置不同的版式。分节后的页面设置可更改的内容有:页边距、纸张大小、纸张方向(纵横混合排版)、页面边框、打印机纸张来源、垂直对齐方式、页眉和页脚、脚注和尾注等。

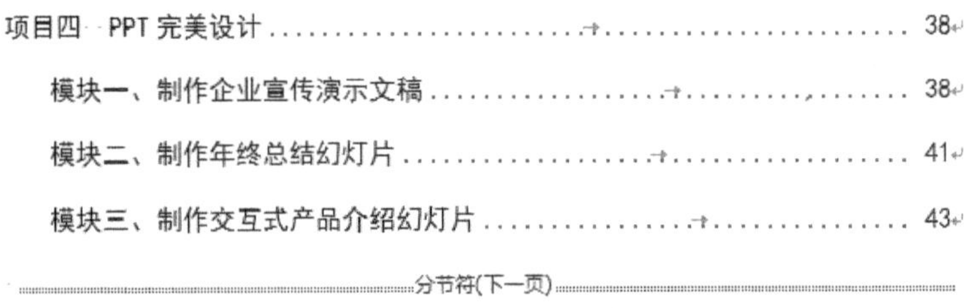

=======分节符(下一页)=======

图 2-46　"分节符(下一页)"字样

 案例描述

为产品说明书文档中的各级标题建立样式,并生成目录,标题格式具体要求如表 2-1 所示。

表 2-1　产品说明书标题样式

| 样式名称 | 字体格式 | 段落格式 | 大纲级别 |
| --- | --- | --- | --- |
| 一级标题 | 黑体、二号、加粗 | 段前、段后均为 0.5 行、行间距为 2 倍行距 | 1 级 |
| 二级标题 | 黑体、三号、加粗 | 段前、段后均为 0.5 行 | 2 级 |
| 三级标题 | 黑体、小三、加粗 | 段前、段后均为 0.5 行 | 3 级 |

 案例分析

目录

"产品说明书"案例中我们首先可以为文档插入一个 Word 自带的封面,然后分别为各级标题建立样式,并设置相应的大纲级别,接着需要统一同一级标题的样式,最后生成目录。

(1) 插入封面:使用 Word 内置的封面为产品说明书文档插入封面,并输入标题"产品说明书",删除其他不需要的内容。

① 在功能区【插入】选项卡中,单击【页面】组中的【封面】按钮,在弹出的【内置】下拉菜单中以缩略图的形式显示了 16 个类型的内置封面模板,如图 2-47 所示。

② 单击需要的封面模板,Word 会自动在文档的第 1 页添加一个封面页。

③ 在模板中系统已预设标题、副标题、摘要和日期文本域,单击相应的域,然后分别输入相应的文字,删除不需要的内容,即可完成封面的制作,效果如图 2-48 所示。

(2) 新建标题样式:选中任意一个一级标题,然后在【开始】选项卡【样式】组中,单击右下角的"对话框启动器"按钮" ",打开【样式】窗格,单击左下角的"新建样式"按钮" ",弹出【根据格式设置创建新样式】对话框。

在【名称】文本框中输入样式名称"一级标题",然后在【格式】组中选择黑体、二号、加粗,再单击左下方【格式】按钮,然后在弹出的菜单中选择【段落】,最后在【段落】对话框中设置段前、段后距 0.5 行,行间距 2 倍,大纲级别 1 级。如图 2-49 所示,单击【确定】按钮,即可看到"一级标题"样式出现在样式列表中。

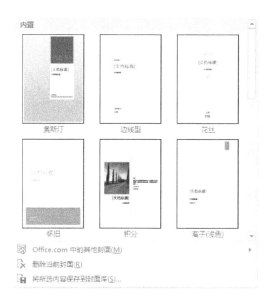

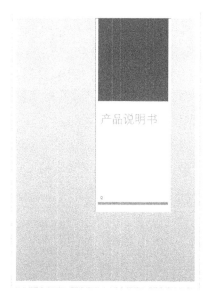

图 2-47　Word 内置封面　　　　　　　　　　图 2-48　"封面"效果样张

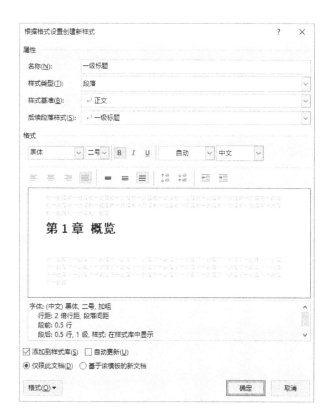

图 2-49　一级标题样式

（3）建立二级标题、三级标题样式：重复步骤（2）。

（4）应用样式：选中任意一级标题文本，然后在【开始】选项卡【样式】组中的样式库中选择相应的样式级别，即可为同一级标题应用样式，也可以使用【格式刷】按钮统一同级标题样式。

（5）插入目录：将插入点置于封面后，然后在功能区【引用】选项卡的【目录】组中，单击【目录】按钮,在下拉菜单中,选择【自定义目录】命令,弹出【目录】对话框,单击【确定】即可。

（6）为目录部分添加标题"目录",并设置为一号、加粗、居中,将目录下方文字设为小四,段前、段后距均设为 0.5 行。

（7）分节:将插入点置于目录后,在【布局】选项卡的【页面设置】组中,单击【分隔符】右侧下拉按钮,然后在【分节符】区域选择【下一页】,则正文内容将自动显示到下一页中,效果如图 2-50 所示。

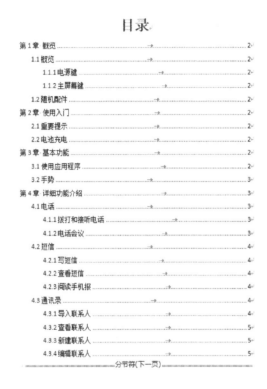

图 2-50 "产品说明书目录"效果样张

 思维拓展

带编号的标题是长文档编辑过程中经常使用的。手工编号较费时,且当新增或删除其中一个标题时,后面的标题编号都需要手工修改,非常烦琐,我们可以通过给各级标题所使用的样式设置多级列表编号来解决这些问题。

Word 多级列表编号可以自动地生成多达九个层次的编号。下面为产品说明书各章节设置自动编号,各级标题的编号样式如表 2-2 所示。

表 2-2　标题样式与对应的编号样式

| 样式 | 编号样式 |
| --- | --- |
| 一级标题 | 第 1 章、第 2 章…… |
| 二级标题 | 1.1、1.2……2.1、2.2…… |
| 三级标题 | 1.1.1、1.1.2……2.1.1、2.2.2…… |

1. 在【开始】选项卡的【段落】组中,单击"多级列表"按钮"＝＂,在下拉菜单中选择【定义新的多级列表】命令,弹出【定义新多级列表】对话框,如图 2-51 所示。

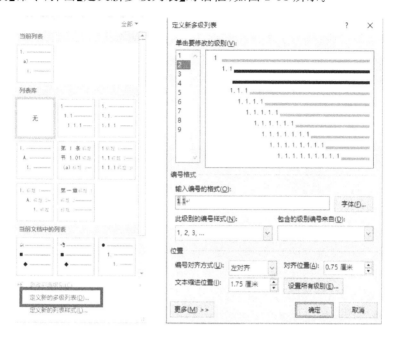

图 2-51　打开"定义新多级列表"对话框

2. 给"一级标题"样式设置编号:单击【定义新多级列表】对话框左下角的【更多】按钮,展开对话框,在【单击要修改的级别】中选择"1",根据表 2-2 所示的一级标题的编号样式,在【输入编号的格式】框中带有灰色底纹的"1"前面输入文本"第",在"1"的后面输入文本"章",在【将级别链接到样式】下拉列表中选择一级标题所用的"一级标题"样式,如图 2-52 所示。

图 2-52　设置一级标题编号

设置【位置】区域中的【对齐位置】为 0 厘米,【文本缩进位置】为 0 厘米,在【编号之后】下拉列表中选择【制表符】选项。

【参数说明】

- 【单击要修改的级别】用于选择当前要自定义的列表级别。
- 【输入编号的格式】指明编号或项目符号的格式。
- 【此级别的编号样式】用于选择要用的项目符号或编号的样式。
- 【位置】指明编号或项目符号的对齐方式,相对于页边距的位置以及编号与文本的距离。
- 【将级别链接到样式】在下拉列表框中可以选择当前级别应用的样式,一般可以选择从标题 1 到标题 9 的样式。
- 【ListNum 域列表名】输入 ListNum 域列表的名称,利用 ListNum 域可以在段落中的任意位置插入一组编号。
- 【起始编号】输入列表的起始编号。
- 【正规形式编号】选中复选框,将不允许多级列表中带有其他样式的项目符号,【此级别的编号样式】下面的下拉列表框将变灰无效。
- 【重新开始列表的间隔】选中复选框,再从下拉列表框中选择相应的级别,在指定的级别后面将重新开始编号。
- 【编号之后】在下拉列表框中可以选择编号与文字之间是用制表位隔开还是用空格隔开,也可以选择"不特别标注"。

3. 给"二级标题"样式设置编号:在【单击要修改的级别】中选择"2",默认情况下会在【输入编号的格式】框中出现带有灰色底纹的"一.1",在【将级别链接到样式】下拉列表中选择二级标题所用的"二级标题"样式。勾选【正规形式编号】复选框,则【输入编号的格式】框中编号会变为正规编码"1.1"。勾选【重新开始列表的间隔】复选框,在其下拉框中选择【级别 1】选项,如图 2-53 所示。

设置【位置】区域中的【对齐位置】为"0 厘米",【文本缩进位置】为"0 厘米",在【编号之后】下拉列表中选择【制表符】选项。

4. 给"三级标题"样式设置编号:在【单击要修改的级别】中选择"3",默认情况下会在【输入编号的格式】框中出现带有灰色底纹的"一.1.1",在【将级别链接到样式】下拉列表中选择三级标题所用的"三级标题"样式。勾选【正规形式编号】复选框,则【输入编号的格式】框中编号会变为正规编码"1.1.1"。勾选【重新开始列表的间隔】复选框,在其下拉框中选择【级别 2】选项。

设置【位置】区域中的【对齐位置】为 0.74 厘米,【文本缩进位置】为 0.74 厘米,在【编号之后】的下拉列表中选择【制表符】选项,单击【确定】按钮,完成设置。

此时,用户可以看到文档中使用了一级标题、二级标题和三级标题样式的文本前出现了多级列表编号。

### 2.2.3　页眉和页脚

页眉和页脚是指在文档每一页的顶部和底部加入信息,这些信息可以是文字和图形等。文字内容可以是文件名、标题名、日期、页码和单位名等。

图 2-53 设置二级标题编号

### 1. 页眉和页脚

将插入点定位到文档第一页中,在【插入】选项卡的【页眉和页脚】组中,打开【页眉】或【页脚】的下拉菜单,然后选择页眉或页脚系统内置的样式,或者单击【编辑页眉】或【编辑页脚】命令,此时,文档窗口将出现【页眉和页脚工具/设计】选项卡及相应的选项组,如图 2-54 所示,同时页眉页脚进入编辑状态,输入页眉页脚的内容即可。

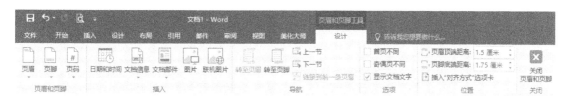

图 2-54 "页眉和页脚工具/设计"选项卡

在【页眉和页脚工具/设计】选项卡中可以设置"首页不同""奇偶页不同"等。若选中"首页不同"复选框即可为文档的首页和其他页设置不同的页眉和页脚;若选中"奇偶页不同"复选框即可为文档的奇、偶页设置不同的页眉和页脚。

### 2. 页码

将插入点切换到页脚位置,在【页眉和页脚工具/设计】选项卡中,单击【页码】按钮,即可在下拉菜单中选择插入页码的具体位置,如图 2-55 所示。

修改页码格式:单击【页码】按钮,在下拉菜单中选择【设置页码格式】命令,随即弹出【页码格式】对话框,如图 2-56 所示,即可设置"编号格式"和"页码编号"。

图 2-55　"页码"选项　　　　　图 2-56　"页码格式"对话框

### 3. 脚注和尾注

脚注和尾注是对文档文本的补充说明。脚注一般位于页面的底部,可以作为文档某处内容的注释;尾注一般位于整个文档的末尾,可以列出引文的出处等。设置脚注和尾注的方法如下:

将光标移动到需要插入脚注或尾注的位置,然后在【引用】选项卡的【脚注】组中,单击【插入脚注】或【插入尾注】按钮,如图 2-57 所示,即可进入脚注或尾注编辑的位置,用户可直接输入脚注或尾注内容。

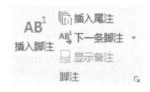

图 2-57　"脚注"组

脚注和尾注由两个关联的部分组成,包括注释引用标记和其对应的注释文本。用户可通过 Word 自动为标记编号或创建自定义的标记。在添加、删除或移动自动编号的注释时,Word 将对注释引用标记重新编号。

 案例描述

为产品说明书添加页眉和页脚,要求如下。

页眉:封面无页眉,页眉从目录开始设置,五号宋体居中,其中目录的页眉为"产品说明书",正文奇数页的页眉为"产品说明书",偶数页的页眉为"长文档案例";

页脚:页码在页面底端居中,小五号、Times New Roman 字体,目录部分用"Ⅰ,Ⅱ,Ⅲ,…"编写页码,起始码为"Ⅰ",正文部分用"1,2,3,…"编写页码,起始码为"1"。

案例分析

页眉和页脚

为产品说明书添加页眉页脚，要求首页不同、奇偶页不同，可在【页眉和页脚工具/设计】选项卡中勾选"首页不同"和"奇偶页不同"复选框。页码格式可在【页码格式】对话框中设置完成。

（1）页眉设置

在【插入】选项卡的【页眉和页脚】组中，打开【页眉】下拉菜单，选择【内置】中的【空白】或者【编辑页眉】，如图 2-58 所示，此时文档窗口进入页眉页脚编辑状态。

图 2-58　"页眉"选项

① 首页不同：将插入点移动到封面页眉处，然后在【页眉和页脚工具/设计】选项卡中的【选项】组中勾选【首页不同】复选框，则在封面页眉处会出现如图 2-59 所示字样。

图 2-59　首页不同

② 目录页眉:将插入点移动到目录页眉处,输入"产品说明书",并设置为五号宋体居中。

③ 奇偶页不同:将插入点移动到正文页眉处,然后在【页眉和页脚工具/设计】选项卡中的【选项】组中勾选【奇偶页不同】复选框,则在正文页眉处出现如图 2-60 所示字样。

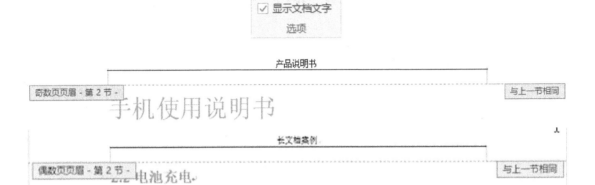

图 2-60　奇偶页不同

将插入点分别置于奇、偶页页眉处,分别输入"产品说明书"和"长文档案例",并设置为五号宋体居中。

(2) 页脚设置

① 目录页码:将插入点移动到目录页眉处,在【页眉和页脚工具/设计】选项卡的【页眉和页脚】组中,单击【页码】下拉菜单中的【页面底端】,选择【简单】中的【普通数字 2】。

再次单击【页码】下拉菜单,选择【设置页码格式】命令,在弹出的【页码格式】对话框中选择编号格式为"Ⅰ,Ⅱ,Ⅲ,…",单击【确定】按钮,如图 2-61 所示。

图 2-61　目录页码设置

② 正文页码:将插入点移动到正文第 1 页页脚处,在【页眉和页脚工具/设计】选项卡的【页眉和页脚】组中,单击【页码】下拉菜单中的【页面底端】,选择【简单】中的"普通数字 2"。再次单击【页码】下拉菜单,选择【设置页码格式】命令,弹出【页码格式】对话框后,将【页码编号】组的【起始页码】设为"1",最后单击【确定】按钮。

 思维拓展

在长文档排版中,如书籍或论文的前言、目录、正文等部分,均需设置不同的页眉和页脚,这就需要对长文档的不同部分进行分节设置。

除了分节设置外还需要断开这些节之间所有页眉、页脚的链接,即取消所有页眉、页脚右侧的"与上一节相同"文字,如图 2-62 所示。

图 2-62　"与上一节相同"页眉

在【页眉和页脚工具/设计】选项卡的【导航】组中单击【链接到前一条页眉】按钮,即可断开与上一节页眉的链接,如图 2-63 所示。

图 2-63　断开"链接到前一条页眉"

## 2.3　图文混排

在 Word 中除了可以编辑文本外,还可以向文档中插入图片,并将其以用户需要的形式进行图文混排。Word 图文混排是企业宣传册、产品说明书等文案中经常用到的技术,Word 中可使用的图文混排对象有图片、艺术字、文本框、形状等。

### 2.3.1　图片排版

Word 可以将多种格式的图片插入文档,制作成图文并茂的文档。

**1. 插入图片**

Word 中可以直接插入的图片文件有 BMP,WMF,PIC,JPG 等,插入

图文排版

图片文件的操作方法如下。

(1) 使用【插入】选项卡中【插图】组的【图片】按钮

- 将插入点定位在要插入图片的位置。
- 在功能区的【插入】选项卡的【插图】组中，单击【图片】按钮，打开【插入图片】对话框，如图 2-64 所示。

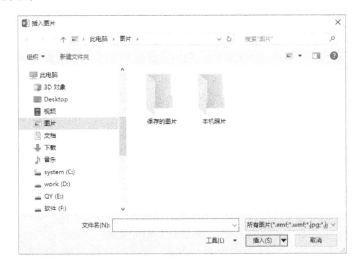

图 2-64 "插入图片"对话框

- 在左侧窗格选择图片所在位置，或直接在上方"地址栏"中输入图片所在路径，然后在右侧窗格中选择要插入的图片文件，单击【插入】按钮。

(2) 使用复制功能

选择合适的图片进行复制，然后在文档中进行粘贴或者选择性粘贴。

(3) 通过屏幕截图

Word 提供的屏幕截图功能和屏幕剪辑功能可以用于截取屏幕中的图片，方便用户插入需要的图片，它可以实现对屏幕中任意部分的随意截取。

- 将插入点移动到需插入图片的位置，在【插入】选项卡的【插图】组中，单击【屏幕截图】按钮，打开的【可用视窗】列表中将列出当前打开的所有程序窗口，用户选择自己需要的窗口截图即可插入屏幕截图，如图 2-65 所示。

图 2-65 "屏幕截图"选项

- 也可在单击【屏幕截图】按钮后，在打开的列表中选择【屏幕剪辑】选项，当前文档的编辑窗口将最小化，屏幕将灰色显示，这时长按鼠标左键拖动鼠标框选出需要截取的屏幕区域，接着释放鼠标，框选区域内的屏幕图像将自动插入到文档中。

**2. 编辑图片**

图片插入文档后，可以根据排版的需要进行编辑修改，如改变图片尺寸、调整图片位置，以及裁剪等操作。图片的编辑主要使用【图片工具/格式】选项卡，如图 2-66 所示。

图 2-66　"图片工具/格式"选项卡

（1）图片的移动、复制和删除

移动图片只需将插入点定位在图片上长按鼠标左键拖动即可；复制图片可在拖动图片的同时按下 Ctrl 键；删除图片可在选中图片后直接按 Delete 键。

（2）调整图片大小

- 选中图片，通过图片周围的 8 个控点来调整图片大小。拖动四角控点，图片将按比例缩放，不会变形。
- 选中图片后，单击功能区的【图片工具/格式】选项卡，在【大小】组中可以直接输入图片的高度和宽度，也可以单击右下角的"对话框启动器"按钮"￼"，打开【布局】对话框，如图 2-67 所示，即可精确设置图片大小。

图 2-67　"布局"对话框

（3）删除图片背景，改变图片的亮度、对比度、颜色和设置艺术效果通过【图片工具/格式】选项卡的【调整】组中的相应命令来进行设置,如图2-68所示。

图2-68 "调整"组

(4)图片样式

利用【图片工具/格式】选项卡中的【图片样式】组可以为图片选择系统提供的样式,也可以自行定义图片的边框、效果等样式,如图2-69所示。

图2-69 "图片样式"组

(5)设置图片位置

切换到【图片工具/格式】选项卡,在【排列】组中单击【位置】按钮,在下拉列表中可以选择图片在文档中的位置,如图2-70所示。

(6)设置文字环绕

插入的图片无法随心所欲地移动,是因为图片默认的插入格式为"嵌入型",图片相当于一个字符被牢牢地固定在了字里行间。这时需要选择图片的环绕方式,将图片由"嵌入型"改为"浮动型",就可以轻松移动图片的位置了。

选中图片,单击功能区的【图片工具/格式】选项卡,在【排列】组中单击【环绕文字】的下拉按钮,在弹出的下拉列表中可以选择图片的环绕方式,如图2-71所示。

图2-70 "位置"选项

图2-71 "自动换行"选项

【选项说明】

• 嵌入型:插入的图片默认为嵌入式,这种版式把图片作为一个特殊的字符处理,图片是在文字中嵌入的,随文字的移动而移动,图片不能自由移动。

- **四周型环绕**:不管图片是否为矩形图片,文字以矩形方式环绕在图片四周。
- **紧密型环绕**:如果图片是矩形,则文字以矩形方式紧密环绕在图片周围,如果图片是不规则图形,文字也将紧密环绕在图片四周。
- **穿越型环绕**:文字可以穿越不规则图片的空白区域环绕图片。
- **上下型环绕**:文字环绕在图片上方和下方。
- **衬于文字下方**:分为两层,图片在下、文字在上,文字将覆盖图片。
- **浮于文字上方**:分为两层,图片在上、文字在下,图片将覆盖文字。
- **编辑环绕顶点**:可以编辑文字环绕区域的顶点,实现更加个性化的环绕效果。

(7)裁剪图片

选中图片,找到功能区的【图片工具/格式】选项卡,在【大小】组单击【裁剪】下拉按钮,在弹出的下拉菜单中选择【裁剪】,此时图片周围的 8 个控点变为黑色粗线,移动鼠标到任意一条黑色线条上拖动,则可对图片进行任意裁剪。

还可以通过单击【裁剪】下拉按钮,在弹出的下拉菜单中选择【裁剪为形状】,就能将图片直接裁剪为系统提供的形状样式,如图 2-72 所示。

图 2-72 "裁剪为形状"选项

如果对编辑修改不满意,则可以在【图片工具/格式】的【调整】组中,单击【重设图片】按钮,就能取消对图片所做的全部修改,还原到图片编辑前的状态。

### 2.3.2 对象编辑

为了更加丰富图文混排的内容,Word 除了可以插入图片元素外,还可以插入文本框、艺术字、形状、SmartArt 图形等元素对象。

Word 中的文本框、艺术字、形状编辑主要是通过【绘图工具/格式】选

对象编辑

项卡来实现的,如图 2-73 所示。

图 2-73 "绘图工具/格式"选项卡

【参数说明】

- 【形状样式】可以设置、形状的填充、轮廓及效果;
- 【艺术字样式】可以设置艺术字的文本填充、轮廓及效果;
- 【文本】可以设置文本框链接、文字方向、对齐文本;
- 【排列】可以修改形状的叠放次序、环绕方式、旋转及组合等;
- 【大小】可以设置对象的高度和宽度。

**1. 文本框**

文本框是将文字和图片精确定位的有效工具。文档中的任何内容放入文本框后,都可以随时被拖拽到文档的任意位置,还可以根据需要进行缩放。

(1) 插入文本框

文本框的插入方法有两种,可以先插入空文本框,确定好大小、位置后,再在文本框内输入文本内容;也可以先选中文本内容,再插入文本框,则文字内容直接放入文本框中。

- 插入空文本框

在功能区的【插入】选项卡的【文本】组中,单击【文本框】下拉按钮,在弹出的下拉菜单中选择内置文本框样式,或者选择自行【绘制文本框】或【绘制竖排文本框】,如图 2-74 所示。此时鼠标指针变成"十"字形,长按鼠标左键在文档合适的位置拖拽即可绘制出所需的文本框。插入文本框后,用户可以根据需要在文本框中插入图片或添加文本。

图 2-74 "文本框"选项

- 将文档中指定的内容放入文本框

选定文本内容后,在【插入】选项卡的【文本】组中,单击【文本框】下拉按钮,在弹出的下拉菜单中选择【绘制文本框】或【绘制竖排文本框】,即可将所选文本内容直接放入文本框中。

（2）编辑文本框

利用鼠标可以调整文本框的大小、位置等,还可以使用【绘图工具/格式】选项卡,对文本框的颜色、线条、大小和环绕方式等进行设置,或者在文本框边框上右击鼠标,在弹出的快捷菜单中选择【设置形状格式】命令,然后在右侧弹出的【设置形状格式】窗格中进行设置,如图 2-75 所示,文本框可以使用纯色、图片及纹理等来填充。

图 2-75　形状样式

（3）文本框链接

在 Word 文档中可以建立多个文本框,并且可以将它们链接起来,前一个文本框中容纳不下的内容可以显示在下一个文本框中。同样,当删除前一个文本框时,下一个文本框的内容上移。

创建超链接文本框的操作步骤如下:

① 在文档中创建一个空文本框;

② 选中要创建链接的文本框,在【绘图工具/格式】选项卡的【文本】组中,单击【创建链接】按钮,如图 2-76 所示,鼠标指针会变成直立的杯状;

③ 将鼠标指针移到要链接的空文本框中,此时鼠标指针会变成倾倒的杯状,单击即可。

图 2-76　文本框链接

这样,前一个文本框中的文本内容排列不下时,Word 就会自动切换到下一个空文本框中排列。

若要断开两个文本框之间的链接,先右击要断开链接的文本框的边框线,然后在【绘图工具/格式】选项卡的【文本】组中,单击【断开链接】按钮,则所链接的内容就会返回到该文本框中。

注：创建链接的两个文本框类型必须一致，不能一个横排一个竖排。

**2. 艺术字**

在 Word 中，可以直接插入艺术字，也可以将已有的文字更改为艺术字。

（1）插入艺术字

在功能区的【插入】选项卡的【文本】组中，单击【艺术字】下拉按钮，在下拉的艺术字预设样式列表中选择合适的艺术字样式，如图 2-77 所示，也可以在选定文字内容后，选择合适的艺术字样式，将所选文字直接转换为艺术字。

（2）编辑艺术字

选择要修改的艺术字，切换到【绘图工具/格式】选项卡，在【艺术字样式】组中可以设置艺术字的文本填充、轮廓和效果，如图 2-78 所示，或者在艺术字边框上右击鼠标，在快捷菜单中选择【设置形状格式】命令，在右侧弹出的【设置形状格式】窗格中进行设置。

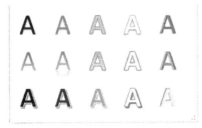

图 2-77　艺术字库

图 2-78　艺术字样式

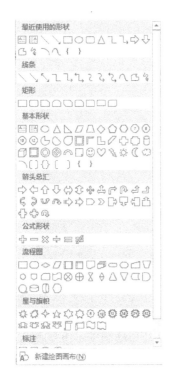

图 2-79　形状

**3. 形状**

利用 Word 提供的形状工具，用户可以在文档中绘制出各种图形，并可以通过设置图形的大小、旋转角度、叠加次序和组合方式来创建复杂的图形。

（1）绘制形状

在【插入】选项卡的【插图】组中，单击【形状】按钮，在下拉菜单中选择需要的形状，如图 2-79 所示。此时鼠标形状变为"十"字形，长按鼠标左键在文档合适位置拖拽即可绘制出所需形状。

注：在绘制形状时按住 Shift 键，可以绘制高、宽等比例的图形。

（2）编辑形状

可以使用【绘图工具/格式】选项卡，来设置形状的颜色、线条、大小和环绕方式等，如图 2-75 所示，或者在形状上右击鼠标，在快捷菜单中选择【设置形状格式】命令，然后在右侧弹出的【设置形状格式】窗格中进行设置。

（3）添加文本

选中形状，右击鼠标，在弹出的快捷菜单中选择【添加文字】选项，形状中将出现插入点，即可输入文本内容，如图

2-80 所示。

（4）叠放次序

在文档中有时绘制了多个重叠的图形,则需要改变形状的叠放次序。

右击需设置叠放次序的图形,在快捷菜单中选择【置于顶层】或【置于底层】子菜单中的相应命令即可,或者在【绘图工具/格式】选项卡的【排列】组中,单击【上移一层】或【下移一层】下拉菜单中的命令。

（5）组合

在文档中绘制的形状可以根据需要进行组合,以防止它们之间的相对位置发生改变。

按住 Shift 键依次选定需组合的各个图形,右击鼠标,在快捷菜单中选择【组合】子菜单中的【组合】命令,或者在【绘图工具/格式】选项卡的【排列】组中,单击【组合】下拉菜单中的【组合】命令。

不需要组合的时候可以右击鼠标,在快捷菜单中选择【组合】子菜单中的【取消组合】命令。

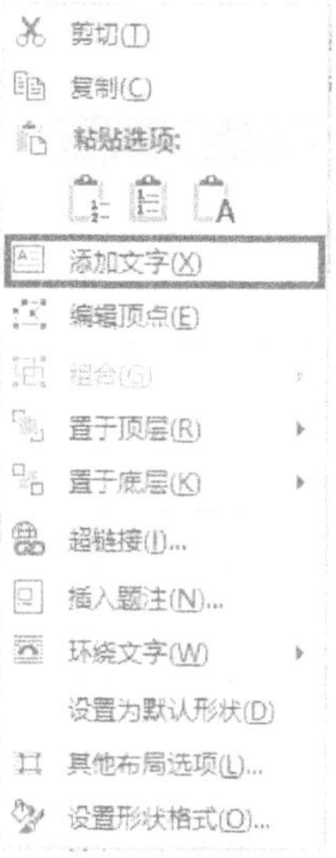

图 2-80　给形状添加文字

**4. SmartArt 图形**

Word 中的 SmartArt 图形可以实现更直观地交流信息,用以表明对象之间的从属关系、层次关系等。

（1）创建 SmartArt 图形

将插入点移动到需要插入 SmartArt 图形的位置,切换到【插入】选项卡的【插图】组,单击【SmartArt】按钮,弹出【选择 SmartArt 图形】对话框,如图 2-81 所示。

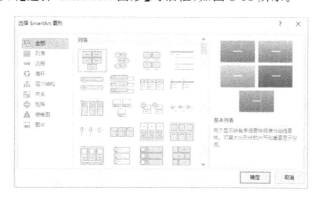

图 2-81　"选择 SmartArt 图形"对话框

先在窗口左侧列表中选择元素之间的关系,然后在窗口中间栏中选择具体的图形,最后单击【确定】按钮。在右侧的文本区域或者左侧的【在此处键入文字】提示窗口中输入各层级项的文本内容即可,如图 2-82 所示。

（2）修改 SmartArt 图形

Word 创建的 SmartArt 图形是默认的布局,用户在使用的过程中可以编辑和修改,如添加形状、项目的升降级、更改布局样式等,如图 2-83 所示。

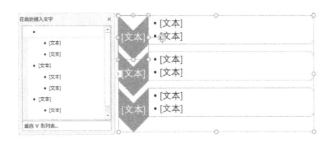

图 2-82　SmartArt 图形内容设置

图 2-83　"SmartArt 工具/设计"选项卡

图 2-84　"SmartArt 工具/设计"选项卡

- 添加形状。选中 SmarArt 图形，在【SmartArt 工具/设计】选项卡中，找到【创建图形】组的【添加形状】按钮，在其右侧的下拉菜单中选择合适的命令，即可在所选形状的相应位置添加一个形状，如图 2-84 所示。
- 调整级别。若需要调整 SmartArt 图形栏目的级别，可以在左侧文本窗口中右击该项目，在弹出的快捷菜单中选择【降级】或者【升级】命令，如图 2-85 所示，SmartArt 图形的层级会根据设置发生变化。

- 更改 SmartArt 图形布局。选中 SmartArt 图形，切换到【SmartArt 工具/设计】选项卡中的【版式】组，在下拉列表中选择新的布局样式，如图 2-86 所示。

图 2-85　SmartArt 图形层级

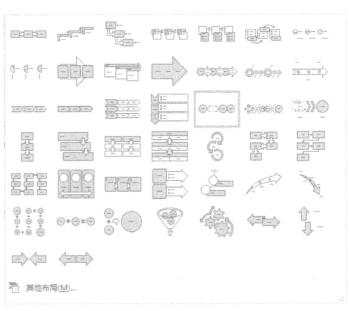

图 2-86　SmartArt 版式

- 应用 SmartArt 图形样式。选中 SmartArt 图形，在【SmartArt 工具/设计】选项卡中，单击【SmartArt 样式】组的【更改颜色】下拉按钮，在下拉面板中选择要设置的颜色，如图 2-87 所示，即可改变 SmartArt 图形样式的颜色。

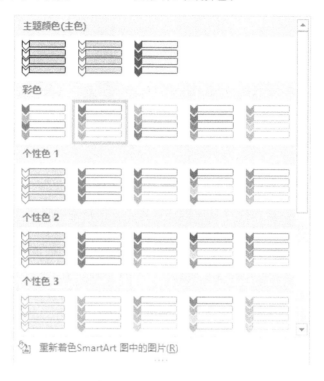

图 2-87 SmartArt 更改颜色

单击【SmartArt 样式】组的【其他】按钮，在下拉列表中选择三维样式，如图 2-88 所示，可以为图形添加三维样式。

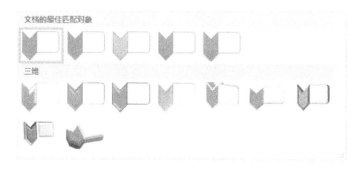

图 2-88 SmartArt 三维样式

**5. 选择窗格**

当 Word 文档中几个对象重叠比较严重的时候，可以将一些对象隐藏起来便于编辑。

选中任一图形对象，切换到功能区【图片工具/格式】选项卡，在【排列】组中单击【选择窗格】按钮，在右侧弹出的【选择】窗格中可以进行对象的显示或隐藏，如图 2-89 所示。

图 2-89　选择窗格

### 2.3.3　页面设置

在对文档进行打印前,首先要对页面进行设置。页面格式的设置包括对纸张大小、页边距、字符数、行数、纸张来源和版面等的设置。

#### 1. 页面设置

Word 页面设置可以利用功能区【布局】选项卡中【页面设置】组中的命令完成,也可以单击【页面设置】组右下角的"对话框启动器"按钮"⬚",打开【页面设置】对话框进行页面设置,如图 2-90 所示。

图 2-90　页面设置

（1）【页边距】选项卡

页边距是正文与页面边缘的距离,如图 2-90 所示。在【页边距】选项卡中主要可以进行以下设置。

【页边距】:在上、下、左、右数值框中设置正文与纸张顶部、底部、左侧和右侧的预留宽度。

【装订线】:设置装订线与纸张边缘的间距。

【装订线位置】:用于选择装订位置在左或上。

【纸张方向】:设置纸张方向为横向或纵向。

【页码范围】:如果选定的文档为多页,可以在"多页"后面的下拉列表中选择多页排版的方式。其排版方式包括普通、对称页边距、拼页、书籍折页和反向书籍折页,用户可以根据需要选择一种排版方式。

(2)【纸张】选项卡

【纸张】选项卡主要用于设置纸张大小、纸张来源等,如图 2-91 所示。

图 2-91　"纸张"选项卡

【纸张大小】:选择使用的纸张大小,如 A4、B5 等,此时系统会显示纸张的默认宽度和高度。若想自定义纸张大小,则可在宽度和高度数值框中自行设置纸张的宽度和高度。

【纸张来源】:在"首页"列表框中选择打印文档的第一页的纸张来源,在"其他页"列表框中选择打印文档的其他页的纸张来源。

(3)【版式】选项卡

版式是指页面的版面格式,用户可以通过【版式】选项卡来设置节的起始位置、页眉和页脚和页面垂直对齐方式等,如图 2-92 所示。

(4)【文档网格】选项卡

【文档网格】选项卡主要用于设置文字的排列方向、有无网格等,如图 2-93 所示。

【文字排列】:用户可在"方向"选项组中选择文字的排列方向,并可在"栏数"微调框中设置所需的栏数。

【网格】:用于选择文档所需的网格类型。

图 2-92 "版式"选项卡

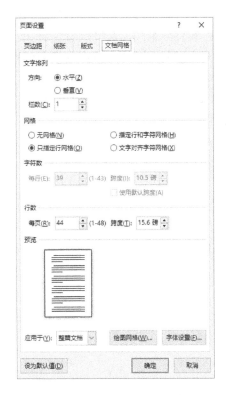

图 2-93 "文档网格"选项卡

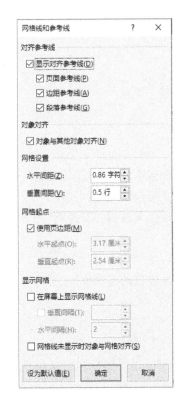

图 2-94 "网格线和参考线"对话框

【字符数】:在"每行"微调框中用于设置每行的字符数。

【行数】:在"每页"微调框中用于设置每页的行数。

【绘图网格】按钮:单击该按钮后弹出【网格线和参考线】对话框,如图 2-94 所示,在该对话框中可对网格各选项进行设置。

注:在【页面设置】对话框中利用【预览】区域的【应用于】列表框可以选择应用范围,该范围可以是"所选节""所选文字"或"整篇文档"。

**2. 分栏**

分栏是文档排版中一种常用的版式,在各种杂志和报纸中应用广泛。它在水平方向上将页面分为若干栏,文字逐栏排列,填满一栏后转入下一栏,常应用于篇幅较长的文稿的排版。分栏效果如图 2-95 所示。

方法:在【布局】选项卡的【页面设置】组中,单击【分栏】命令,在打开的下拉菜单中选择相应的分栏数,如图 2-96 所示。

使用【分栏】命令不仅可以设置等宽的分栏效果,还可以根据需要设置不等宽的或栏数大于 3 的分栏效果。

在【布局】选项卡的【页面设置】组中单击【分栏】命

令，在下拉菜单中选择【更多分栏】命令，弹出【分栏】对话框，如图 2-97 所示。

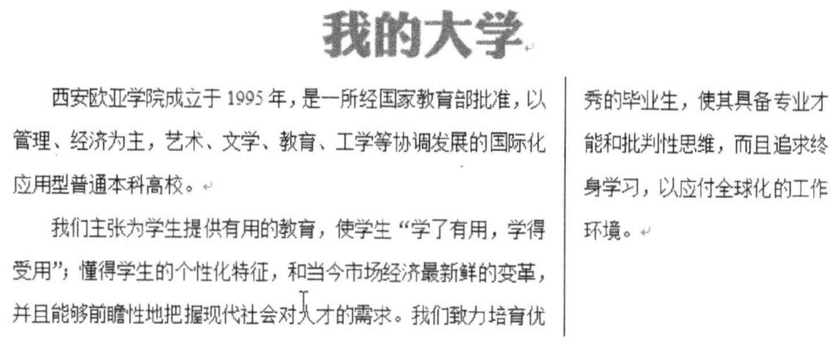

我的大学
西安欧亚学院成立于 1995 年，是一所经国家教育部批准，以管理、经济为主，艺术、文学、教育、工学等协调发展的国际化应用型普通本科高校。
我们主张为学生提供有用的教育，使学生“学了有用，学得受用”；懂得学生的个性化特征，和当今市场经济最新鲜的变革，并且能够前瞻性地把握现代社会对人才的需求。我们致力培育优秀的毕业生，使其具备专业才能和批判性思维，而且追求终身学习，以应付全球化的工作环境。

图 2-95 分栏效果

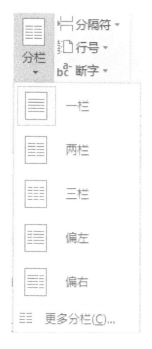

分栏
分隔符
行号
断字
一栏
两栏
三栏
偏左
偏右
更多分栏(C)...

图 2-96 “分栏”选项

分栏
预设
一栏(O)
两栏(W)
三栏(T)
偏左(L)
偏右(R)
栏数(N): 1
分隔线(B)
宽度和间距
预览
栏(C): 宽度(I): 间距(S):
1: 39.58 字符
栏宽相等(E)
应用于(A): 本节
开始新栏(U)
确定
取消

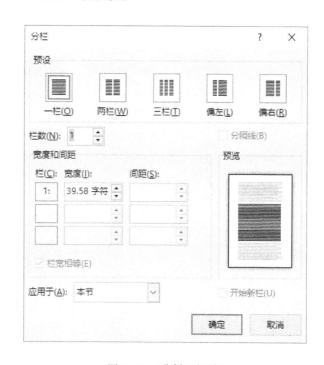

图 2-97 “分栏”对话框

【栏数】：可以在微调框中设置所要分割的栏数，范围为 1～11。

【宽度和间距】：用户可以根据需要设置每栏的宽度和栏间距。

【分隔线】：勾选该复选框，则会在栏间产生一条栏分隔线。

**3. 首字下沉**

我们在浏览杂志或报纸书籍的时候，常常看到在有些段落的开头，第一个字或字母出现下沉效果，这就是首字下沉，主要起强调的作用，如图 2-98 所示。

方法：切换到功能区【插入】选项卡的【文本】组，单击【首字下沉】按钮，在下拉菜单中可以直接选择【下沉】或【悬挂】两种方式，如图 2-99 所示。也可以选择【首字下沉选项】命令，弹出【首字下沉】对话框，再进行相应设置，如图 2-100 所示。

【位置】：用于选择无、下沉或悬挂。

【选项】:用于设置字体,下沉行数及距正文的距离。

## 我的大学

西 安欧亚学院成立于 1995 年,是一所经国家教育部批准,以管理、经济为主,艺术、文学、教育、工学等协调发展的国际化应用型普通本科高校。

我们主张为学生提供有用的教育,使学生"学了有用,学得受用";懂得学生的个性化特征,和当今市场经济最新鲜的变革,并且能够前瞻性地把握现代社会对人才的需求。我们致力培育优秀的毕业生,使其具备专业才能和批判性思维,而且追求终身学习,以应付全球化的工作环境。

图 2-98　首字下沉效果

图 2-99　"首字下沉"选项

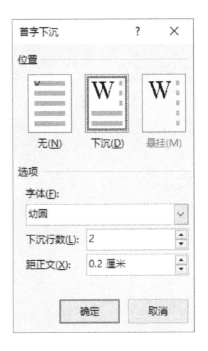

图 2-100　"首字下沉"对话框

 案例描述

运用所学的 Word 高级排版技术,设计一份宣传简报。自定主题,文字和图片素材可自行搜集、整理、组织。充分发挥主观能动性和创新意识对素材进行综合排版。作品要求 A4 纸大小,综合运用图片、文本框、形状和艺术字等元素,并进行美化,要求整体版面美观、大方。效果样张如图 2-101,仅供参考。

图 2-101　宣传简报效果样张

案例分析

宣传简报设计流程：

整体构思　素材搜集　版面排版　预览输出

操作步骤如下：

（1）页面设置

单击功能区【布局】选项卡中【页面设置】右下角的"对话框启动器"按钮"▫"，打开【页面设置】对话框，在【页边距】选项卡中将上下、左右页边距均设为 1cm，在【纸张】选项卡中将纸张大小设为 A4。

（2）字符和段落格式

利用【开始】选项卡中【字体】组和【段落】组的按钮，或在【字体】【段落】对话框中对字符和段落格式进行合理设置。

（3）图文混排

单击【插入】选项卡中【插图】组和【文本】组中的相应按钮，按设计需求插入图片、文本框、艺术字、形状等元素，并进行编辑美化。

（4）特殊效果

在文档中合理运用首字下沉、分栏、水印（【设计】选项卡【页面背景】组）等功能来设置效果。

（5）页面边框及页面颜色

可以为文档添加页面边框及背景颜色。

（6）页眉和页脚

利用【插入】选项卡中【页眉和页脚】组的选项，为文档插入页眉和页脚。

（7）打印输出

宣传简报制作完成后，可单击【文件】选项卡的【打印】命令，然后在右侧窗格中预览效果，要求页面设置合理、美观、简洁大方。

可将宣传简报文档保存为 PDF 格式，单击【文件】选项卡【保存】按钮，在【另存为】界面中单击【浏览】按钮，然后在弹出的【另存为】对话框中选择文档的保存位置，并对文档进行命名，接着在保存类型下拉列表中选择 PDF 格式，如图 2-102 所示。最后单击【保存】。

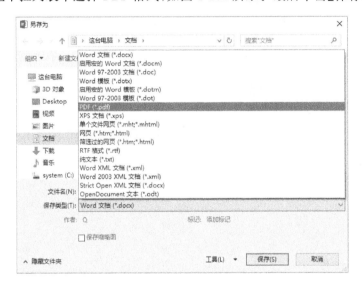

图 2-102　"另存为"对话框

 思维拓展

Word 默认将整个文档视为一节，如果需要在一页之内或多页之间采用不同的版面布局，比如某长文档中纸张均为纵向，其中有一页表格需设置纸张横向。这时我们需要在该页的前、后均插入"分节符"，然后在【页面设置】对话框中设置本节的纸张方向为横向，并在【应用于】下拉列表中选择"本节"。

## 2.4　Word 表格应用

表格在 Word 文档中的使用非常频繁，如个人简历、用户登记表、请假单及结构化数据等都会用到表格。表格不仅能简化文字的表述，还能使排版更加美观，借助表格在结构方面的灵活性可以设计出具有特殊布局的页面版式。本节将详细介绍在 Word 文档中表格的创建、编辑及格式设置。

### 2.4.1 表格的制作与编辑

表格的操作一般包括表格的创建、编辑及格式设置等。

**1. 表格的创建**

在 Word 中创建表格时，可以在【插入】选项卡的【表格】组中单击"表格"按钮" ⊞表格"，在弹出的表格列表菜单中包含了创建表格的命令，如图 2-103 所示。

Word 创建表格有 6 种方法，表 2-3 简要说明了创建表格的 6 种方法。

图 2-103　表格列表菜单

**表 2-3　创建表格的方法**

| 命令 | 操作方法 | 特点 |
|---|---|---|
| 拖动方格 | 使用鼠标拖动菜单上方的方格来创建表格 | 只能创建最大为 8 行 10 列的表格 |
| 插入表格 | 通过在对话框中指定行、列数来创建表格 | 可以设置表格的自动调整功能 |
| 绘制表格 | 通过手动绘制表格的方法来创建表格 | 可以创建结构灵活的表格，但不够精确 |
| 文本转换成表格 | 将包含特定分隔符的文本转换为表格 | 可以将普通文本快速转换为表格 |
| Excel 电子表格 | 插入 Excel 工作表 | 可以使用 Excel 提供的功能处理数据 |
| 快速表格 | 选择一种预置的表格样式来创建表格 | 创建带有预置文本和外观格式的表格 |

（1）拖动方格法

【表格】的下拉菜单中包含一些方格，将鼠标指针移动到方格上并移动鼠标时，列表顶部会显示如"8×6 表格"之类的提示文字，它表示即将创建的表格大小，第一个数字表示表格的列数，第二个数字表示表格的行数，同时，在文档中也可以看到创建的表格大小，当达到所需的行数和列数时，单击鼠标，即可创建表格。

（2）插入表格法

在【表格】下拉菜单中单击【插入表格】命令，弹出【插入表格】对话框，如图 2-104 所示，在列数和行数文本框中输入需要创建表格的列数和行数，单击【确定】按钮即可。

图 2-104　"插入表格"对话框

【参数说明】

- 【固定列宽】表格大小不会随文档版心的宽度或表格内容的多少而自动调整,表格的列宽以厘米为单位。
- 【根据内容调整表格】表格大小根据表格内容的多少而自动调整。因为在刚创建的表格中不包含任何内容,所以选择此项参数所创建的初始表格很小,后期输入内容后宽度将发生改变。
- 【根据窗口调整表格】表格的总宽度与文档版心相同,当调整页面左右页边距时,表格的总宽度会随之改变。使用该参数选项所创建的表格,无论页面多大,表格始终与版心同宽。
- 【为新表格记忆此尺寸】如果经常要创建具有相同尺寸的表格,可以将【插入表格】对话框中的列数、行数及相关参数改为所需的值,然后选中【为新表格记忆此尺寸】复选框,最后单击【确定】按钮。以后再打开【插入表格】对话框时,其中的行列值和参数就是之前设置的值。

（3）手动绘制表格法

在表格下拉菜单中单击【绘制表格】命令,当鼠标指针变成铅笔形状"$\ell$"时,拖动鼠标,先绘制出表格的外边框,再分别绘制出表格内部的水平线、垂直线或斜线。在绘制过程中,可以在【表格工具/设计】选项卡中,利用【边框】组中的命令改变边框的宽度和颜色。若要退出绘制状态,按键盘上的 Esc 键即可。

（4）文本转换成表格法

对于结构比较简单的表格,可以先输入文字,在文字与文字之间用空格或分隔符作为间隔,然后选中文字,在表格下拉菜单中单击【文本转换成表格】命令,即可将输入的文本转换成表格。

（5）插入 Excel 表格法

在 Word 中不容易实现复杂的计算或分析,我们可以引入 Excel 表格。在表格下拉菜单中单击"Excel 电子表格"命令,临时切换到 Excel 的工作窗口,在该窗口中输入表格内容,输入完成后,调整 Excel 表格的区域大小,使其能完全显示。单击 Word 空白处,可退出 Excel 编辑状态;双击 Excel 表格,可再次进入编辑状态。

（6）使用预置表格样式法

在表格下拉菜单中单击【快速表格】命令,在级联菜单中根据需要选择不同的内置表格。

**2．表格的选择**

无论对表格执行何种操作,首先都需要选择目标单元格,然后再执行相应的命令。

（1）选择一个单元格

将鼠标指针移动到要选择的单元格内的左侧,当鼠标指针变为"➚"时单击鼠标,即可选中该单元格。

（2）选择多个连续单元格

先将鼠标移至单元格内,再按住鼠标左键,然后拖动鼠标,即可选中多个单元格。也可以先选择一个单元格,然后按住 Shift 键单击另一个单元格,这两个单元格之间的所有单元格都会被选中。

（3）选择多个不连续的单元格

先选择一个单元格,然后按住 Ctrl 键依次单击其他需要选择的单元格即可。

（4）选择整行

将鼠标指针移动到选定栏中，当鼠标形状变成"↗"时，单击鼠标，即可选中整行，也可以按住鼠标左键，在表格的一行中拖动进行选择，还可以将鼠标移至单元格内，当鼠标指针变为"➜"时，双击鼠标，即可选中该单元格所在的整行。

提示：选定栏是指版心左边缘以外的空白部分，即页面左边距的区域。

（5）选择整列

将鼠标放在需要选中的列的上方且靠近框线的位置，当鼠标指针变成"↓"时，单击鼠标，即可选中整列，也可以按住鼠标左键在表格的一列中拖动进行选择。

（6）选择整个表格

单击表格左上角的表格全选按钮"✛"，或使用拖动鼠标的方法来选择整个表格。

**3．表格的编辑**

表格的编辑操作通常利用【表格工具/布局】选项卡来完成，如图 2-105 所示。

图 2-105　"表格工具/布局"选项卡

（1）插入单元格、行或列

当表格的单元格或行列不够用时，用户可根据需要进行插入。

① 将文本插入点定位到某个单元格中，单击【表格工具/布局】选项卡中【行和列】组的"对话框启动器"按钮"⌐"。

② 打开【插入单元格】对话框，如图 2-106 所示。

图 2-106　"插入表格"对话框

③ 根据需要选择合适的命令。

若要插入整行或整列，还可以通过以下两种方法实现。

方法 1：选中表格的整行或整列，在【表格工具/布局】选项卡【行和列】组中根据需要选择合适的命令，如图 2-107 所示。

图 2-107　行和列组命令

方法2：将鼠标指针移动到表格最左侧行与行的分隔线上，或表格最上方列与列的分隔线上时，将显示如图2-108所示的"⊕"标记，单击该标记，则可以实现行与列的快速插入。该方法不能在 Word 2010 以及更低的版本中使用。

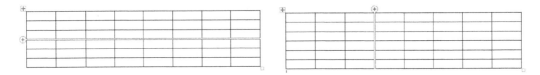

图 2-108　快速插入行、列的方法

（2）删除单元格、行或列

对于表格中多余的单元格、行或列，用户可以用下列操作将其删除。

方法1：选中要删除的某个单元格或单击【表格工具/布局】选项卡中【行和列】组的【删除】按钮，在弹出的下拉列表中选择需要的命令即可。

方法2：选中要删除的某个单元格或行或列，按 Backspace 键可以快速将其删除。

需要删除整张表格时，可以选中整张表格，按 Backspace 键将其删除。

（3）合并和拆分单元格

有时需要将多个单元格合并，以容纳更多内容。合并单元格时，选择需要合并的多个单元格，单击【表格工具/布局】选项卡中【合并】组的【合并单元格】按钮，如图2-109所示。

在表格的实际应用中，有时还需要将一个单元格拆分成多个单元格。拆分时，选中需要拆分的单元格，单击【表格工具/布局】选项卡中【合并】组的【拆分单元格】按钮，打开【拆分单元格】对话框，如图2-110所示，设置需要拆分的行数和列数，然后单击【确定】按钮。

图 2-109　合并组

图 2-110　"拆分单元格"对话框

（4）调整行高与列宽

方法1：使用鼠标调整

拖动鼠标可以快速调整行高与列宽。将鼠标指针移至行与行或列与列的分隔线上，当指针呈现"＝"或"↔"形状时，长按鼠标左键并拖动鼠标，表格中将出现虚线，当虚线到达合适位置时释放鼠标即可实现行高与列宽的调整。

一般情况下调整列宽时，会同时改变该列中所有单元格的宽度，如果只想改变一列中某个单元格的宽度，则可以先选中该单元格，然后将鼠标指针移动到该单元格左侧或右侧的边框线上，接着长按鼠标左键并拖拽鼠标，即可只改变该单元格的宽度，如图2-111所示。

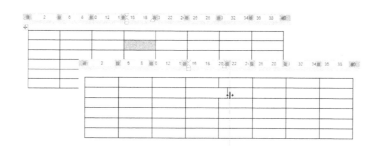

图 2-111　调整单元格的列宽

方法 2：使用对话框调整

如果需要精确设置行高与列宽，则可以通过表格属性对话框来实现，其操作步骤如下：

① 将插入点定位到要调整的行或列中的任一单元格内，单击【表格工具/布局】选项卡中【单元格大小】组的"对话框启动器"按钮"⌐"；

② 在打开的【表格属性】对话框中，切换到【行】选项卡，选中"指定高度"复选框，然后在右侧的微调框中设置当前单元格所在行的行高，设置完成后单击【确定】按钮即可，如图 2-112 所示。如果需要设置列宽，则切换到【列】选项卡中，进行相应设置。

图 2-112　"表格属性"对话框

方法 3：快速均分行高与列宽

若表格中的行高或列宽参差不齐，则会影响表格的美观。为了使表格美观整洁，我们通常希望表格中的所有行等高、所有列等宽，这时可以使用 Word 提供的平均分布各行、各列的功能，快速均分多个行的行高或多个列的列宽。操作时，将插入点定位到表格内，单击【表格工具/布局】选项卡中【单元格大小】组中的【分布行】或【分布列】按钮，如图 2-113 所示，即可将表格中的所有行高或列宽进行自动平均分布。若只需要对部分行高或列宽进行均分，则需要选中要均分行高或列宽的多个行或多个列，再执行相应的命令。

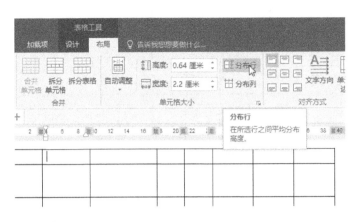

图 2-113　分布行命令

（5）调整表格大小

除了调整表格元素（行、列、单元格）的大小外，也可以调整整个表格的大小，最简单的方法是使用鼠标拖动表格右下角的方块，如果在拖动过程中按住 Shift 键则可以保持表格的宽高比不变进行缩放。

若要精确设置表格大小，可以在图 2-112 所示的对话框中，切换到【表格】选项卡，选中【指定宽度】复选框，然后进行相关参数的设置。

**4. 设置表格格式**

插入表格后，要想使表格更加赏心悦目，仅仅对表格内容设置字体格式是远远不够的，还需要对表格设置样式、边框或底纹等格式。

（1）设置表格对齐方式

默认情况下，表格的对齐方式为左对齐，如果需要更改对齐方式，可以使用以下两种方法。

方法 1：单击表格全选按钮，选中整张表格，在【开始】选项卡的【段落】组中，单击需要的对齐按钮。

方法 2：将文本插入点定位到表格内，单击【表格工具/布局】选项卡的【单元格大小】组中的"对话框启动器"按钮" ⬚ "，在打开的【表格属性】对话框中，切换到【表格】选项卡，在对齐方式栏中选择需要的对齐方式，最后单击【确定】按钮。

（2）设置单元格对齐方式

默认情况下，单元格中内容的对齐方式为"靠上两端对齐"方式，Word 提供了 9 种单元格对齐方式，如图 2-114 所示，分别为"靠上两端对齐""靠上居中对齐""靠上右对齐""中部两端对齐""水平居中""中部右对齐""靠下两端对齐""靠下居中对齐"和"靠下右对齐"，用户可以根据实际情况选择。

图 2-114　单元格对齐

（3）使用表格样式美化表格

Word 提供了多种内置表格样式，通过这些样式可以达到快速美化表格的目的。应用表格样式时，将文本插入点定位到表格内，切换到【表格工具/设计】选项卡，在【表格样式】组的下拉列表框中，如图 2-115 所示，选择需要的表格样式即可。

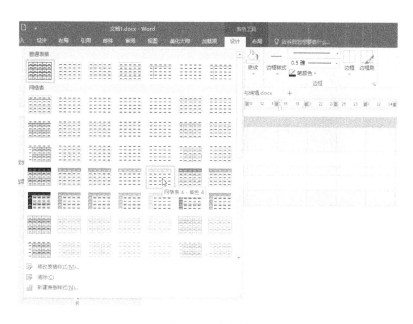

图 2-115　表样式

（4）为表格设置边框与底纹

默认情况下，表格使用的是粗细相同的黑色边框线。创建表格时，可以对表格边框线的样式、颜色、粗细等参数进行设置。另外在创建表格时也可以为表格的某些行设置底纹颜色或图案，以便区别于表格中的其他行。为表格设置边框与底纹的方法如下。

方法 1：在【表格工具/设计】选项卡中进行设置，如图 2-116 所示。

首先选择需要设置边框或底纹的单元格区域，然后分别对边框和底纹进行设置。

① 设置边框时，在【边框】组中依次对线条的样式、粗细、笔颜色进行设置，再单击【边框】按钮，在下拉列表中选择应用在哪条边框线上。

② 设置底纹时，在【表格样式】组中单击【底纹】按钮，选择需要的颜色。

图 2-116　"表格工具/设计"选项卡

方法 2：在【边框和底纹】对话框中进行设置。

首先选择需要设置边框或底纹的单元格区域，单击【表格工具/设计】选项卡【边框】组的"对话框启动器"按钮" "，然后打开【边框和底纹】对话框，如图 2-117 所示。

① 设置边框时，在【边框】选项卡中，可分别设置样式、颜色和宽度，然后在预览栏中通过单击相关按钮来选择需要使用当前格式的边框线，完成设置后单击【确定】按钮。

② 如果要设置底纹，切换至【底纹】选项卡，在【填充】栏中，单击下拉列表中的颜色即可。如果要将表格底纹设置为图案，则在【图案】栏中设置图案样式和图案颜色，设置完成后单击【确定】即可。

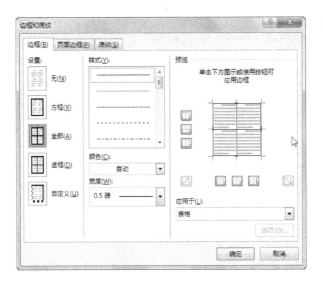

图 2-117　"边框和底纹"对话框

　　工作中经常需要自制一些表格，例如，现在需要为公司制作一个员工请假单，如图 2-118 所示。

## 请 假 单

| | | | | | | | 填表日期：　　　年　　月　　日 | |
|---|---|---|---|---|---|---|---|---|
| 姓名 | | 工号 | | 性别 | | 年龄 | | |
| 部门 | | 编号 | | 职务 | | 职位 | | |
| 请假类别 | □休假 | □公假 | □病假 | □事假 | □其他 | 证明文件 | | |
| | 说明： | | | | | 部门签字 | | |
| 请假时间 | 由　　年　　月　　日　　时 | | | | 备注 | | | |
| | 至　　年　　月　　日　　时 | | | | | | | |
| | 总共请假　　　　天　　小时 | | | | | | | |
| 主管部门意见 | | | | | 总经理意见 | | | |

图 2-118　案例效果

　案例分析

　　案例中的表格包含了标题和表格两部分，具体制作的步骤如下。

　　（1）添加表格的标题

　　① 输入表格标题区的内容，设置标题"请假单"文字格式为"黑体、二号、加粗、居中对齐、段前段后 0.5 行"；设置"填表日期：　　　年　　月　　日"的文字格式为"黑体、五号、右对齐"。

　　② 按 Enter 键，产生一个新段落。该段落会延续上一个段落的字体及段落格式。在【开始】选项卡的【样式】组中，单击样式库的更多箭头"⌄"，在列表中单击"清除格式"命令，如

图 2-119 所示,可将新段落的格式还原为默认状态。

图 2-119 清除格式

(2) 创建表格

一般地,创建表格时可以依据最多的行数和列数来创建,我们要创建的"请假单",其最多行为 6 行,最多列为 8 列。可以选用拖动方格法或插入表格法来创建表格,如图 2-120 所示。

请 假 单

填表日期: 年 月 日

图 2-120 创建表格效果

(3) 修改表结构,对表格进行合并或拆分操作

利用拖动方格法或插入表格法创建的表格并不完全符合使用要求,这时需要对表格的结构进行适当调整,案例中,需要进行合并单元格及调整行高或列宽的操作。

① 选中第三行的第 2、3、4、5、6 列,在【表格工具/布局】选项卡的【合并】组中选择【合并单元格】命令,也可选中区域后单击右键,在弹出的快捷菜单中选择"合并单元格"命令,即可将选择的多个单元格合并为一个单元格。

继续对其他单元格执行合并单元格操作,合并后效果如图 2-121 所示。

请 假 单

填表日期: 年 月 日

图 2-121 合并单元格效果

② 调整表格大小及行高、列宽。将插入点定位到表格内,使用鼠标拖动表格右下角的方块,调整整个表格至合适的大小。选中第 3、4、5 行第 1 列的单元格,将鼠标移至所选区域右侧的边框线上,当鼠标指针呈现"┅╫┅"形状时,按住鼠标左键,表格中出现虚线时,向左侧拖动,当虚线到达合适位置时释放鼠标,即可调整所选单元格的列宽。同理可调整其余单元格的列宽。

将鼠标指针指向第 5 行与第 6 行之间的分隔线,当指针呈现"⬇"形状时,按住鼠标左键,随即表格中出现虚线,接着向下方拖动,当虚线到达合适位置时释放鼠标,即可调整第 5 行的行高。效果如图 2-122 所示。

**请 假 单**

填表日期:　　年　　月　　日

| | | | |
|---|---|---|---|
| | | | |
| | | | |
| | | | |
| | | | |

图 2-122　调整行高列宽效果

(4) 输入表格内容。按样张输入表格内容,如图 2-123 所示。表格中的"□"可使用【插入】选项卡【符号】组中的【符号】命令进行输入。

**请 假 单**

填表日期:　　年　　月　　日

| 姓名 | | 工号 | | 性别 | | 年龄 | |
|---|---|---|---|---|---|---|---|
| 部门 | | 编号 | | 职务 | | 职位 | |
| 请假类别 | □休假　　□公假　　□病假　　□事假　　□其他 | | | | | 证明文件 | |
| | 说明: | | | | | 部门签字 | |
| 请假时间 | 由　　年　　月　　日　　时 | | | 备注 | | | |
| | 至　　年　　月　　日　　时 | | | | | | |
| | 总共请假　　　天　　小时 | | | | | | |
| 主管部门意见: | | | | 总经理意见: | | | |

图 2-123　输入内容

(5) 进行格式设置,美化表格

① 选中整张表格,设置表格内的字体为黑体、五号。

② 按住 Ctrl 键选中"请假类别""请假时间""备注"三个单元格,单击【表格工具/布局】选项卡【对齐方式】组中的【文字方向】按钮,改变其文字方向,如图 2-124 所示。

③ 选择不同的单元格区域,单击【表格工具/布局】选项卡【对齐方式】组,为单元格设置相应的对齐方式。

④ 选中整张表格,单击选择【表格工具/设计】选项卡【边框】组,可设置样式为"双实线",宽度为"0.75 磅",笔颜色为"蓝色,个性色 1,深色 25%",如图 2-125 所示,然后在边框下拉列表中单击"外侧框线",如图 2-126 所示。

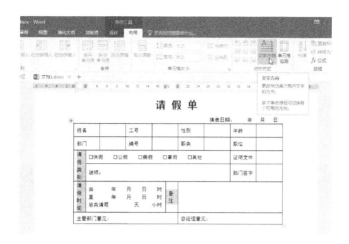

图 2-124 改变文字方向

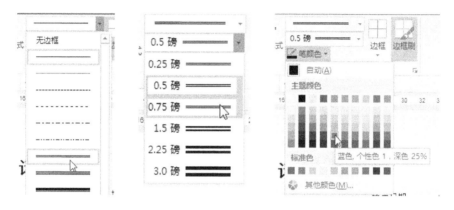

图 2-125 外边框参数设置

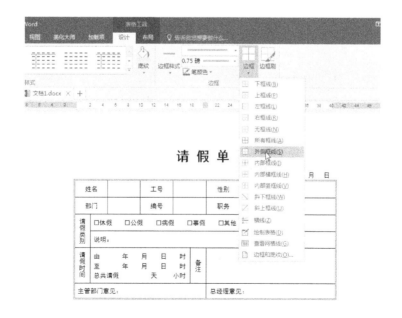

图 2-126 外侧框线设置效果

同理,选中整张表格,设置样式为"单实线",宽度为"0.5磅",颜色为"蓝色,个性色1,深色25%",然后在边框下拉列表中单击"内侧框线",即可设置表格内框线。

按住Ctrl键依次选择所有要设置底纹的单元格,在【表格工具/设计】选项卡【表格样式】组中,单击"底纹"按钮,下拉列表中选择"蓝色,个性色1,淡色80%",即可为所需单元格设置底纹,如图2-127所示。

⑤ 保存并完成表格的制作。单击【文件】菜单中的【另存为】命令,将文件保存在D盘中,并命名为"请假单.docx"。

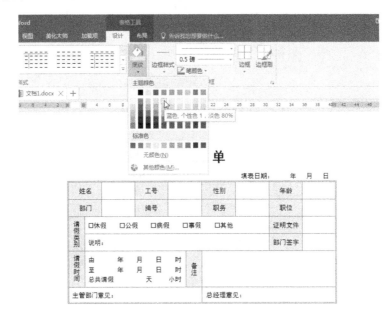

图2-127　底纹设置效果

 思维拓展

如何设置标题行重复出现?

默认情况下同一表格占用多个页面时,标题行只在首页显示,而其他页面均不显示,这在一定程度上会影响数据的查看。

用户可通过简单设置,让标题行跨页重复显示。首先选择标题行,单击【表格工具/布局】选项卡【表】组中的【属性】按钮。在打开的【表格属性】对话框中,选择【行】选项卡,然后选中【在各页顶端以标题行形式重复出现】复选框,最后单击【确定】按钮。

如何防止表中的内容跨页断行?

当表格行数过多,一页容纳不下时,最后一行超出文本页长度的内容,会在下一页以另一行的形式出现,从而导致同一单元格的内容被拆分到不同页面上,影响表格的美观及阅读效果。针对这样的情况,用户需要通过相关设置以防止表格跨页断行,具体操作如下,单击【表格工具/布局】选项卡【表】组中的【属性】按钮,在打开的【表格属性】对话框中,选择【行】选项卡,取消选中【允许跨页断行】复选框,然后单击【确定】按钮即可。

### 2.4.2　表格的其他操作

在 Word 中,表格是文档制作过程中经常用到的工具,用户不仅可以通过表格来表达文字内容,还可以对表格中的数据进行运算、排序等。

**1. 文本与表格的转换**

在文档中制作表格时,Word 可以从文本文件中导入数据,从而提高输入速度。创建表格的 6 种方法中,其中一种是"文本转换法",即 Word 可以将带有分隔符号的文本转换为表格,反过来表格也可以转换为文本。

案例描述

有时从 OA(Office Automation)系统中导出的数据是一种纯文本的形式,如图 2-128 所示,阅读起来并不直观,为了给用户提供良好的阅读体验,需要将这些内容制作成表格的形式,如图 2-129 所示,该如何操作才更便捷呢?

姓名,部门,职务,联系方式,备注
张毅,人事部,科员,134****5221,
王丽,市场部,主任,133****6789,
王凡,销售部,销售员,188****2345,
李云,人事部,科员,123****5566,
赵思,市场部,科员,155****8900,

图 2-128　导出数据

| 姓名 | 部门 | 职务 | 联系方式 | 备注 |
| --- | --- | --- | --- | --- |
| 张毅 | 人事部 | 科员 | 134****5221 | |
| 王丽 | 市场部 | 主任 | 133****6789 | |
| 王凡 | 销售部 | 销售员 | 188****2345 | |
| 李云 | 人事部 | 科员 | 123****5566 | |
| 赵思 | 市场部 | 科员 | 155****8900 | |

图 2-129　案例效果

案例分析

这类原始数据都有一个共同的特点,即文字内容都用一种特殊的分隔符隔开,该分隔符可以是逗号、段落标记、制表位、空格或其他字符。

(1) 在文档中选择要转换的文本。

(2) 单击【插入】选项卡【表格】组中的【表格】命令。

(3) 在弹出的下拉菜单中选择【文本转换成表格】命令。

要注意的是,只有在文档中选择要转换的文本后,【文本转换成表格】命令才会处于可用状态。

（4）弹出如图 2-130 所示的【将文字转换成表格】对话框，Word 会自动识别所选文本中包含的分隔符类型，并判断所选文本转换为表格可能需要的行、列数。

图 2-130 "将文字转换成表格"对话框

如果 Word 自动选择的分隔符并非是文本中使用的，那么可以在对话框中重新选择或输入文本中相应的分隔符。

如果文本中的分隔符是段落标记，系统无法自动识别出要转换的表格的行列数，默认为 1 列，行数为所选内容的行数，如图 2-131 所示，需要用户自行设置。

图 2-131 分隔符为段落标记的"将文字转换成表格"对话框

根据内容判断，要转换的列数为 5 列，分别为"姓名""部门""职务""联系方式"和"备注"，故在【将文字转换成表格】对话框中【表格尺寸】栏的"列数"微调框中输入 5，微调框将自动识别"行数"为 6。

（5）单击【确定】按钮，即可将所选中的文本转换为表格。

（6）选中整张表格，单击【表格工具/设计】选项卡【表格样式】组的表格样式，在列表中选择"网格表 4-着色 5"样式。单击【表格工具/布局】选项卡【对齐方式】组的"水平居中"按钮。实现表格样式和对齐方式的设置。

**思维拓展**

如何将表格转换为文本？

网页通常采用表格对内容进行布局，因此，有时从网页中复制的文本会以表格的形式呈现，那么如何将表格转换为普通文本呢？

（1）在文档中选择要转换的表格。

（2）单击【表格工具/布局】选项卡【数据】组中的【转换为文本】命令。如图 2-132 所示。

（3）在打开的【表格转换为文本】对话框中进行设置，如图 2-133 所示。

图 2-132　转换为文本

图 2-133　"表格转换为文本"对话框

（4）设置完成后，单击【确定】按钮。

**2．表格计算**

当创建的表格中含有数据计算时，Word 可以像 Excel 一样完成表格中数据的简单计算。

使用 Word 公式进行计算时，可以用"＝函数名称（数据引用范围）"表示，这里函数名称及引用范围采用英文的大写字符或小写字符均可。公式以"＝"开头，紧接函数名称，小括号内表示数据的引用范围。

常用的函数有求和函数 SUM；求平均值函数 AVERAGE；求乘积函数 PRODUCT；计数函数 COUNT；求最大值函数 MAX；求最小值函数 MIN 等。

引用数据时，可以使用 LEFT/RIGHT（表示当前单元格左侧或右侧的连续单元格），ABOVE/BELOW（表示当前单元格上方或下方的连续单元格），Word 会智能地去掉该范围内不需要参与计算的文本型单元格的内容，还可以使用单元格地址或单元格区域来引用数据。如公式"＝SUM（ABOVE）"表示对公式所在单元格上方的所有单元格求和，"＝AVERAGE（LEFT）"表示对公式所在单元格左侧的所有单元格求平均值。

其他采用相似公式计算的单元格，可以复制该公式，然后粘贴到需要存放计算结果的单元格内，接着右击鼠标，选择"更新域"进行数据更新即可。

另外一种常见的计算方法可以用"＝单元格地址的加减乘除运算"来表示，如公式"＝A1 ＊ 0.5＋B1＋C1 ＊ 50％"表示 A1 单元格中的数值乘以 0.5 的积与 B1 单元格中的数值及 C1 单元格中的数值的 50％进行求和运算。这里，输入的单元格地址是固定的，不能像 Excel 一样有自动填充的功能，因此需要分别输入公式进行计算。如果想要实现动态引用功能，需要引入域的计算，在这里不再赘述。

（1）单元格地址

在 Word 表格中，每个单元格都有一个用于表示它们位置的名称，这一点与 Excel 中单元格命名的方法相同。表格中的行,用阿拉伯数字 1、2、3……表示;表格中的列,用英文字母 A、B、C……(大写小写均可)表示。单元格地址就表示为"列标行号",如 A1 表示第一列第一行的单元格,C5 表示第三列第五行的单元格,如图 2-134 所示。

|   | A | B | C | D | E | F | |
|---|---|---|---|---|---|---|---|
| 1 | A1 | B1 | C1 | D1 | E1 | F1 | ... |
| 2 | A2 | B2 | C2 | D2 | E2 | F2 | ... |
| 3 | A3 | B3 | C3 | D3 | E3 | F3 | ... |
| 4 | A4 | B4 | C4 | D4 | E4 | F4 | ... |
| 5 | A5 | B5 | C5 | D5 | E5 | F5 | ... |
|   | ⋮ | ⋮ | ⋮ | ⋮ | ⋮ | ⋮ | |

图 2-134　单元格地址的表示

(2)引用多个单元格

引用多个不连续单元格,在每个单元格之间要使用逗号将其分开,如 A1,B2,C3 表示引用 A1,B2 和 C3 三个单元格中的内容。

引用单元格区域,使用选择区域的首尾单元格来定义整个矩形区域,在首尾单元格之间要使用冒号分隔,如 A1:C3,代表引用前三行前三列共 9 个单元格。

引用整行或整列,使用只有数字或字母的区域来表示。例如,在公式中引用表格的第二行,表示为 2:2;而 A:A 则表示表格的第一列。

 案例描述

在学生成绩表的 Word 文档中,如图 2-135 所示,教师需要求出每个学生的总分和平均分,以及各科的平均成绩。

八年级 2 班学生期中成绩表

| 姓名 | 语文 | 数学 | 英语 | 物理 | 化学 | 生物 | 总分 | 平均分 |
|---|---|---|---|---|---|---|---|---|
| 夏荣辉 | 85 | 58 | 77 | 70 | 84 | 92 | 466 | 77.67 |
| 高瑞平 | 67 | 97 | 81 | 98 | 63 | 86 | 492 | 82.00 |
| 荣亚坤 | 100 | 64 | 85 | 98 | 72 | 69 | 488 | 81.33 |
| 王芳 | 54 | 80 | 68 | 74 | 61 | 83 | 420 | 70.00 |
| 伏亚敏 | 83 | 50 | 60 | 58 | 72 | 95 | 418 | 69.67 |
| 曹星犀 | 54 | 84 | 59 | 71 | 85 | 51 | 404 | 67.33 |
| 杨帅钶 | 57 | 65 | 96 | 78 | 76 | 62 | 434 | 72.33 |
| 杨梦依 | 62 | 84 | 61 | 75 | 76 | 94 | 452 | 75.33 |
| 霍丹 | 87 | 76 | 57 | 64 | 75 | 94 | 453 | 75.50 |
| 雷欣 | 82 | 67 | 73 | 85 | 76 | 92 | 465 | 77.50 |
| 平均成绩 | 73.10 | 71.50 | 71.70 | 77.10 | 74.00 | 81.80 | | |

图 2-135　成绩表

 案例分析

案例中主要涉及 Word 表格公式中单元格的表示及公式的输入,具体操作方法如下。

(1)计算每个学生的总分

① 单击表格中要放置总分的单元格,然后单击【表格工具/布局】选项卡中【数据】组的【fx 公式】按钮,如图 2-136 所示。

② 打开【公式】对话框，Word 在【公式】文本框中自动输入了求和公式"＝SUM（LEFT）"，如图 2-137 所示。

注：Word 中自动输入的公式，如果公式所在单元格的上方有数据，则参数默认为上方所有数据，即"ABOVE"；如果上方没有数据，左侧有数据，则参数为左侧所有数据，即"LEFT"。

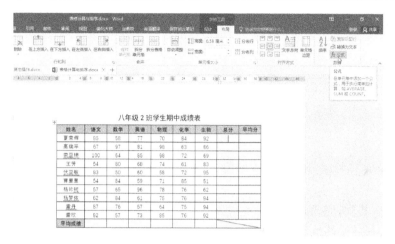

图 2-136　"fx 公式"按钮

③ 单击【确定】按钮，即可得出计算结果。

④ 选择该单元格的计算结果，右击鼠标，选择【复制】。

⑤ 依次选择其他同学的总分单元格，右击鼠标，选择【粘贴】。

⑥ 选择粘贴后的结果，右击鼠标，在快捷菜单中选择【更新域】，如图 2-138 所示，即可完成其他同学总分的计算。

图 2-137　"公式"对话框

图 2-138　更新域

（2）计算每个学生的平均分

在计算平均分时，如果仍然使用 Word 自动输入的公式"AVERAGE（LEFT）"，将无法得到正确的计算结果。这是因为待计算的区域不仅包含了各科成绩还包含了总分。要想得到正确的计算结果，参数区域必须采用单元格地址来表示。步骤如下：

① 单击表格中要填入第一位同学平均分的单元格，然后单击【表格工具/布局】选项卡中【数据】组的【fx 公式】按钮；

② 打开的"公式"对话框，在"公式"文本框中，将 Word 自动输入的"＝SUM（LEFT）"公式改为"＝AVERAGE（B2：H2）"，并将编号格式设置为"0.00"，如图 2-139 所示，单击【确定】按钮。

八年级 2 班学生期中成绩表

| 姓名 | 语文 | 数学 | 英语 | 物理 | 化学 | 生物 | 总分 | 平均分 |
|---|---|---|---|---|---|---|---|---|
| 夏荣辉 | 85 | 58 | 77 | 70 | 84 | 92 | 466 | 77.67 |
| 高瑞平 | 67 | | | | | | 492 | |
| 荣亚坤 | 100 | | | | | | 488 | |
| 王芳 | 54 | | | | | | 420 | |
| 伏亚敏 | 83 | | | | | | 418 | |
| 曹星星 | 54 | | | | | | 404 | |
| 杨帅珂 | 57 | | | | | | 434 | |
| 杨梦依 | 62 | | | | | | 452 | |
| 雷丹 | 87 | | | | | | 453 | |
| 雷欣 | 82 | | | | | | 465 | |
| 平均成绩 | | | | | | | | |

公式对话框：
公式(F)：=AVERAGE(B2:G2)
编号格式(N)：
#,##0
#,##0.00
¥#,##0.00;(¥#,##0.00)
0
0%
0.00

图 2-139　学生平均分公式输入

注：【编号格式】下拉列表提供了多种格式，可以为计算结果设置数字格式。"0.00"表示保留两位小数。

③ 重复以上步骤，完成其他同学平均分的计算。

（3）计算各科的平均成绩

① 单击表格中要放置科目平均成绩的单元格，单击【表格工具/布局】选项卡中【数据】组中的【fx 公式】按钮。

② 打开【公式】对话框，在【公式】文本框中输入公式"＝AVERAGE（B：B）"或者"＝AVERAGE（ABOVE）"，并在【编号格式】下拉列表中，选择"0.00"数字格式，然后单击【确定】按钮。

③ 重复以上步骤，或用复制公式和更新域的方法完成其他科目平均成绩的计算。

 思维拓展

如果要进行计算的表格是不规则表格，那么该如何表示单元格地址？

由于在实际应用中，可能会涉及不规则的表格，比如对某些单元格进行了合并。合并后单元格的地址以该单元格合并前包含的所有单元格中的左上角单元格的地址进行命名，其他单元格地址的命名方式不变，如图 2-140 所示。

| | A | B | C | D | E | F | |
|---|---|---|---|---|---|---|---|
| 1 | A1 | B1 | C1 | D1 | E1 | F1 | ... |
| 2 | A2 | B2 | | D2 | E2 | F2 | ... |
| 3 | A3 | | | D3 | E3 | F3 | ... |
| 4 | A4 | B4 | C4 | D4 | E4 | F4 | ... |
| 5 | A5 | B5 | C5 | D5 | | | ... |
| ⋮ | ⋮ | ⋮ | ⋮ | ⋮ | ⋮ | ⋮ | |

图 2-140　合并单元格的地址表示方法

**3. 表格排序**

 案例描述

为了能直观地显示数据，现在需要对总分从高到低排序，如图 2-141 所示。

八年级 2 班学生期中成绩表

| 姓名 | 语文 | 数学 | 英语 | 物理 | 化学 | 生物 | 总分 | 平均成绩 |
|---|---|---|---|---|---|---|---|---|
| 高瑞平 | 67 | 97 | 81 | 98 | 63 | 86 | 492 | 82.00 |
| 荣亚坤 | 100 | 64 | 85 | 98 | 72 | 69 | 488 | 81.33 |
| 夏荣辉 | 85 | 58 | 77 | 70 | 84 | 92 | 466 | 77.67 |
| 雷欣 | 82 | 57 | 73 | 85 | 76 | 92 | 465 | 77.50 |
| 雷丹 | 87 | 76 | 57 | 64 | 75 | 94 | 453 | 75.50 |
| 杨梦依 | 62 | 84 | 61 | 75 | 76 | 94 | 452 | 75.33 |
| 杨帅轲 | 57 | 65 | 96 | 78 | 76 | 62 | 434 | 72.33 |
| 王芳 | 54 | 80 | 68 | 74 | 61 | 83 | 420 | 70.00 |
| 伏亚敏 | 83 | 50 | 60 | 58 | 72 | 95 | 418 | 69.67 |
| 曹星星 | 54 | 84 | 59 | 71 | 85 | 51 | 404 | 67.33 |
| 平均分 | 73.10 | 71.50 | 71.70 | 77.10 | 74.00 | 81.80 | | |

图 2-141 排序效果

 案例分析

Word 表格虽然没有 Excel 工作表那么强大的数据处理能力,但仍能实现基本的数据处理。在 Word 表格中,可以以某列为标准对表格数据进行排序,具体操作步骤如下:

(1)将光标定位到表格内,单击【表格工具/布局】选项卡中【数据】组中的【排序】按钮,如图 2-142 所示;

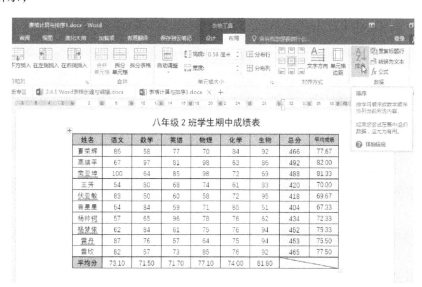

图 2-142 "排序"按钮

(2)打开【排序】对话框,在【主要关键字】栏中设置排序依据为"总分",类型为"数字",排序方式为"降序",如图 2-143 所示;

(3)单击【确定】按钮,即可实现按"总分"由高到低排序。

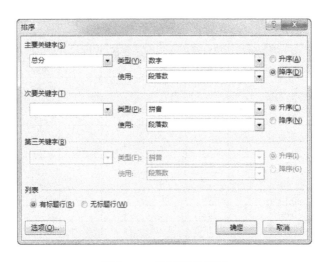

图 2-143 "排序"对话框

思维拓展

在排序时，如果主要关键字有并列项目时，可以指定次要关键字和第三关键字。例如，在统计学生成绩时，如果有几个同学的总分相同，则可以指定次要关键字对其排序。

## 2.5 邮件合并

在日常办公过程中，通常会有许多数据表，同时又需要我们根据这些数据信息制作出大量信函、信封、名片、工资条、奖状、通知书、准考证等。Word 为我们提供了邮件合并功能，利用这项功能，我们可以轻松、准确、快速地完成这些任务。

创建邮件合并主要通过 Word 功能区中的【邮件】选项卡来完成，如图 2-144 所示。

图 2-144 "邮件"选项卡

无论使用邮件合并功能批量创建哪种类型的文档，都遵循以下流程。

（1）创建主文档和数据源

邮件合并的第一步，需要先创建主文档与数据源。在主文档中输入最终创建的所有文档中共有的内容，同时需要为可变内容留出空位。单击【邮件】选项卡中【开始邮件合并】组中的【开始邮件合并】按钮，在弹出的菜单中列出了 5 种文档类型，分别为信函、电子邮件、信封、标签和目录，具体选择哪种类型由用户最终创建的文档类型所决定。

如果用户需要删除主文档与数据源之间的关联，则可以选择菜单中的【普通 Word 文档】，将文档恢复为普通文档。

除了创建指定主文档，还需创建数据源。数据源中输入的是文档中具有差异性的数据，这些数据需要以表的形式来存储。数据源通常是一张由字段名和记录行构成的二维表,字段名规定了该列存储的信息,每条记录行存储着一个对象的相应信息。

最常用的数据源就是 Excel 工作簿,除此之外,用户也可以在 Word 中创建一个表格,表格的结构与 Excel 工作表类似。为了让邮件合并功能将 Word 表格正确识别为数据源,Word表格必须位于文档顶部,表格上方不能包含其他内容。

（2）关联主文档与数据源

创建好主文档与数据源后,需要建立主文档与数据源之间的关联。

在 Word 邮件合并中,可以使用多种文件类型的数据源。单击【邮件】选项卡【开始邮件合并】组中的【选择收件人】按钮,在弹出的菜单中选择【使用现有列表】命令,如图 2-145 所示。在打开的【选取数据源】对话框中单击右下角的所有数据源,就可以看到所有支持的数据源类型。包括 Excel 工作簿、Word 表格、文本文件、Access 数据库、Outlook 联系人等。

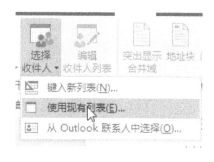

图 2-145　选择收件人菜单

在关联主文档与数据源时,用户也可以在图 2-145中选择键入新列表,打开如图 2-146 所示的【新建地址列表】对话框,在对话框中,单击【新建条目】或【删除条目】按钮可以添加或删除数据源中的记录;【查找】按钮可以用于查找指定的记录;【自定义列】按钮使用户能在打开的【自定义地址列表】对话框中实现对字段名的添加、删除、重命名操作,如图 2-147 所示。用户手动创建的收件人信息,在保存时系统会自动将其保存为 Access 文件。

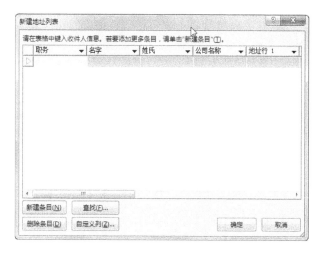

图 2-146　"新建地址列表"对话框

（3）插入合并域

主文档与数据源的关联后,需要使用 Word 功能区中【邮件】选项卡【编写和插入域】组中的【插入合并域】命令,将数据源中的相应字段依次插入到主文档中对应的位置上。

（4）预览并完成合并

在主文档中插入了数据源相应的字段后,可以选择【邮件】选项卡【预览结果】组中的【预览结果】命令对邮件合并结果进行预览,如果确认预览结果无误,则可以选择【邮件】选项卡【完成】组中的【完成并合并】命令正式批量生成合并文档。

本节将通过录取通知书的创建详细介绍邮件合并的基础知识及使用方法。

图 2-147 "自定义地址列表"对话框

案例描述

学校通过招生系统创建了录取考生的相关信息表,如图 2-148 所示,现在要结合数据信息,对所有录取考生创建并发布如图 2-149 所示的录取通知书。

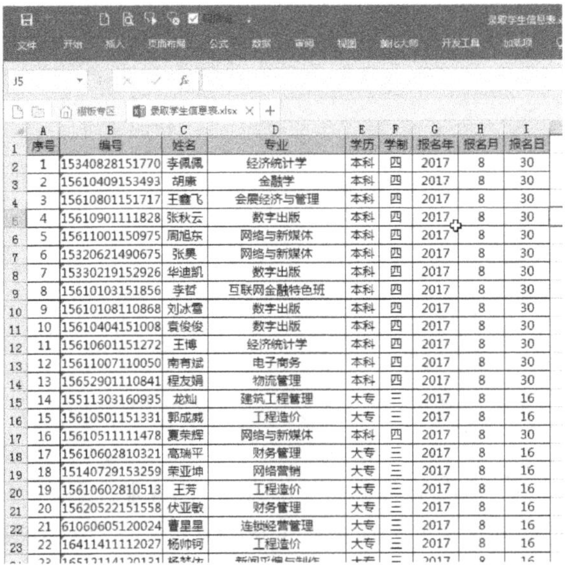

图 2-148 数据源

图 2-149　案例效果

 案例分析

邮件合并

　　使用邮件合并功能创建的文档,通常具备两个特点:一是需要制作的数量比较大;二是这些文档内容都是由固定内容和可变内容组成的。比如,录取通知书的背景图片、标题、录取学校、发放日期等,这些都是固定不变的内容,称之为主文档;而录取通知书的编号、学生姓名、录取专业等就属于可变内容,变化的部分以表的形式存储,称之为数据源。

　　在使用邮件合并功能创建录取通知书时,主文档"录取通知书"和数据源"录取学生信息表"已提前创建好,所以可以直接从第二步关联主文档与数据源开始,具体操作步骤如下。

　　(1)打开主文档"录取通知书",单击【邮件】选项卡中【开始邮件合并】组中的【选择收件人】按钮,在弹出的菜单中选择【使用现有列表】命令,打开【选取数据源】对话框,选择"录取学生信息表"并单击【打开】按钮。因为 Excel 工作簿有时会包含多张工作表,所以用户必须指定数据源在哪张工作表中,案例中的数据源只有"Sheet1"工作表,所以在【选择表格】对话框中直接单击确定即可,如图 2-150 所示。

　　(2)单击【邮件】选项卡【编写和插入域】组中的【插入合并域】命令,在弹出的菜单中会显示数据源包含的所有字段名。依次单击"录取通知书"文档中的相应位置,插入需要的字段名,如图 2-151 所示。

　　(3)单击【邮件】选项卡【预览结果】组中的【预览结果】命令,对邮件合并结果进行预览,确认预览结果无误后,选择【邮件】选项卡【完成】组中的【完成并合并】命令,在下拉菜单中选择【编辑单个文档】命令,在弹出的【合并到新文档】对话框中,用户可以根据需要指定要进行合并的记录,这里选择"全部",如图 2-152 所示,设置好后单击【确定】,即可批量生成合并文档。

　　(4)保存文档至指定位置。

图 2-150　关联主文档与数据源

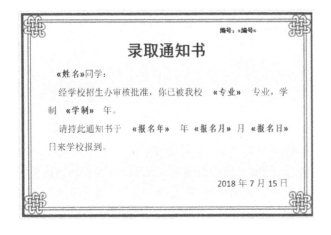

图 2-151　插入合并域

图 2-152　"合并到新文档"对话框

 思维拓展

如何只合并符合条件的记录？

在【邮件】选项卡的【开始邮件合并】组中单击【编辑收件人列表】按钮，打开【邮件合并收件人】对话框，如图 2-153 所示。

若案例中，需要筛选学制为四年的学生记录，即本科学生记录，则单击【学制】栏右侧的下拉按钮，在弹出的下拉列表中选择"四"选项，如图 2-154 所示，也可在【调整收件人列表】栏中单击【筛选】链接，在弹出的【筛选和排序】对话框中自定义筛选条件即可，如图 2-155 所示。

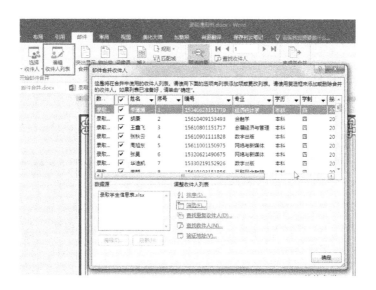

图 2-153 "邮件合并收件人"对话框

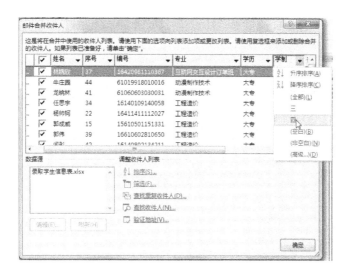

图 2-154 "筛选"按钮筛选

图 2-155 "筛选和排序"对话框

## 2.6 文档的审阅与保护

完成对文档的编辑后,根据需要,用户可以对文档进行校对、检查及保护等。

### 2.6.1 文档的保护和水印

#### 1. 文档保护

对于一些包含了重要内容的文档,我们有时不希望别人随意打开或修改其中的内容,就需要对文档进行保护。文档的安全设置是文档保存前的重要操作之一。

Word 提供了打开文档和修改文档两种密码,用户可以根据需要选择合适的方式来保障文档安全。单击【文件】选项卡中的【信息】,然后单击右侧窗格的【保护文档】按钮,如图 2-156 所示,弹出的菜单中有以下命令。

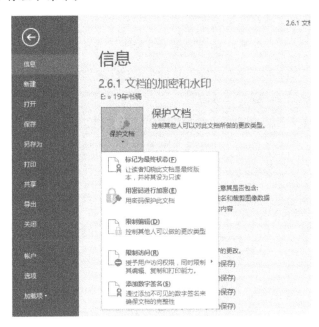

图 2-156 "保护文档"菜单

(1)标记为最终状态

"标记为最终状态"可以令 Word 文档标记为只读模式。Office 在打开一个已经标记为最终状态的文档时将自动禁用所有编辑功能,不过"标记为最终状态"并不是一个安全功能,任何人都可以以相同的方式取消文档的最终状态。在打开被标记为最终状态的文档时,窗口顶部会醒目地提示该文档已经被标记为最终状态并显示【仍然编辑】按钮,因此,"标记为最终状态"并不适合保护重要的文档,而且,在 Word 2007 以上的版本中被标记为最终状态的文档,在 Office 2003 中依然可以直接编辑,因为 Word 2003 没有"标记为最终状态"的功能。

(2)用密码进行加密

如果不希望其他人随意打开文档,那么可以为文档设置打开密码。设置文档打开密码的具体步骤是:在弹出的【保护文档】菜单中选择【用密码进行加密】命令,然后在打开的【加密文档】对话框中输入密码,单击【确定】按钮,在弹出的【确认密码】对话框中,再次输入相同的密码,如图 2-158 所示,最后单击【确定】并保存文档,就为文档设置了打开密码。

以后在打开该文档时,将会弹出【密码】对话框,只有在输入正确的密码后才能打开文档。

若要删除打开密码,只需在图 2-157 所示的对话框中,将【密码】文本框中的密码删除,再保存文档即可。

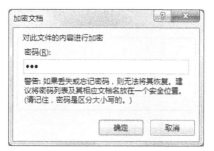 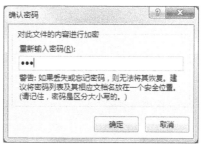

图 2-157　设置打开文档密码

为文档设置修改密码时,需在【另存为】对话框中单击【工具】按钮,在弹出的菜单中选择【常规选项】命令,然后在【常规选项】对话框中设置修改文件时的密码,如图 2-158 所示,然后保存文档。该对话框也可设置文档打开密码。

图 2-158　设置修改文档密码

若要删除修改密码,则在【常规选项】对话框中删除【修改文件时的密码】文本框中的密码,然后保存文档。

（3）限制编辑

限制编辑功能可以实现文档的部分内容不被修改和编辑。限制编辑提供了三个选项:格式设置限制、编辑限制和启动强制保护,如图 2-159 所示。

- 格式设置限制:可以有选择地限制格式编辑选项,我们可以通过单击其下方的【设置】来进行格式选项自定义。
- 编辑限制:可以有选择地限制文档编辑类型,包括"修订""批注""填写窗体"以及"不允许任何更改(只读)"。例如,我们在制作一份表格时,只希望对方填写指定的项目,而不希望对方修改其他地方,就需要用到此功能,我们可以单击其下方的"例外项(可选)"及"更多用户"进行受限用户自定义。

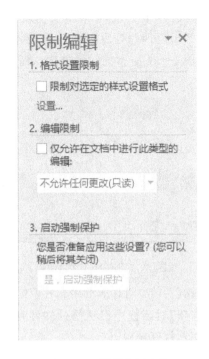

图 2-159　限制编辑窗格

- 启动强制保护：可以通过密码保护或用户身份验证的方式来保护文档,此功能需要信息权限管理(IRM)的支持。

（4）限制访问

按人员限制权限可以通过 Windows Live ID 或 Windows 用户帐户来限制文档的权限。我们可以选择使用一组由企业颁发的管理凭据或手动设置"限制访问"来对 Office 文档进行保护。此功能同样需要信息权限管理(IRM)的支持。如需使用信息权限管理(IRM),我们必须首先配置 Windows Rights Management Services 客户端程序。

（5）添加数字签名

添加数字签名也是一项流行的安全保护功能。数字签名以加密技术为基础,帮助降低商业交易过程中的风险及与文档安全相关的风险。如需新建自己的数字签名,我们必须首先获取数字证书,这个证书将用于证明个人的身份,通常从一个受信任的证书颁发机构(CA)处获得。如果我们没有自己的数字证书,则可以通过微软合作伙伴 Office Marketplace 获取,或者直接在 Office 中插入签名行或图章签名行。

 案例描述

对个人制定的大纲进行保护,除作者以外的人只允许对大纲表格中需要填写的部分进行编辑,其余部分只能阅读,如图 2-160 所示。

**《Office 高效办公》课程大纲**

| 课程类别 | 分层次选修课程 | 课程代码 | 1311 |
|---|---|---|---|
| 适用专业 | 扩招本科/高职各专业 | 学时/学分 | 32学时/2学分 |
| 编制人 | 幻影 | 制定日期 | 2016 年 8 月 |
| 审定组(人) |  | 审定日期 | 2016 年 8 月 |

一、课程描述

《Office 高效办公》是学院重点通识课程,课程本着实用、有用的原则,培养学生的信息素养,以适应现代信息社会的需求。内容以常用办公软件和工具软件应用为主,包括 Word、Excel 和 PowerPoint 办公操作与技巧,以及思维导图软件和新媒体制作软件的基本应用。课程采用案例实战教学,培养学生的职场办公技能,高效解决日常办公问题,提升职场竞争力。

二、课程目标

1、分析与综合信息能力

1. 利用 Word 完成日常中的文档制作;
2. 利用 Excel 完成数据的收集、分析和处理;
3. 能够总结、提炼演示内容,制作逻辑思路清晰、专业精美的商务 PPT。

图 2-160　限制编辑案例效果

 案例分析

对案例素材的部分内容进行保护主要用到的功能是限制编辑,具体操作如下。

(1) 打开素材文档。

(2) 执行限制编辑命令。

单击【文件】选项卡中的【信息】命令,在右侧窗格单击【保护文档】,在弹出的菜单中选择【限制编辑】,打开【限制编辑】窗格。

(3) 设置限制编辑。

在【限制编辑】窗格中,勾选【限制对选定的样式设置格式】和【仅允许在文档中进行此类型的编辑:】两个复选框;

在【仅允许在文档中进行此类型的编辑:】复选框下方的下拉列表中选择"不允许任何更改(只读)"。

选择表格中允许更改的区域,即表格的第二列和第四列,然后在【限制编辑】窗格中的"例外项(可选)"区勾选【每个人】复选框。表示表格中第二列和第四列的内容是允许每个人修改的,如图 2-161 所示。

(4) 启动强制保护。

单击【限制编辑】窗格中的【启动强制保护】命令,在弹出的【启动强制保护】对话框中输入密码,单击【确定】按钮,如图 2-162 所示。

(5) 保存文档。

执行完以上操作后,表格之外的文本是不能进行编辑的。

若要取消限制编辑,则在【限制编辑】窗格中,单击【停止保护】按钮,如图 2-163 所示。

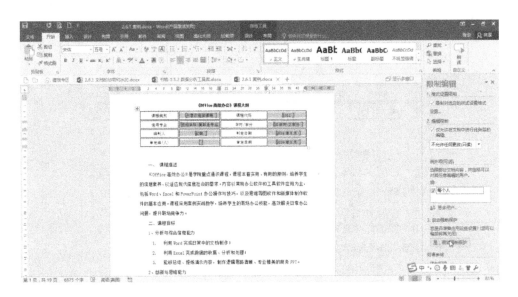

图 2-161　设置限制编辑

图 2-162　"启动强制保护"对话框

图 2-163　停止保护

 思维拓展

利用【审阅】选项卡中【保护】组中的【限制编辑】按钮也可以打开【限制编辑】窗格。

**2. 页面水印**

对于包含机密内容或版权声明的文档而言，通常为了提醒读者文档的重要性或版权所属，需要在每一页中添加诸如“内部资料”或公司商标等显示标记，这就是页面水印。它可以快速让阅读者知道该文件的重要性，并且不会影响文档内容的显示。

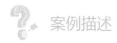

## 案例描述

在案例素材中设置文字水印“幻影编制”，以显示出文档的版权，如图 2-164 所示。

《Office 高效办公》课程大纲

| | | | |
|---|---|---|---|
| 课程类别 | 分层次通识课程 | 课程代码 | 1311 |
| 适用专业 | 学院本科/高职各专业 | 学时/学分 | 32 学时/2 学分 |
| 编制人 | 幻影 | 制定日期 | 2016 年 8 月 |
| 审稿(人) | | 审定日期 | 2016 年 8 月 |

一、课程描述

《Office 高效办公》是学院重点通识课程，课程本着实用、有用的原则，培养学生的信息素养，以适应现代信息社会的需求，内容以常用办公软件和工具软件应用为主，包括 Word、Excel 和 PowerPoint 办公操作与技巧，以及思维导图软件和新媒体制作软件的基本应用，课程采用案例实战教学，培养学生的职场办公技能，高效解决日常办公问题，提升职场竞争力。

二、课程目标

1、分析与综合信息能力

1. 利用 Word 完成日常中的文档制作；
2. 利用 Excel 完成数据的收集、分析和处理；
3. 能够单独、编修演示内容，制作逻辑思路清晰、专业精美的商务 PPT。

2、创新与思维能力

1. 开阔视野，知道计算机应用方面的前沿科技，及常用的工具软件；
2. 运用思维导图实现结构化思考、图形化表达；
3. 领悟图表设计思维，参考商业杂志的经典图表，会模仿借鉴并设计图表。

3、表达与沟通能力

1. 分析数据关系，学会数据可视化表达；
2. 利用 PPT 实现有效沟通与表达。

三、教学活动与通识培养目标的相关度

| 教学活动 / 课程目标 | 制作思维导图 | 根据资料设计海报 | 运用函数或筛选汇总等方法处理数据 | 根据数据设计图表 | 制作 PPT 及分享 | 用视频分享操作数据或感受 |
|---|---|---|---|---|---|---|
| 分析和综合信息的能力 | ✓ | ✓ | ✓ | ✓ | ✓ | ✓ |
| 批判性思维与创新思维能力 | ✓ | ✓ | | | | ✓ |
| 表达与沟通能力 | | ✓ | | ✓ | ✓ | ✓ |
| 团队合作能力 | | | | | ✓ | |

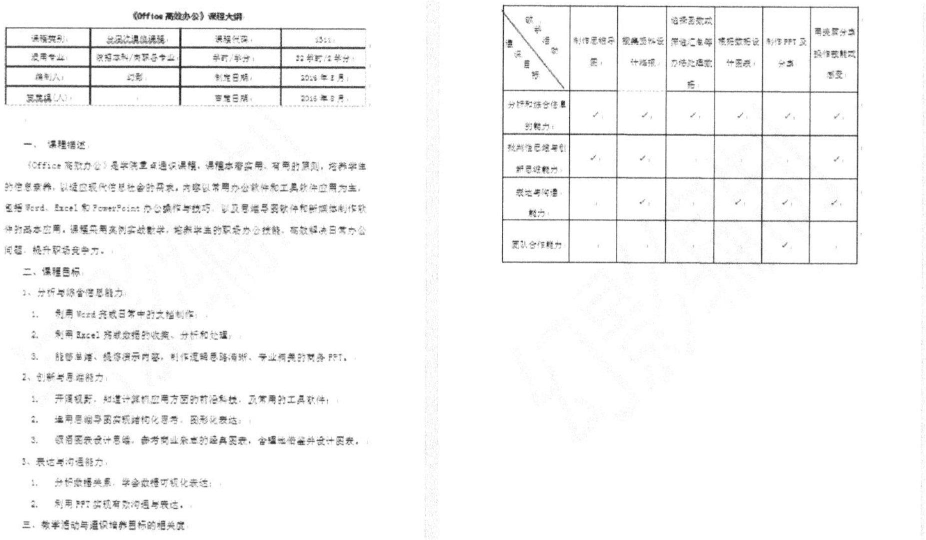

图 2-164　页面水印案例效果

## 案例分析

Word 中内置了一些水印样式，用户可以直接使用，也可以自定义水印的效果。在自定义效果中提供了两种水印方式，一种是文字水印，另一种是图片水印，用户可以根据需要进行选择。

**1. 快速套用内置水印效果**

如果用户要为文档设置内置水印效果，可以通过下面的操作实现。

打开 Word 文档，在【设计】选项卡的【页面背景】选项组中，单击【水印】按钮，展开水印列表菜单，如图 2-165 所示，在水印列表中，Word 提供的水印效果包括“机密”“紧急”“免责声明”三组。用户单击选中一种，即可为文档添加该种水印效果。

**2. 自定义文档水印效果**

案例中我们需要将水印文字内容设置为“幻影编制”，所以需要自行设计水印效果，具体操作如下。

(1) 打开 Word 文档，在【设计】选项卡的【页面背景】选项组中，单击【水印】按钮，在展开的水印列表中选中【自定义水印】选项，弹出【水印】对话框，如图 2-166 所示。

(2) 在【水印】对话框中，选中【文字水印】复选框，激活下面的设置选项，然后在【文字】框中输入文字"幻影编制",接着在【字体】框中设置字体为"微软雅黑",【字号】和【颜色】框中均采用默认设置,最后单击【确定】按钮。

图 2-165　水印列表菜单

图 2-166　"水印"对话框

 思维拓展

　　一般情况下,普通文档并不需要设置页面背景,因为设置背景后可能会影响文字的清晰度。当然,如果确实需要设置页面背景,可以通过以下途径来设置。

　　在【设计】选项卡的【页面背景】组中单击【页面颜色】按钮,弹出【主题颜色】列表菜单。

　　如果只想为页面设置纯色背景,则可以在【页面颜色】列表菜单中选择一种颜色,或单击

【其他颜色】,在弹出的【颜色】对话框中选择一种颜色。

如果想为页面背景设置渐变色或纹理等效果,则可以单击【填充效果】命令,在弹出的【填充效果】对话框中,包含了"渐变""纹理""图案""图片"四种不同的背景方案,用户可以根据需要进行设置。

无论为页面设置了哪种类型的背景,如果要删除背景,只需在【页面颜色】列表菜单中选择【无颜色】命令。

### 2.6.2　文档的修订与合并

在编辑会议发言稿之类的工作文档时,通常由作者编辑完成后,还需要团队中的其他成员或领导进行审阅。审阅者审阅时,往往会发现文档中存在着需要修改的问题,需要审阅者在文档中进行标记,以供作者参考,通常可以采用修订或批注的方式来进行。

**1. 修订文档**

 案例描述

同事编辑了一篇文档,需要请你帮忙看一下,并给出修改意见。如何在不影响文档原稿的情况下给出自己的修改意见?

 案例分析

修订是审阅者根据自己的理解对文档所做的修改。建议审阅者在审　文档的修订与合并
阅文档时,先打开修订功能,修订功能打开后,Word会自动记录操作者对文本和格式进行的修改并给予标记,下面介绍在文档中添加修订并设置修订样式的方法。

(1) 打开、关闭修订

打开文件,切换到【审阅】选项卡,在【修订】组中单击【修订】按钮下方的下拉按钮,在弹出的下拉列表中选择"修订"命令,如图2-167所示,则自动进入修订状态。

图 2-167　"修订"命令

打开修订功能后,【修订】按钮呈选中状态,如果需要关闭修订功能,则单击【修订】按钮下方的下拉按钮,在弹出的下拉列表中再次单击"修订"命令,即可退出文档的修订状态。

（2）设置修订显示状态

Word 为修订提供了 4 种显示状态,分别是简单标记、所有标记、无标记和原始状态,在不同的状态下,修订会以不同的形式显示。

例如:要将"审阅者审阅时"改为"审阅者进行审阅时"。

简单标记:将文档显示为修改后的状态,且在编辑过的区域的左边显示一条红线,这条红线表示附近区域有修订,如图 2-168 所示。

图 2-168　简单标记

所有标记:使用不同颜色的文本和线条显示所有修改痕迹,如图 2-169 所示。

图 2-169　所有标记

无标记:在文档中隐藏所有修订标记,并将文档显示为修改后的状态。

原始状态:文档中没有任何修订标记,且文档显示为修改前的状态,即以原始形式显示文档。

默认情况下,Word 以简单标记显示修订内容,根据需要,用户可以随时更改修订的显示状态。为了便于查看文档中的修改情况,一般建议将修订的显示状态设置为所有标记,具体操作如下。

在【审阅】选项卡的【修订】组的【显示以供审阅】下拉列表中选择"所有标记"选项,如图 2-170 所示。这时用户就可以清楚地看到对文档所做的所有修改。

（3）设置修订格式

对文档所做的修订将以不同的样式或颜色进行标记。根据需要，用户可以自定义这些标记的样式或颜色，具体操作步骤如下。

① 打开任意文档，切换到【审阅】选项卡，单击【修订】组中的"对话框启动器"按钮" ⬚ "。

② 打开【修订选项】对话框，如图 2-171 所示，单击【高级选项】按钮。

图 2-170 "修订"组的下拉列表

③ 打开【高级修订选项】对话框，如图 2-172 所示，在各个选项区域中进行相应的设置，完成设置后单击【确定】按钮。

图 2-171 "修订选项"对话框

图 2-172 "高级修订选项"对话框

【参数说明】

- 【插入内容】和【删除内容】：可以用于对插入或删除内容时修订标记的样式和颜色进行设置；
- 【修订行】：可以用于设置修订标记的框线所在的位置；
- 【批注】：可以用于设置含有批注的文本标记的颜色；
- 【跟踪移动】：用于设置在文档文本发生移动操作时，标记的样式和颜色，如果去掉【跟踪移动】复选框的勾选，则 Word 不会跟踪文本的移动操作；
- 【跟踪格式设置】：是指当文字或段落格式发生更改时，对修订标记的样式、颜色、粗细、位置等的设置。勾选【跟踪格式设置】复选框后，在修订状态下，文档格式发生变化时，会在窗口右侧的标记区中显示格式变化的参数。

单元格突出显示栏中的设置用于控制表编辑的显示，包括表的删除、插入、合并或拆分单元格的操作标记。

对文档进行修订时，如果将已经带有插入标记的内容删除掉，则该文本会直接消失，不被标记为删除状态。只有原始内容被删除时，才会显示修订标记。

（4）接受与拒绝修订

对文档进行修订后，文档编辑者可以对修订做出接受或拒绝操作。若接受修订，则文档会保存为审阅者修改后的状态；若拒绝修订，则文档会保存为修改前的状态。编辑者可以根据个人操作需要，逐条接受或拒绝修订，也可以一次性接受或拒绝所有修订。

如果要逐条接受或拒绝修订，可将文本插入点定位在某条修订中，在【审阅】选项卡的【更改】组中，单击【接受】或【拒绝】按钮的下拉按钮，在弹出的下拉列表中选择相应选项，如图 2-173 所示。

图 2-173　"接受"/"拒绝"菜单

【选项说明】

- 接受并移到下一条/拒绝并移到下一条：当前修订被接受或拒绝，与此同时文本插入点自动定位到下一条修订中。
- 接受此修订/拒绝更改：当前修订被接受或拒绝，同时修订标记消失。
- 接受所有显示的修订/拒绝所有显示的修订：该选项只有在存在多个审阅者并进行审阅者筛选后，才会处于可选状态。
- 接受所有修订/拒绝所有修订：不需要逐一接受或拒绝修订，可以一次性接受或拒绝文档中的所有修订。
- 接受所有更改并停止修订/拒绝所有更改并停止修订：一次性接受或拒绝文档中所有修订，并退出文档的修订状态。

在更改组中，若单击【上一条】或【下一条】按钮，则将查找并选中上一条或下一条修订。

**2. 文档的比较与合并**

 案例描述

现在有两个审阅者同时对同一篇文档做出了修订，需要作者快速找出两篇文档的差异，如图 2-174 所示。

图 2-174　待比较的两篇文档

案例分析

对于没有启动修订功能的文档,可以通过 Word 提供的比较功能,对两篇相似的文档的细节部分进行比较,默认情况下参与比较的文档本身不变。比较的结果显示在新建的第三篇文档中,不同之处用修订标记显示,用户可以对这些修订接受或拒绝。比较文档的具体步骤如下:

(1)单击【审阅】选项卡中【比较】组中的【比较】按钮,在弹出的下拉菜单中选择"比较"命令,打开【比较文档】对话框,如图 2-175 所示;

图 2-175　"比较文档"对话框

(2)在【原文档】栏中单击"文件"按钮,在【打开】对话框中,选择原始文档,然后单击【打开】按钮;

(3)返回【比较文档】对话框,在【修订的文档】栏中单击"文件"按钮,在【打开】对话框中,选择修改后的文档,然后单击【打开】按钮;

(4)返回【比较文档】对话框,单击【更多】按钮,展开【比较文档】对话框,如图 2-176 所示;

图 2-176　"比较文档"对话框扩展区

(5)根据需要可以对比较内容和显示修订进行设置,这里使用默认设置,设置完成后,单击【确定】按钮，Word将自动新建一个文档，并在新建的文档窗口中显示比较结果，如图2-177所示。

图2-177　文档比较结果

合并功能是将两篇文档的不同之处合并在一起，当需要将多个审阅者对同一篇文档所做的修订合并在一起时，可以使用该功能，合并文档的具体步骤如下：

（1）单击【审阅】选项卡【比较】组中的【比较】按钮，在弹出的下拉菜单中选择"合并"命令，打开【合并文档】对话框，如图2-178所示；

图2-178　"合并文档"对话框

（2）在【原文档】栏中单击"文件"按钮，在【打开】对话框中，选择原始文档，然后单击【打开】按钮；

（3）返回【合并文档】对话框，在【修订的文档】栏中单击"文件"按钮，在【打开】对话框中，选择修改后的文档，然后单击【打开】按钮；

（4）单击【确定】按钮，Word将自动新建一个文档，并在新建的文档窗口中显示合并结果。

 思维拓展

如果有多个审阅者对文档进行了修订，可以先将两个审阅者的文档进行合并，再将合并后的文档作为原始文档，与第三篇文档进行合并，依次类推。

### 2.6.3　文档的打印与输出

在一些正式的应用场合，我们仍然需要将文档内容打印到纸张上，或者输出为其他文档格

式。本节将介绍针对不同打印需求进行打印设置,及输出为其他文档格式的方法。

**1. 设置打印范围**

(1) 快速打印当前页或所有页

默认情况下,如果不做特别设置,在执行打印操作时,Word 会打印文档中的所有页面。所以,如果要将整个文档全部打印出来,可以在打开要打印的文档后,直接单击【文件】选项卡,然后选择【打印】命令,进入如图 2-179 所示的"打印设置"界面。左侧包含多个打印选项,右侧为预览页面,该页面为进入打印设置之前屏幕中显示的页面。

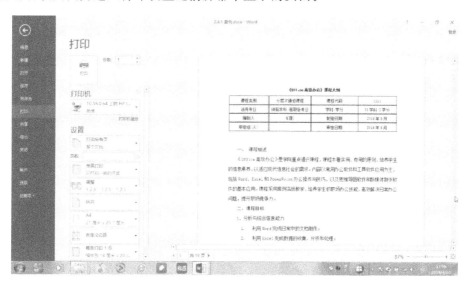

图 2-179　打印设置界面

若在【设置】组的打印范围列表中选择"打印当前页面",则可打印右侧预览区显示的页面。

选择已经连接好的打印机,然后单击上方的【打印】按钮,即可打印当前文档中的所有页或当前页。

(2) 打印指定的多个页面

除了可以打印文档中所有页或当前页以外,还可以根据需要打印指定的多个页面,单击【文件】选项卡,然后选择【打印】命令,进入"打印设置"界面,在【设置】组的"页数"文本框中输入要打印的页面对应的页码。页码的输入方式包括以下几种。

- 打印连续的页面:使用"-"指定连续的页面范围,例如,打印第 3 至 6 页可以输入 3-6。
- 打印不连续的多个页面:使用","指定不连续的页面,例如,打印第 1 页、第 3 页和第 6 页可以输入 1,3,6。
- 打印连续和不连续的页面:综合使用"-"和","指定连续和不连续的页面,例如,打印第 4 页以及 6 至 10 页可以输入 4,6-10。
- 打印包含节的页面:如果为文档设置了分节,则可以使用字母 S 表示节,例如,打印第 3 节可以输入 S3,如果有不连续的节,也可用逗号间隔,例如,打印第 2 节、第 4 节和第 8 节,则输入 S2,S4,S8。
- 打印某一节内的某页:可输入"P 页码 S 节号"。例如,打印第 5 节的第 2 页,可以输入 "P2S5"。也可以结合使用前几种方法,打印指定页的内容,例如,打印文档中第 2 节第 3 页到第 5 节第 6 页范围中的连续内容可以输入"P3S2-P6S5"。

（3）只打印选中的内容

除了可以以页为单位打印整页内容，还可以打印文档中选中的内容，内容可以是文本、表格、图片、图表等不同类型，只打印选中内容的具体操作步骤为：先打开要打印的 Word 文档，然后在文档中选择要打印的内容，接着单击【文件】选项卡，选择【打印】命令进入打印设置界面，最后单击设置下方的第一个选项，在打开的列表中选择【打印所选内容】选项。

**2. 设置打印份数**

默认情况下，Word 打印文档时只打印一份，即文档中的每一页只打印一次。有时我们希望将文档打印多份，以便分发给不同的人，我们可以在打印时设置打印份数，具体操作步骤如下：打开要打印的 Word 文档，单击【文件】选项卡，然后选择【打印】命令进入打印设置界面，最后在【份数】文本框中输入打印份数。

**3. 其他设置**

（1）在一页纸上打印多页内容

默认情况下，Word 文档中一个页面打印在一张纸上，有多少页面就打印多少张纸。有时为了节省纸张或满足特殊需求，可以在一张纸上打印多个页面的内容，具体操作步骤如下：先打开要打印的 Word 文档，单击【文件】选项卡，选择【打印】命令进入打印设置界面，然后单击设置下方的最后一个选项，如图 2-180 所示，在打开的列表中选择每张纸上要打印的页面数量，最后单击【打印】按钮。

图 2-180　设置一张纸上打印页面的数量

（2）缩放打印

Word 中新建文档的纸张大小默认为 A4 纸张，如果文档的编写和排版是在 A4 纸张大小下完成的，但是实际打印时只有其他大小的纸张，则可以使用下面的方法来设置缩放打印，具体步骤如下：先打开要打印的 Word 文档，再单击【文件】选项卡，选择【打印】命令进入打印设置界面，然后单击【设置】下方的最后一个选项，在打开的列表中选择【缩放至纸张大小】选项，最后在打开的子列表中选择欲打印的纸张大小。

**4. 文档的输出**

有时为了方便查看和传播,并防止其他用户随意修改内容,同时为了实现大批量的印刷输出,可以将 Word 文档输出为 PDF 文件。Word 2010 及其以上的版本提供了直接将 Word 文档转换为 PDF 文件的功能,具体操作步骤如下:

(1) 在 Word 中打开要转换为 PDF 文件的文档;

(2) 单击【文件】选项卡,选择【导出】命令,然后单击右侧窗格中的【创建 PDF/XPS 文档】命令,如图 2-181 所示;

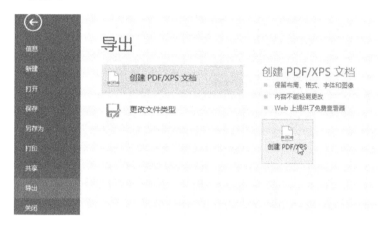

图 2-181　创建 PDF/XPS 文档

(3) 打开【发布为 PDF/XPS】对话框,选择保存位置并输入 PDF 文件的名称,可在【选项】对话框中对发布选项进行设置;

(4) 单击【发布】按钮,将当前文档输出为 PDF 文件。

除了用导出的方法将 Word 文件转换为 PDF 文件外,用户还可以打开【另存为】对话框,在【保存类型】下拉列表中选择"PDF(＊.pdf)",然后单击【保存】即可。

## 思考与实践

## 项目一　会务手册设计

**【设计要求】**

结合所学 Word 字符段落格式设置、图文混排、表格制作等技术,设计活动会务手册,要求版式简约、美观,配色和谐,页面设置合理,3-5 页 A4 纸张大小。具体要求如下:

**1. 封面设计**

体现论坛主题、时间、地点、主办方信息和承办方信息等

**2. 论坛介绍**

体现论坛宗旨或主办方介绍

**3. 议程安排**

用表格写清楚时间、事项、主题、嘉宾和地点

**4. 论坛专家(嘉宾)介绍**

体现姓名、头衔和单位,附照片和简介

## 5. 其他

论坛公众号二维码、路线图、WiFi 连接、附近交通信息、医疗救助信息、联系方式等

【评分细则】

| 级别 | 知识点 |
|---|---|
| 基础任务<br>（70%） | 字体格式：合理设置字体、字号、字形、颜色等<br>段落格式：合理设置缩进方式、对齐方式、行间距/段间距<br>图文混排：插入图片、艺术字、文本框等元素，并合理设置图片大小及环绕方式<br>表格编辑：插入表格，设置合理的行高与列宽，边框和底纹搭配美观<br>页眉页脚：合理设置页眉或页脚，增强可读性 |
| 提高任务<br>（30%） | 页面设置：合理设置页边距、纸张方向等，使版面平衡<br>整体版面简洁、美观，有创意 |

# 第3章　Excel 高级数据分析

Excel 是一款专业的表格制作和数据处理软件。用户可以使用 Excel 完成数据的计算、管理和统计分析等多项工作，它为用户带来极大的便利；利用 Excel 的图表功能，还可实现表格数据图形化和可视化，因此，Excel 被广泛应用于金融、财会、统计、行政等领域。

## 3.1　报表编辑

### 3.1.1　数据输入与格式设置

**1. Excel 工作界面**

Excel 与 Word 的工作界面有相似的标题栏、快速访问工具栏、选项卡、功能区，此外，它也有自己独特的功能界面，如名称框、工作表标签、编辑栏、行号、列标等。Excel 工作界面如图 3-1 所示。

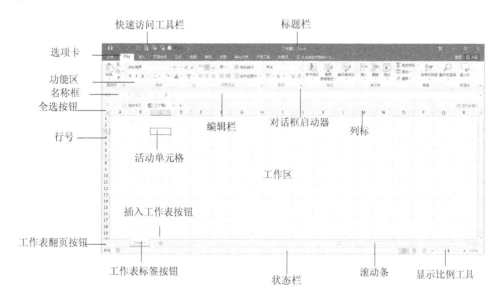

图 3-1　Excel 工作界面

（1）标题栏

默认状态下，标题栏位于 Excel 顶部，主要包含了快速访问工具栏、文件名、文件类型和窗口控制按钮。

（2）功能区

功能区位于标题栏下方，由各种选项卡和包含在选项卡中的各种命令按钮组成，是 Excel

窗口中重要的组成部分。Excel 功能区主要包含文件、开始、插入、页面布局、公式、数据、审阅和视图 8 个选项卡,用户也可以通过单击【文件】选项卡中的【选项】命令,在【Excel 选项】对话框中选择【自定义功能区】进行命令按钮的添加或删除。

(3)编辑栏

编辑栏位于功能区的下方,工作区的上方,用于显示和编辑当前单元格的名称、数据或公式。编辑栏主要用于向活动单元格中输入、修改数据或公式。当向单元格中输入数据或公式时,在编辑栏将出现两个按钮,"取消"按钮" ✕ "和"输入"按钮" ✓ "。单击"取消"按钮可恢复到单元格输入以前的状态;单击"输入"按钮可将输入栏中的内容确定为当前选定单元格的内容。在工作表中进行数据或公式的录入和编辑时,除了可以在编辑栏中进行相应的编辑操作外,也可以直接在单元格内进行操作。

(4)名称框

名称框用于显示当前单元格或区域的地址或名称。当选择单元格或区域时,名称框中将显示相应的地址或名称。利用名称框,用户也可以快速定位到相应的单元格或单元格区域。在工作表中选择单元格区域,然后在名称框中输入区域名称,按 Enter 键即可实现对该区域的命名。

(5)工作区

工作区是 Excel 工作界面中用于输入数据的区域,由单元格组成,用以输入和编辑不同类型的数据。

(6)状态栏

状态栏位于工作界面的最下方,用于显示当前数据的编辑状态、选定数据的统计结果、页面显示方式,以及页面显示比例等。

**2. 工作簿、工作表和单元格**

(1)工作簿

工作簿是处理和存储数据的文件,Excel 2016 的扩展名是". xlsx",标题栏上显示的是当前工作簿的名称。

每个工作簿可以包含多张工作表,默认状态下一个新工作簿包含一张工作表,用户可以在【Excel 选项】对话框中设置新建工作簿时它所包含的工作表数,也可以根据需要在工作簿中插入或删除多张工作表。

(2)工作表

工作表又称为电子表格,一个工作表由若干行和列构成,工作表分别以 Sheet1、Sheet2、Sheet3……命名,单击工作表标签可以在不同的工作表之间进行切换。

(3)单元格

单元格是工作表中行与列的交叉部分,是构成 Excel 工作表的基本单位,每个单元格都由唯一一个单元格地址来标识,数据的输入和修改都是在单元格中进行的。

单元格地址通过"列标＋行号"来表示。在 Excel 中,列标用字母 A 到 XFD 表示,共 16 384列,行号用数字 1 到 1 048 576 表示,共 1 048 576 行,如第 2 列第 6 行的单元格用"B6"表示。

**3. 单元格、行、列的基本操作**

(1)选择单元格、行、列

对工作表进行编辑操作,首先要选择单元格或区域。启动 Excel 并创建新的工作簿时,单元格 A1 处于自动选定状态。

选择某一单元格：单击要选择的单元格，若单元格的边框线变成绿色矩形边框，则此单元格处于选定状态，当前单元格的地址显示在名称框中。

选择连续的单元格区域：

方法1：选择一个单元格，按住鼠标左键并拖动鼠标选择相邻的区域。

方法2：选择左上角的单元格，按住 Shift 键的同时，单击要选择区域右下角的单元格，即可选中单元格区域。

连续区域的单元格地址一般使用"左上角单元格地址：右下角单元格地址"表示，如单元格地址为 A1：C3，表示包含了从 A1 单元格到 C3 单元格的矩形区域，共9个单元格。

选择不连续的单元格区域：选择一个单元格或连续区域后，按住 Ctrl 键，依次选择其他要选中的单元格或区域。不连续区域的单元格地址主要由单元格或单元格区域的地址组成，用"，"分隔。如单元格地址为 A1：C3，C5，D2，表示该区域包含一个 A1：C3 的连续区域及 C5、D2 两个单元格。

选择一行或一列：单击该行的行号，或者该列的列标即可。

选择相邻的行或列：沿行号或列标拖动鼠标，可选择鼠标所经过的行或列，或者先选择第1行（列），按住 Shift 键，再单击最后一行（列）的行号（列标）。

选择不相邻的行或列：先选择一行（列），再按住 Ctrl 键，然后单击其他的行（列）的行号（列标）即可。

选择整个工作表：单击工作表左上角行号与列标交叉处的"选择全部"按钮"　"，或者按"Ctrl＋A"组合键也可以选择整个工作表。

（2）单元格、行、列的插入与删除

单元格的插入：选择一个单元格，单击【开始】选项卡【单元格】组中的【插入】按钮，弹出的如图 3-2 所示的菜单，在菜单中选择【插入单元格】命令，打开如图 3-3 所示的【插入】对话框，根据需要选择合适的命令，也可在选择的单元格上右击鼠标，在弹出的快捷菜单里选择【插入】命令，打开【插入】对话框。

图 3-2　"插入"菜单

图 3-3　"插入"对话框

行的插入：选择一行，单击【开始】选项卡【单元格】组中的【插入】按钮下方的下拉按钮，选择【插入工作表行】，或者右击鼠标，在弹出的快捷菜单里单击【插入】命令，即可在此行前插入一行。若选中多行，则在选定的多行前一次性地插入多行。

列的插入：方法同"行的插入"类似，只是在插入菜单中选择【插入工作表列】。

行或列的删除：选择一行或一列，右击鼠标，在弹出的快捷菜单里单击【删除】命令，即删除此行或此列。

（3）行、列的隐藏

行或列的隐藏：选择行或列，右击鼠标，在弹出的快捷菜单中单击【隐藏】命令，即可隐藏行或列，也可以在选择行或列之后，使用快捷键"Ctrl＋9"快速实现行的隐藏，使用快捷键"Ctrl＋0"快速实现列的隐藏。

取消行列隐藏：选择被隐藏行或列的前后两行或两列，右键鼠标，在弹出的快捷菜单中选择【取消隐藏】命令，即可重新显示被隐藏的行或列，也可以使用快捷键"Ctrl＋Shift＋9"快速取消行的隐藏，使用快捷键"Ctrl＋Shift＋0"快速取消列的隐藏。

**4. 在工作表中输入数据**

Excel 中的数据有多种类型，最常用的数据类型有文本型、数值型、日期和时间型等，不同类型的数据在输入时需要使用不同的方法。

（1）文本型数据

文本型数据是 Excel 中最简单的数据类型，可以包括字母、数字、空格、符号或其他非数字字符的组合，如计算机系、A97、473 009 等，其默认对齐方式为左对齐。

输入文本型数据：只需选中要输入数据的单元格，然后直接输入数据，完成后按 Enter 键即可。

输入表现形式为数字的文本型数据：在实际工作中，例如，学号、准考证号、身份证号、邮政编码等数字信息并不需要参与数学运算，但又需要数字能显示出来，这种数据其实要被当作文本数据来看待。输入时，用户可以先输入英文状态下的单引号"'"，再输入数字，或者打开【开始】选项卡的【数字】组中的【数字格式】列表，在列表中选择【文本】，然后再输入相应的数字。Excel 会将这两种方式输入的数字理解为文本格式的数据。

如要在表格中输入以"0"开始的数字，如 001、002 等，按照普通的方法输入后得不到需要的结果，系统会自动将"001"变为"1"。这时为了能完整显示输入的数值，用户可以在输入的数字前，先输入英文状态下的单引号"'"。

（2）数值型数据

数值型数据包含 0～9、()、＋、－、E、e、％、$ 等符号，如 3.60102E＋17、80％、－5.32、$556 等，其默认对齐方式为右对齐。

输入数值型数据，只需选中要输入数据的单元格，然后直接输入数据，完成后按 Enter 键即可。

Excel 中的数字可精确到 15 位数，如果输入很大的值，Excel 实际上只会存储 15 位精度的数字。如：输入 123 456 789 123 456 789（18 位），Excel 会显示为 123 456 789 123 456 000，这种精度似乎存在一些限制，但在实践中，几乎不会引起任何问题。如果用户需要输入的是 15 位以上的信用卡号或身份证号，则可将其当作文本输入，即输入数字前先输入英文状态下的单引号"'"。

输入分数，如果要在单元格中输入分数，需要在整数和分数之间留一个空格。例如，要输入 $3\frac{1}{2}$，则在单元格中输入"3 1/2"，然后按 Enter 键。当选择该单元格时，编辑栏中将显示为 3.5，而单元格中将显示为分数。如要输入 $\frac{3}{4}$，则要在单元格中输入"0 3/4"，否则 Excel 会认为输入的是一个日期型数据 3 月 4 日。

（3）日期和时间型数据

输入日期型数据，年月日之间需要用"-"或"/"隔开，即"年-月-日"或"年/月/日"，如果需要输入其他格式的日期型数据，则需要通过【设置单元格格式】对话框中的【数字】选项卡进行设置。

　　输入时间型数据,时分秒之间需要用":"隔开,即"时:分:秒",如果需要输入其他格式的时间型数据,则需要通过【设置单元格格式】对话框中的【数字】选项卡进行设置。

　　(4) 在连续区域输入有规律的数据

　　在 Excel 中,对于一些规律性比较强的数据,如果逐个手动输入,比较烦琐且容易出现输入错误,Excel 不仅提供了自动填充的命令,还可以自定义填充序列,帮助用户快速输入此类数据。

　　自动填充可以拖动填充柄"＋"或使用【序列】命令来实现。利用自动填充功能可以在相邻单元格实现文本、数字、日期等序列的快速填充和数据、公式的快速复制。其中,常见的填充操作又分为填充相同数据、填充等差序列和填充等比序列。

　　填充相同数据:在起始单元格输入需要填充的数据,然后将鼠标指针指向该单元格右下角的填充柄,当鼠标指针变为"＋"时,按住鼠标左键沿着水平或垂直方向进行拖动,到达目标位置后释放鼠标,被鼠标拖过的区域将会填充与初始值相同的数据。通过填充柄填充数据,有时并不能按照预先设想的规律来填充,用户可以单击填充数据后单元格区域右下角出现的【自动填充选项】按钮,在弹出的下拉列表中选中相应的选项来设置数据的填充方式,如图 3-4 所示。

　　填充等差序列:在两个相邻单元格中输入等差序列的前两个数据,选中包括这两个数据在内的单元格区域,然后将鼠标指针指向该区域右下角的填充柄,当鼠标指针变为"＋"时,按住鼠标左键进行拖动,到达目标位置后释放鼠标,鼠标拖过的区域将按照前两个数的差值自动进行填充。

图 3-4　"自动填充选项"列表

　　填充等比序列:在单元格中输入等比序列的初始值,单击【开始】选项卡【编辑】组中的【填充】按钮,在下拉菜单中单击【序列】命令,弹出如图 3-5 所示的【序列】对话框,在【序列产生在】选项区域中选择序列产生的位置,在【类型】选项区域中选中"等比序列",在【步长值】文本框中输入等比序列的步长值,在【终止值】文本框中输入等比序列的终止值,设置完成后,单击【确定】按钮即可。

图 3-5　"序列"对话框

　　(5) 在不连续的区域输入相同的数据

　　先按住 Ctrl 键选择不连续的单元格区域,输入数据,然后按下"Ctrl＋Enter"组合键,这样即可将相同的数据输入到选定的每个单元格中。

　　**5. 设置单元格格式**

　　Excel 默认状态下制作的工作表具有相同的文字格式和对齐方式,没有边框和底纹效果。为了让制作的表格更加美观且易于理解,可以为其设置适当的单元格格式,单元格格式包含了【数字】【对齐】【字体】【边框】【填充】【保护】六大功能,通过对他们的设置,可以实现对单元格各种类型数据的输入和界面的美化等。

　　下面对 Excel 中的数字格式做一介绍。

- 常规:这是默认的格式,将数字显示为整数、小数或以科学计数法显示(数值位数过长而超出单元格)。
- 数值:可以指定小数位数,是否使用千位分隔符,以及显示负数的方式(减号、以红色显示、位于括号中、以红色显示且位于括号中)。

- 货币：可以指定小数位数、选择货币符号，以及显示负数的方式。这种格式会始终使用千位分隔符。
- 会计专用：与货币格式的不同之处在于，货币符号始终会垂直对齐。
- 日期：可以选择几种不同的日期格式。
- 时间：可以选择几种不同的时间格式。
- 百分比：可以选择小数位数，并始终显示一个百分号。
- 分数：可以选择 9 种不同的分数格式。
- 科学计数：以指数方式（使用 E）显示数值，如 $1.34E+08=134\,000\,000$，表示 $1.34\times10^8$。
- 文本：将数据作为文本处理，即使看起来是一个数字，通常用于对银行卡号、身份证号、准考证号等数据格式的设置。
- 特殊：包含其他数字格式，如邮政编码、中文小写数字、中文大写数字等。
- 自定义：用来定义不包括在任何其他分类中的自定义数字格式。

图 3-6　快捷菜单与浮动工具栏

Excel 单元格格式可以通过以下三个途径进行设置。

（1）使用【开始】选项卡的格式工具

用户可以从【开始】选项卡中快速访问最常用的格式选项。具体操作为，先选择要设置格式的单元格区域，然后选择【字体】【对齐方式】或【数字】组中的适当工具。

（2）使用浮动工具栏

在选中的单元格或区域中单击右键时，会显示快捷菜单，同时，在快捷菜单的上方或下方会出现一个浮动工具栏，如图 3-6 所示。

如果使用浮动工具栏上的工具，快捷菜单将会消失，但此工具栏仍然保持显示，以便用户根据需要应用其他格式，若要隐藏浮动工具栏，只需要单击任一单元格或按ESC 键即可。

（3）使用【设置单元格格式】对话框

大部分情况下，功能区【开始】选项卡上的格式控件已经足够满足常用的格式设置需求，但在设置某些类型的格式时，需要使用到【设置单元格格式】对话框，利用该对话框几乎可以实现在某单元格或区域内应用任何类型的样式格式及数字格式。

在选择需要设置格式的单元格区域后，可以通过以下几种方式打开【设置单元格格式】对话框：

方法 1：按"Ctrl+1"键

方法 2：单击【开始】选项卡中【字体】或【对齐方式】或【数字】组中的"对话框启动器"按钮" "，打开【设置单元格格式】对话框，该对话框会打开相应的选项卡。

方法 3：右击选中的单元格区域，在弹出的快捷菜单中选择【设置单元格格式】

**6. 行高和列宽设置**

Excel 中的行高和列宽可任意调整，只需将鼠标移动到行与行的交界处或列与列的交界处，当鼠标指针变为"✚"形状或"✛"形状时拖动鼠标即可，若要调整为最适合的列宽，则可在列与列的交界处，当鼠标指针变为"✛"形状时双击鼠标。

若要设置精确的行高和列宽值,则选中目标区域后,单击【开始】选项卡【单元格】组中的【格式】按钮,在菜单中选择【行高】或【列宽】命令,或者通过右击相应的行号或列标,在弹出的快捷菜单中选择【行高】或【列宽】命令,打开【行高】或【列宽】对话框后,直接输入数字即可。

 案例描述

一个公司每年都会有大量的新员工入职,如何将员工信息记录下来?这就需要公司创建员工信息工作簿,里面包含新员工信息登记表、员工培训成绩表等,以便后期进行相关信息的查看。本案例主要讲述新员工信息登记表的创建,如图 3-7 所示。

| | A | B | C | D | E | F | G | H | I | J |
|---|---|---|---|---|---|---|---|---|---|---|
| 1 | 序号 | 入职日期 | 工号 | 姓名 | 性别 | 学历 | 部门 | 身份证号 | 年龄 | 基本工资 |
| 2 | 1 | 2018/3/1 | 001 | 刘昊 | 男 | 本科 | 财务部 | 1408281984010704999 | 35 | ¥5,382.0 |
| 3 | 2 | 2018/5/10 | 002 | 王都岚 | 女 | 硕士研究生 | 市场部 | 6101151993022411222 | 26 | ¥4,987.0 |
| 4 | 3 | 2018/7/19 | 003 | 林杰 | 男 | 本科 | 人事部 | 5418261985112716533 | 34 | ¥5,644.0 |
| 5 | 4 | 2018/9/27 | 004 | 桑岩 | 男 | 硕士研究生 | 财务部 | 6103011986032916444 | 33 | ¥5,398.0 |
| 6 | 5 | 2018/12/6 | 005 | 周宇骆 | 女 | 博士研究生 | 人事部 | 2115231983013105666 | 36 | ¥5,567.0 |
| 7 | 6 | 2019/2/14 | 006 | 张启航 | 男 | 本科 | 财务部 | 3115001991120902777 | 28 | ¥5,145.0 |
| 8 | 7 | 2019/4/25 | 007 | 闾智 | 男 | 硕士研究生 | 市场部 | 6205031990022350333 | 29 | ¥4,697.0 |
| 9 | 8 | 2019/7/4 | 008 | 刘京伦 | 男 | 博士研究生 | 财务部 | 6118221984061560111 | 35 | ¥5,377.0 |
| 10 | 9 | 2019/9/12 | 009 | 王璐瑶 | 女 | 硕士研究生 | 人事部 | 5509021987033132888 | 32 | ¥5,052.0 |
| 11 | 10 | 2019/11/21 | 010 | 薛毅聪 | 男 | 本科 | 市场部 | 4405001985092956333 | 34 | ¥5,379.0 |
| 12 | 11 | 2019/11/30 | 011 | 秦仁挺 | 男 | 博士研究生 | 人事部 | 5002311991111496999 | 28 | ¥5,932.0 |
| 13 | 12 | 2019/12/9 | 012 | 童润竹 | 女 | 硕士研究生 | 市场部 | 4310271981081027666 | 38 | ¥4,549.0 |
| 14 | | | | | | | | | | |

图 3-7 案例效果

 案例分析

本案例首先要创建一个新的工作簿,在工作簿中创建新员工信息登记表的相关信息,并对其格式进行设置。

(1)完成案例中的新员工信息登记表数据录入的步骤如下。

① 新建工作簿。启动 Excel,进入 Excel 工作界面。在启动窗口中选择"空白工作簿",系统会自动新建一个工作簿"工作簿 1.xlsx"。在启动窗口中,用户也可以选择相应的模板来创建工作簿。

② 搭建表结构。在 Sheet1 工作表中,依次选择 A1~J1 单元格,输入表格的列标题"序号、入职日期、工号、姓名、性别、学历、部门、身份证号、年龄、基本工资",然后在当前单元格输入完数据,欲切换到右侧单元格时,可以按键盘中的 Tab 键。

③ 录入数据。

- "序号"列:在 A2 单元格输入数字"1"后,将鼠标指针指向该单元格右下角的填充柄,当鼠标指针变为"＋"时,按住鼠标左键向下拖动,到达 A13 单元格后释放鼠标,单击出现在所选区域右下角的【自动填充选项】按钮,在图 3-4 所示的列表中选择"填充序列",即可在 A1~A13 中填充"1~12",也可分别在 A2 和 A3 单元格输入"1"和"2",在选择 A2:A3 区域后,将鼠标指针指向该单元格区域右下角的填充柄,当鼠标指针变为"＋"时,按住鼠标左键向下拖动。

- "入职日期"列:选中 B2 单元格,输入"2018/3/1",注意年月日之间用"/"或"-"隔开,同上录入其他员工的入职日期数据。

- "工号"列:在 C2 单元格输入"'001"(单引号是英文标点符号),如图 3-8 所示,然后将鼠标指针指向该单元格右下角的填充柄,当鼠标指针变为"＋"时,按住鼠标左键向下

拖动,到达 C13 单元格后释放鼠标,即可在 C1~C13 中填充"001~012"。

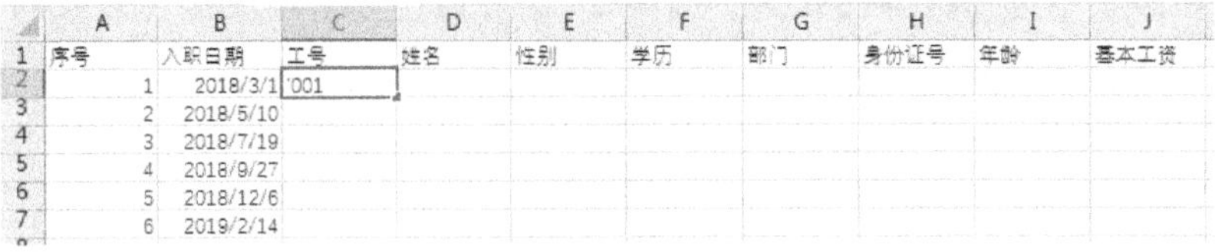

图 3-8　录入工号

- "性别"列:按住 Ctrl 键,依次选中不连续的单元格 E2、E4、E7、E8、E9、E11、E12,直接输入"男",如图 3-9 所示,然后按"Ctrl+Enter"组合键,即可在选中的单元格中输入相同的信息,同上,可在性别列的其他单元格输入"女"。

图 3-9　选中单元格输入相同内容

- "身份证号"列:身份证号虽然表现为数字,但实际上是文本型数据,而且其长度超过了15 位,直接按数字输入时,后三位数字系统会更改为"0",因此输入时,先选中 H2:H13区域,展开【开始】选项卡【数字】组中的【数字格式】列表,选择"文本",如图 3-10 所示,然后再依次录入。

图 3-10　"数字格式"列表

依次完成其他列数据的输入，效果如图 3-11 所示。

| | A | B | C | D | E | F | G | H | I | J |
|---|---|---|---|---|---|---|---|---|---|---|
| 1 | 序号 | 入职日期 | 工号 | 姓名 | 性别 | 学历 | 部门 | 身份证号 | 年龄 | 基本工资 |
| 2 | 1 | 2018/3/1 | 001 | 刘昊 | 男 | 本科 | 财务部 | 1408281984010704999 | 35 | 5382 |
| 3 | 2 | 2018/5/10 | 002 | 王郁岚 | 女 | 硕士研究生 | 市场部 | 6101151993022411222 | 26 | 4987 |
| 4 | 3 | 2018/7/19 | 003 | 林杰 | 男 | 本科 | 人事部 | 5418261985112716533 | 34 | 5644 |
| 5 | 4 | 2018/9/27 | 004 | 桑岩 | 女 | 硕士研究生 | 财务部 | 6103011986032916444 | 33 | 5398 |
| 6 | 5 | 2018/12/6 | 005 | 周宇璐 | 女 | 博士研究生 | 人事部 | 2115231983013105666 | 36 | 5567 |
| 7 | 6 | 2019/2/14 | 006 | 张启航 | 男 | 本科 | 财务部 | 3115001991120902777 | 28 | 5145 |
| 8 | 7 | 2019/4/25 | 007 | 闫哲 | 男 | 硕士研究生 | 市场部 | 6205031990022350333 | 29 | 4697 |
| 9 | 8 | 2019/7/4 | 008 | 刘京伦 | 男 | 博士研究生 | 财务部 | 6118221984061560111 | 35 | 5377 |
| 10 | 9 | 2019/9/12 | 009 | 王璐瑶 | 女 | 硕士研究生 | 人事部 | 5509021987033132888 | 32 | 5052 |
| 11 | 10 | 2019/11/21 | 010 | 薛毅聪 | 男 | 本科 | 市场部 | 4405001985092956333 | 34 | 5379 |
| 12 | 11 | 2019/11/30 | 011 | 蔡仁能 | 男 | 博士研究生 | 人事部 | 5002311991111496999 | 28 | 5932 |
| 13 | 12 | 2019/12/9 | 012 | 董润竹 | 女 | 硕士研究生 | 市场部 | 4310271981081027666 | 38 | 4549 |

图 3-11　录入数据效果

④ 保存文件。单击【文件】选项卡，执行【另存为】命令，在【另存为】对话框中将文件命名为“新员工信息.xlsx”，保存在“我的文档”中。

(2) 对新员工信息登记表进行格式设置的操作步骤如下。

① 设置字体。选中 A1:J13 区域，在【开始】选项卡【字体】组中的【字体】列表中选择“微软雅黑”，【字号】列表中选择“11”；选中 A1:J1 区域，单击【开始】选项卡【字体】组中的“加粗”按钮“**B**”，为列标题设置加粗效果。

② 按住 Ctrl 键分别选中 A1:J1，A2:A13 和 C2: I13 三个不连续的区域，单击【开始】选项卡【对齐方式】组中的“垂直居中”按钮“ ”和“居中”按钮“ ”。

③ 设置数字格式。选中 J2:J13 区域，单击【开始】选项卡【数字】组中的“会计数字格式”按钮“ ”，将工资列的数据设置为会计专用格式，再单击该组中的“减少小数位数”按钮“ ”，保留 1 位小数。

④ 设置行高列宽。本案例不需要设置行高，也不必精确地设置各列的列宽，只需将各列依据本列中的内容调整为最适合的列宽。将鼠标移至第一列的列标 A 上，按住鼠标左键拖动鼠标，选中 A 列～J 列，移动鼠标指针到选中区域的任意两列的交界处，如 A 列与 B 列的交界处，当鼠标指针形状变为“✛”形状时，双击鼠标，即可将所有选中列的列宽调整到最合适的宽度。

⑤ 设置边框。选中 A1:J13 区域，按“Ctrl＋1”组合键打开【设置单元格格式】对话框，切换到【边框】选项卡，依次在【线条-样式】组中选择“单实线”，在【线条-颜色】组中选择“白色，背景 1，深色 35%”，在【预置】组中单击“外边框”按钮，预览区即可看到设置的效果；用同样方法，设置内边框为“虚线，白色，背景 1，深色 35%”，效果如图 3-12 所示，单击【确定】按钮。用户也可使用【开始】选项卡【字体】组的“边框”按钮“ ”来进行相关设置。

⑥ 设置底纹。选中 A1:J1 区域，按“Ctrl＋1”组合键打开【设置单元格格式】对话框，切换到【填充】选项卡，选取浅蓝色，单击【确定】按钮。用户也可使用【开始】选项卡【字体】组的“填充”按钮“ ”来进行相关设置。

若要清除所有格式，可以在选中区域之后，单击【开始】选项卡【编辑】组的【清除】按钮，在弹出的菜单中选择【清除格式】命令，即可将所有格式清除。

图 3-12　在"设置单元格格式"对话框中设置边框

 思维拓展

利用"套用表格格式"功能对工作表进行格式设置

Excel 内置了大量的工作表格式,其中对表格的各组成部分定义了一些特定的格式效果。套用这些格式,既可以使工作表变得更加美观,又可以节省时间,提高工作效率。

(1) 选中 A1:J13 区域,单击【开始】选项卡【样式】组中的【套用表格格式】按钮,在弹出的下拉菜单中选择一种样式,如图 3-13 所示。

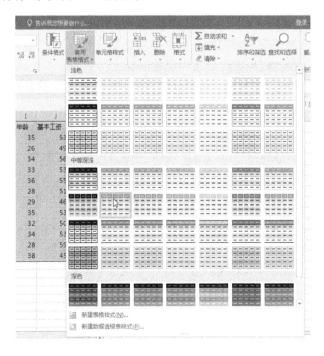

图 3-13　"套用表格格式"菜单

（2）单击样式，则会弹出【套用表格式】对话框，如图 3-14 所示，单击【确定】按钮即可套用用户选择的样式。

图 3-14 "套用表格式"对话框

（3）用户在样式的基础上可以再设置数字格式、对齐方式等，效果如图 3-15 所示。

| 序号 | 入职日期 | 工号 | 姓名 | 性别 | 学历 | 部门 | 身份证号 | 年龄 | 基本工资 |
|---|---|---|---|---|---|---|---|---|---|
| 1 | 2018/3/1 | 001 | 刘昊 | 男 | 本科 | 财务部 | 1408281984010704999 | 35 | ¥ 5,382.0 |
| 2 | 2018/5/10 | 002 | 王都岚 | 女 | 硕士研究生 | 市场部 | 6101151993022411222 | 26 | ¥ 4,987.0 |
| 3 | 2018/7/19 | 003 | 林杰 | 男 | 本科 | 人事部 | 5418261985112716533 | 34 | ¥ 5,644.0 |
| 4 | 2018/9/27 | 004 | 桑岩 | 女 | 硕士研究生 | 财务部 | 6103011986032916444 | 33 | ¥ 5,398.0 |
| 5 | 2018/12/6 | 005 | 周宇璐 | 女 | 博士研究生 | 人事部 | 2115231983013105666 | 36 | ¥ 5,567.0 |
| 6 | 2019/2/14 | 006 | 张启航 | 男 | 本科 | 财务部 | 3115001991120902777 | 28 | ¥ 5,145.0 |
| 7 | 2019/4/25 | 007 | 闫喆 | 男 | 硕士研究生 | 市场部 | 6205031990022350333 | 29 | ¥ 4,697.0 |
| 8 | 2019/7/4 | 008 | 刘京伦 | 男 | 博士研究生 | 财务部 | 6118221984061560111 | 35 | ¥ 5,377.0 |
| 9 | 2019/9/12 | 009 | 王璐瑶 | 女 | 硕士研究生 | 人事部 | 5509021987033132888 | 32 | ¥ 5,052.0 |
| 10 | 2019/11/21 | 010 | 薛毅聪 | 男 | 本科 | 市场部 | 4405001985092956333 | 34 | ¥ 5,379.0 |
| 11 | 2019/11/30 | 011 | 秦仁铤 | 男 | 博士研究生 | 人事部 | 5002311991111496999 | 28 | ¥ 5,932.0 |
| 12 | 2019/12/9 | 012 | 董润竹 | 女 | 硕士研究生 | 市场部 | 4310271981081027666 | 38 | ¥ 4,549.0 |

图 3-15 套用表格格式效果

在含有样式的表格中单击任一单元格，功能区则会出现【表格工具/设计】选项卡，在选项卡中可以实现对样式的修改等操作。

### 3.1.2 设置条件格式

在 Excel 中，使用条件格式可以方便、快捷地将符合要求的数据突显出来，使工作表中的数据一目了然。

**1. 条件格式概述**

条件格式是指当条件为真时，Excel 自动应用所选的单元格格式（如单元格的底纹或字体颜色），即在所选的区域中将符合条件的单元格以一种格式显示，不符合条件的以另一种格式显示。

使用条件格式可以达到以下效果：突出显示所关注的单元格或单元格区域，强调异常值，使用数据条、颜色刻度和图标集来直观地显示数据。

**2. 设置条件格式**

对一个单元格或单元格区域应用条件格式的具体步骤为：选择单元格或单元格区域，单击【开始】选项卡【样式】组中的【条件格式】按钮，在弹出的菜单中，如图 3-16 所示，用户可根据需要进行选择设置。

图 3-16　"条件格式"菜单

【选项说明】

- **突出显示单元格规则**：用户可以设置大于、小于、介于、文本包含等条件规则。
- **项目选取规则**：用户可以根据单元格在区域内的排名或与平均值的关系设置数据的条件规则。
- **数据条**：可以使用内置样式设置条件规则，设置后会在单元格中以各种颜色显示数据的值，值越大数据条越长。
- **色阶**：可以使用内置样式为单元格添加颜色渐变，通过颜色指明每个单元格内的值在该区域内的位置。
- **图标集**：可以选择一组图标，用以代表所选单元格内的值。
- **新建规则**：用户可以在打开的【新建格式规则】对话框中，根据自己的需要来设定条件规则。
- **清除规则**：对于应用了条件格式的单元格和单元格区域，该命令可以清除选择区域中的条件规则，也可以清除此工作表中设置的所有条件规则。
- **管理规则**：用户可以在打开的【条件格式规则管理器】对话框中进行条件的管理和清除。

如果系统自带的条件格式没有合适的，用户可以自定义条件格式。

 案例描述

　　现有一 4S 店的 1、2 月汽车销售数据，我们需要将销量数据用数据条的形式表示出来，用户可以通过数据条的长短直观地看出销量的高低，在环比增长列通过箭头标识是增长（正数）、持平（0）还是降低（负数），效果如图 3-17 所示。

| | A | B | C | D | E | F |
|---|---|---|---|---|---|---|
| 1 | 车型 | 品牌 | 级别 | 1月销量 | 2月销量 | 环比增长 |
| 2 | Polo | 上海大众 | 小型 | 21805 | 21820 | 0.07% |
| 3 | QQ | 奇瑞 | 微型 | 21377 | 21459 | 0.38% |
| 4 | 奥拓 | 长安 | 微型 | 20565 | 20892 | 1.59% |
| 5 | 奔奔 | 长安 | 微型 | 20043 | 19960 | -0.41% |
| 6 | 捷达 | 一汽大众 | 紧凑型 | 19731 | 19604 | -0.64% |
| 7 | 凯越 | 别克 | 紧凑型 | 18167 | 17974 | -1.06% |
| 8 | 科鲁兹 | 雪佛兰 | 紧凑型 | 15172 | 15513 | 2.25% |
| 9 | 朗动 | 现代 | 紧凑型 | 15199 | 15323 | 0.82% |
| 10 | 迈腾 | 一汽大众 | 中型 | 14100 | 14001 | -0.70% |
| 11 | 帕萨特 | 上海大众 | 中型 | 13959 | 13920 | -0.28% |
| 12 | 起亚K2 | 起亚 | 小型 | 13436 | 13223 | -1.59% |
| 13 | 瑞纳 | 现代 | 小型 | 12560 | 12414 | -1.16% |
| 14 | 速腾 | 现代 | 紧凑型 | 4348 | 4346 | -0.05% |
| 15 | 新宝来 | 一汽大众 | 紧凑型 | 4471 | 4189 | -6.31% |
| 16 | 英朗 | 别克 | 紧凑型 | 3496 | 3203 | -8.38% |

图 3-17　案例效果

 案例分析

为 4S 店的 1、2 月汽车销售数据表设置条件格式的具体操作步骤如下。　　设置条件格式

（1）打开"汽车销售.xlsx"工作簿，在 Sheet1 中选择 D2:F16 区域。

（2）单击【开始】选项卡【样式】组中的【条件格式】按钮，在弹出的菜单中选择"数据条"。

（3）在级联菜单中，选择"渐变填充"中的橙色数据条，如图 3-18 所示。用户也可以根据自己的需要选择其他样式。

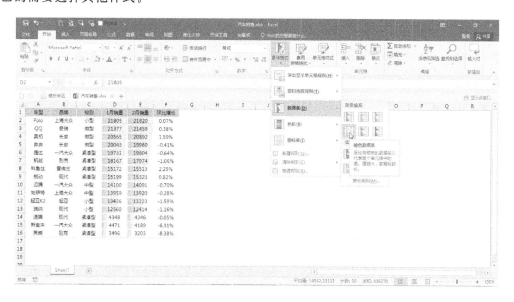

图 3-18　使用数据条设置条件规则

（4）选择 F2:F16 区域，单击【开始】选项卡【样式】组中的【条件格式】按钮，在弹出的菜单中选择"图标集"。

（5）在级联菜单中，选择"三项箭头（彩色）"按钮"⬆ ➡ ⬇"，此时默认的规则是：当区域中的数值＞＝67％时，为绿色上升箭头；当数值＞＝33％且＜67％时，为橙色水平箭头；当数值＜33％时，为红色下降箭头。

（6）选择 F2:F16 区域，单击【开始】选项卡【样式】组中的"条件格式"按钮，在弹出的菜单中选择"管理规则"，打开如图 3-19 所示的【条件格式规则管理器】对话框。

图 3-19  "条件格式规则管理器"对话框

（7）单击对话框中的【编辑规则】按钮，打开【编辑格式规则】对话框。

（8）在编辑规则说明组中，设置如下规则：当数值＞0（数字）时，为绿色上升箭头；当数值＞=0且＜=0（数字）时，为橙色水平箭头；当数值＜0 时，为红色下降箭头，如图 3-20 所示。

图 3-20  在"编辑格式规则"对话框中自定义规则

（9）单击对话框中【确定】按钮，返回至【条件格式规则管理器】对话框，再次单击【确定】按钮，即可实现案例效果。

## 思维拓展

将汽车品牌为大众的单元格，包括一汽大众和上海大众，设置为深红色、加粗字体效果。

（1）选择 B2：B16 区域，单击【开始】选项卡【样式】组中的【条件格式】按钮，在弹出的菜单中选择"突出显示单元格规则"。

（2）在弹出的级联菜单中选择"文本包含（T）…"命令，打开【文本中包含】对话框。

（3）在【为包含以下文本的单元格设置格式】文本框中输入"大众"，在【设置为】列表中选择"自定义格式"。

（4）在弹出的【设置单元格格式】对话框中，切换到【字体】选项卡，字形设置为"加粗"，颜色设置为"深红"，然后单击【确定】按钮，返回至【文本中包含】对话框，如图 3-21 所示。

图 3-21　"文本中包含"对话框

（5）单击【文本中包含】对话框中的【确定】按钮，即可完成格式设置，效果如图 3-22 所示。

| 车型 | 品牌 | 级别 | 1月销量 | 2月销量 | 环比增长 |
|---|---|---|---|---|---|
| Polo | 上海大众 | 小型 | 21805 | 21820 | 0.07% |
| QQ | 奇瑞 | 微型 | 21377 | 21459 | 0.38% |
| 奥拓 | 长安 | 微型 | 20565 | 20892 | 1.59% |
| 奔奔 | 长安 | 微型 | 20043 | 19960 | -0.41% |
| 捷达 | 一汽大众 | 紧凑型 | 19731 | 19604 | -0.64% |
| 凯越 | 别克 | 紧凑型 | 18167 | 17974 | -1.06% |
| 科鲁兹 | 雪佛兰 | 紧凑型 | 15172 | 15513 | 2.25% |
| 朗动 | 现代 | 紧凑型 | 15199 | 15323 | 0.82% |
| 迈腾 | 一汽大众 | 中型 | 14100 | 14001 | -0.70% |
| 帕萨特 | 上海大众 | 中型 | 13959 | 13920 | -0.28% |
| 起亚K2 | 起亚 | 小型 | 13436 | 13223 | -1.59% |
| 瑞纳 | 现代 | 小型 | 12560 | 12414 | -1.16% |
| 速腾 | 现代 | 紧凑型 | 4348 | 4346 | -0.05% |
| 新宝来 | 一汽大众 | 紧凑型 | 4471 | 4189 | -6.31% |
| 英朗 | 别克 | 紧凑型 | 3496 | 3203 | -8.38% |

图 3-22　突出显示单元格效果

### 3.1.3　数据验证

在向工作表中输入数据时，为了防止输入错误的数据，可以为单元格设置有效的数据范围，限制用户只能输入指定范围内的数据，这样可以极大地简化数据处理操作的复杂性。这一功能在 Excel 2013 以后的版本中称为"数据验证"，以前的版本中称为"数据有效性"。

Excel 的数据验证是从规则列表中进行选择以限制单元格中输入数据的类型的。其不仅能够对单元格的输入数据进行条件限制，还可以在单元格中创建下拉菜单方便用户选择输入。

**1. 设置验证条件**

设置数据有效性的操作步骤如下：选择需要设置数据有效性的单元格或单元格区域，单击【数据】选项卡【数据工具】组中的【数据验证】按钮，弹出【数据验证】对话框，在【设置】选项卡的【允许】下拉列表框中选择所需的数据格式，如图 3-23 所示。默认情况下，有效性条件为可输入任何值，即对输入数据不作任何限制。

图 3-23 "数据验证"对话框

【参数说明】

- 整数：指输入的数值必须为整数，而且可以限定整数的范围。
- 小数：指输入的数值必须为小数，而且可以限定小数的范围。小数验证条件下可以输入限制范围内的整数，但整数验证条件下则不可以输入小数。
- 序列：指为有效性数据指定一个序列，序列的内容可以是单元格引用、公式，也可以手动输入。
- 日期：指将数据输入限制为某时段内的日期，可以手动输入，也可以通过公式和函数设置起始日期和结束日期。
- 时间：和日期设置相同，指将数据输入限制为某时段内的时间。
- 文本长度：将数据输入限制为指定长度的文本。
- 自定义：使用自定义类型时，允许用户使用定义公式、表达式或引用其他单元格的计算值，来判定输入数据的有效性。

**2. 设置输入提示信息和出错警告**

设置输入提示信息可以提醒用户正确输入数据，减少工作当中的错误。在输入无效数据时，可以设置警告，Excel 包含了 3 种出错警告类型，分别为停止、警告、信息。

 案例描述

现要录入员工信息数据，为了防止输入超出指定范围的值，我们需要将入职日期设置为2000 年 1 月 1 日以后（公司成立于 2000 年 1 月 1 日）；联系方式设置为长度为 11 位的文本型

数据(手机号码为 11 位的文本);所属部门的允许值为人事部、财务部、市场部三个值。

 案例分析

数据验证

对员工信息表设置数据有效性的操作步骤如下。

(1)设置"入职日期"列数据有效性

① 打开"员工信息.xlsx"工作簿,如图 3-24 所示,选择 B2:B13 区域,单击【数据】选项卡
【数据工具】组中的【数据验证】按钮,弹出【数据验证】对话框。

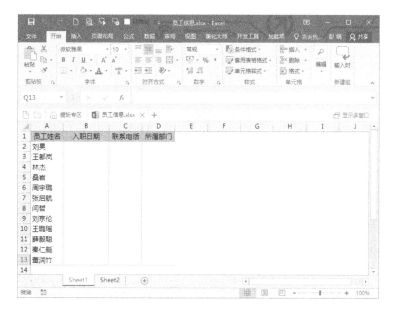

图 3-24　"员工信息.xlsx"工作簿

② 单击对话框中的【设置】选项卡,在【允许】下拉列表框中选择"日期",在【数据】下拉列
表框中选择"大于",在【开始日期】文本框中输入"2000/1/1",如图 3-25 所示。

图 3-25　设置"入职日期"验证条件

③ 切换至【输入信息】选项卡，设置"标题"为"请输入入职日期"，设置"输入信息"为"日期为2000年1月1日以后的日期"。

④ 切换至【出错警告】选项卡，在【样式】下拉列表框中选择"停止"。

⑤ 单击【确定】按钮。

之后，当选中B2单元格时，就会出现如图3-26(a)所示的提示信息；当输入的日期超出范围时，就会弹出如图3-26(b)所示的出错警告。

(a) 输入提示信息

(b) 出错警告

图3-26　提示信息

(2) 设置"联系电话"列数据有效性

选择"联系电话"列所在的数据区域C2:C13进行设置，其他操作步骤不再赘述，该区域的验证条件的设置方法为：在【允许】下拉列表框中选择"文本长度"，在【数据】下拉列表框中选择"等于"，在【长度】文本框中输入"11"，如图3-27所示。

(3) 设置"所属部门"列数据有效性

选择"所属部门"列所在的数据区域D2:D13，该区域的验证条件的设置方法为：在【允许】下拉列表框中选择"序列"，在【来源】文本框中输入"人事部,财务部,市场部"，如图3-28所示。

图3-27　设置"联系电话"验证条件　　　　图3-28　设置"所属部门"验证条件

若要清除验证条件，可以选中区域后，在【数据验证】对话框中单击【全部清除】按钮。

 思维拓展

如果已经输入了入职日期，那么如何快速检测这些数据是否符合要求呢？

可以通过"圈定无效数据"的功能将无效数据显示出来。"圈定无效数据"是指系统自动地将不符合要求的数据用红色的圈标注出来，以便查找和修改，具体操作步骤如下。

（1）打开"员工信息.xlsx"工作簿，选择 B2:B13 区域。

（2）单击【数据】选项卡【数据工具】组中的【数据验证】按钮，弹出【数据验证】对话框。

（3）单击对话框中的【设置】选项卡，在【允许】下拉列表框中选择"日期"，在【数据】下拉列表框中选择"大于"，在【起始日期】文本框中输入"2000/1/1"，单击【确定】按钮。

（4）返回工作表，选择 B2:B13 区域，单击【数据】选项卡【数据工具】组中的【数据验证】按钮右下角的下拉按钮，在弹出的下拉列表中选择"圈释无效数据"命令，此区域中的无效数据就会以红色的椭圆标注出来，如图 3-29 所示。

| | A | B | C | D |
|---|---|---|---|---|
| 1 | 员工姓名 | 入职日期 | 联系电话 | 所属部门 |
| 2 | 刘昊 | 2000/12/26 | | |
| 3 | 王都岚 | 2001/1/9 | | |
| 4 | 林杰 | 1999/7/21 | | |
| 5 | 桑岩 | 2000/3/30 | | |
| 6 | 周宇璐 | 1999/1/9 | | |
| 7 | 张启航 | 2000/1/27 | | |
| 8 | 闫哲 | 1998/2/4 | | |
| 9 | 刘京伦 | 2000/5/16 | | |
| 10 | 王璐瑶 | 1999/8/28 | | |
| 11 | 薛毅聪 | 2002/12/5 | | |
| 12 | 秦仁艇 | 1999/11/6 | | |
| 13 | 董润竹 | 2004/12/31 | | |

图 3-29　圈释无效数据

圈定了无效数据后，可以方便地找到并将它们修改为正确、有效的数据。如果想要清除圈定标注，可以通过以下方法。

方法 1：将无效数据改为正确、有效的数据，标注会自动清除。

方法 2：选择要清除标注的区域，单击【数据】选项卡【数据工具】组中的【数据验证】按钮右下角的下拉按钮，在弹出的下拉列表中选择"清除验证标识圈"命令，则标注被清除。

### 3.1.4　工作表的操作

工作表是 Excel 存储和管理数据的核心。数据输入、统计分析和图形处理等相关操作均是在工作表中进行的。只有熟练掌握工作表的基本操作，才能准确地完成数据的处理。

#### 1. 工作表的选择

一个工作簿有多张工作表，若要对某张工作表进行操作，需要选择该工作表。单击目标工作表的标签即可选择该工作表，被选定的工作表标签背景为白色，未被选定的工作表标签背景为灰色。

若工作表较多，工作表标签不能完全显示时，可以使用工作表标签滚动按钮进行前后翻页。

可根据情况同时对多张工作表进行操作。

按住 Shift 键，分别单击两个工作表标签，可选中这两张工作表及它们之间的所有工作表。

按住 Ctrl 键，依次单击多个工作表标签，可选中多张不连续的工作表。

选中后可实现同时对多张工作表的操作：如对选中的工作表同时进行页面设置；在选中的多张工作表中输入相同的数据；同时对多张工作表设置字体、字号、颜色，并进行单元格的合并等操作。

**2．工作表的重命名**

每张工作表都有自己的名称，默认情况下以 Sheet1、Sheet2、Sheet3……命名。用户可以对工作表进行重命名，为工作表重命名时，最好命名为与其内容相符的名称，这样通过工作表名称即可判断其中的数据内容，从而便于对数据表进行有效管理。

重命名工作表的方法有以下两种。

方法 1：双击要重命名的工作表标签，工作表的标签名为高亮度显示时，即可对其进行编辑；

方法 2：在要重命名的工作表标签上右击鼠标，在弹出的菜单中选择【重命名】，编辑完成后按 Enter 键确认输入。

**3．改变工作表标签颜色**

在 Excel 中，除了可以用重命名的方式区分同一工作簿中的工作表外，还可通过设置工作表标签颜色的方式来区分它们。具体操作步骤为：在要设置颜色的工作表标签上右击鼠标，在快捷菜单中选择"工作表标签颜色"，在级联菜单中，用户可以根据需要选择一种颜色。

**4．插入、删除工作表**

在编辑数据时，若工作表数量不够或有多余的工作表时，用户可以根据需要对工作表进行添加或删除操作。

插入工作表：单击工作表标签右侧的"新工作表"按钮"⊕"。

删除工作表：在需要删除的工作表标签上右击鼠标，在弹出的快捷菜单中选择【删除】命令。

**5．工作表的移动或复制**

在 Excel 中，可以在同一个工作簿中复制或移动工作表，也可在不同的工作簿之间复制或移动工作表。

（1）在同一个工作簿中复制或移动。单击要移动工作表的标签，按住鼠标左键并在工作表标签处拖动鼠标，会出现一个"▼"，它代表要移动到的位置，到达目标位置后释放鼠标，即可移动该工作表。按住 Ctrl 键的同时移动工作表，可实现复制工作表的操作。

（2）在不同工作簿间复制或移动。在不同工作簿间复制或移动工作表，需要源工作簿和目标工作簿都处于打开状态，然后在源工作簿中右击要复制或移动的工作表标签，在弹出的快捷菜单中选择"移动或复制工作表"命令，打开【移动或复制工作表】对话框。

在【将选定工作表移至工作簿】下拉列表框中设置目标工作簿，在【下列选定工作表之前】列表中设置工作表在目标工作簿中的位置，勾选【建立副本】复选框表示工作表的复制；如未勾选【建立副本】复选框，则将在不同工作簿间移动工作表。

**6．隐藏工作表**

有时需要将指定的工作表隐藏起来。用户可以在要隐藏的工作表标签上右击鼠标，在弹出的快捷菜单中选择【隐藏】命令。当前工作表随即被隐藏起来。

若要取消隐藏，在任意一个标签上右击，在弹出的快捷菜单中选择【取消隐藏】命令，在打开的【取消隐藏】对话框中选择要取消隐藏的工作表名称,单击【确定】按钮,隐藏的工作表随即被显示出来。

案例描述

新建一个工作簿"3.1 报表编辑.xlsx",分别将"新员工信息.xlsx"中的 Sheet1 工作表和"汽车销售.xlsx"中的 Sheet1 工作表复制到该工作簿中,并分别将工作表命名为"新员工信息"和"汽车销售"。

案例分析

本案例主要涉及工作表的复制与重命名,其具体操作步骤如下:

(1)启动 Excel,新建一个工作簿,单击【文件】选项卡中的【保存】命令,将其命名为"3.1 报表编辑.xlsx";

(2)打开工作簿"新员工信息.xlsx",在 Sheet1工作表标签上右击鼠标,在弹出的快捷菜单中选择"移动或复制工作表"命令,打开【移动或复制工作表】对话框;

(3)在【将选定工作表移至工作簿】下拉列表框中选择"3.1 报表编辑.xlsx",在【下列选定工作表之前】列表中选择工作表要放置的位置,这里选择Sheet1,勾选【建立副本】复选框,如图 3-30 所示,单击【确定】按钮,即可将"新员工信息.xlsx"中的Sheet1 工作表复制到"3.1 报表编辑.xlsx"中的Sheet1 工作表之前;

图 3-30　"移动或复制工作表"对话框

(4)双击"3.1 报表编辑.xlsx"工作簿中的 Sheet1(2)工作表标签,在标签名为高亮度显示时,输入"新员工信息",即可完成工作表的重命名;

(5)单击【快速访问工具栏】中的【保存】按钮,对"3.1 报表编辑.xlsx"工作簿进行保存。

用同样的方法将"汽车销售.xlsx"工作簿中的 Sheet1 工作表复制到"3.1 报表编辑.xlsx"工作簿中,并将该工作表命名为"汽车销售"。

思维拓展

工作完成后,为了保护好表格数据的完整性,防止误删,或被他人修改,我们需要对工作表进行保护。

选择要进行保护的工作表标签,右击标签,在弹出的快捷菜单中选择【保护工作表】命令,或者单击【开始】选项卡【单元格】组中的【格式】按钮,在下拉菜单中选择【保护工作表】命令。在弹出的【保护工作表】对话框里,如图 3-31 所示,勾选【保护工作表及锁定的单元格内容】,在【允许此工作表的所有用户进行】中勾选"选定锁定单元格"和"选定未锁定的单元格"两项,然后在【取消工作表保护时使用的密码】栏中输入密码,从而实现对工作表的保护,用户也可以根据需要在【保护工作表】对话框中勾选其他保护内容。

图 3-31 "保护工作表"对话框

如果要取消工作表的保护,则右击该工作表标签,在弹出的快捷菜单中选择【撤销工作表保护】命令,打开【撤销工作表保护】对话框,在其中输入保护密码,单击【确定】按钮即可。

## 3.2 公式与函数

Excel 是一款具有强大计算功能的电子表格软件,利用 Excel 的公式和函数可以对表格中的数据进行各种计算和处理,从而提高我们的工作效率及计算的准确率。Excel 公式和函数的核心价值是确立数据之间的关联关系,并且使用新的数据(结果)描述处理,本节就来具体介绍公式和函数的使用方法。

### 3.2.1 公式应用

能够应用公式计算,是 Excel 异于普通制表软件的一个特点。Excel 中的"公式"是指能在单元格中执行计算命令的等式,是 Excel 一个重要的组成部分。任何公式的创建都必须以等号"="开头,即公式是以"="为引导进行数据运算处理并返回结果的。

Excel 公式中"="之后是参与计算的各个元素和运算符,元素可以是常量、函数、单元格引用和单元格区域引用等,例如,=(A3+A8)/3。在公式中,运算符是用来阐述运算对象该进行怎样操作,从而进行特定类型的计算。

**1. 单元格引用**

单元格地址通常是由该单元格位置所在的列号和行号组合而成的,用来指明单元格在工作表中的位置,如 A1、D5 和 E3 等。在 Excel 中有 4 种引用类型,分别是相对引用、绝对引用、混合引用、三维引用,各类引用具有不同的特性,进行数据处理时,用户可根据需要在公式和函数中采用不同的单元格引用。

(1) 相对引用:当把一个含有单元格地址或区域地址的公式复制到新的位置时,公式中的单元格地址或区域地址会随之改变,公式的值将会依据改变后的单元格或区域的值重新计算。Excel 默认的单元格引用方式为相对引用。相对引用的单元格地址用列号和行号表示,比如,A1。

公式中使用相对引用,当向下拖动填充柄填充公式时,公式中的引用单元格地址会随单元格的变化而变化。

(2) 绝对引用:是指公式被复制时,公式中的单元格地址或区域地址不随着公式位置的改变而发生改变。在行号和列号之前加上"＄"符号,凡是带"＄"符号的为绝对引用的地址,否则为相对引用的地址。例如,＄A＄1 就是一个绝对引用地址。

(3) 混合引用:如果把单元格地址或区域地址表示为部分是相对引用,部分是绝对引用,如行号为相对引用,列标为绝对引用,或者行号为绝对引用,列标为相对引用,这种引用称为混合引用。例如,单元格地址"＄B3"和"A＄5",前者表明在公式复制时保持列号不变,而行号会随着公式行位置的变化而变化;后者表明在复制公式时保持行号不变,而列号会随着公式列位置的变化而变化。

(4) 三维引用:是指引用其他工作表中单元格的数据,三维引用的格式为"工作表名! 单元格地址"。如果要分析同一工作簿中多张工作表上的数据,就要使用三维引用。例如,公式放在工作表 Sheet1 的 C6 单元格,要引用工作表 Sheet2 的"A1:A6"和 Sheet3 的"B2:B9"区域进行求和运算,则公式中的引用形式为"＝SUM(Sheet2! A1:A6,Sheet3! B2:B9)"。三维引用中不仅包含单元格或区域引用,还要在前面加上末尾带"!"的工作表名称。

**2. 运算符**

运算符一般包括比较运算符(表 3-1)、引用运算符(表 3-2)、算术运算符(表 3-3)和文本连接运算符。

表 3-1　比较运算符的类型及其作用

| 比较运算符 | 作用 |
| --- | --- |
| ＝ | 用于判断运算符两侧的操作数是否相等 |
| ＞ | 用于判断运算符左侧的操作数是否大于右侧的操作数 |
| ＜ | 用于判断运算符左侧的操作数是否小于右侧的操作数 |
| ＞＝ | 用于判断运算符左侧的操作数是否大于等于右侧的操作数 |
| ＜＝ | 用于判断运算符左侧的操作数是否小于等于右侧的操作数 |
| ＜＞ | 用于判断运算符两侧的操作数是否不相等 |

表 3-2　引用运算符的类型及其作用

| 引用运算符 | 作用 |
| --- | --- |
| : | 表示引用两个单元格及单元格之间的区域 |
| , | 表示将多个引用合并为一个应用 |

表 3-3　算术运算符的类型及其作用

| 算术运算符 | 作用 |
| --- | --- |
| ＋ | 用于操作数的加法运算 |
| － | 用于操作数的减法运算 |
| ＊ | 用于操作数的乘法运算 |
| ／ | 用于操作数的除法运算 |
| ％ | 用于操作数的百分比运算 |
| ＾ | 用于操作数的乘方运算 |

其中,文本连接符用"&"来表示,用于连接运算符两侧的文本,如,＝C1&D1 返回结果为"西安欧亚学院",如图 3-32 所示。

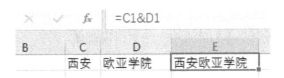

图 3-32　文本运算符计算结果

不同的运算符具有不同的优先级,对于算术运算符而言,同级运算符的优先顺序为负数→百分比→乘方→乘和除→加和减。

如果一个公式中同时包含多种运算符,Excel 将遵循从高到低的优先级进行运算,相同优先级的运算符,将遵循从左到右的原则进行运算,运算符的优先顺序(从高到低)为:引用运算符→算术运算符→文本连接运算符→比较运算符。

写公式,就是一个拼装思路的过程。无论什么问题,只要找到了解决问题的思路,确定了解决问题的基本步骤和基本方法,公式也就水到渠成了。

每月月末,物业公司财务人员需要根据住户实际表数,计算出本月小区业主应缴纳的电费、水费并统计出每位业主应缴纳的费用总计,部分数据如下图 3-33 所示。

| 门牌号 | 户主 | 物业费 | 电费 | | | | 水费 | | | | 总计 |
|---|---|---|---|---|---|---|---|---|---|---|---|
| | | | 上月表底 | 本月表底 | 用电量 | 电费 | 上月表底 | 本月表底 | 用水量 | 水费 | |
| A1-01 | 刘建军 | 221 | 239 | 334 | | | 454 | 477 | | | |
| A1-02 | 张丽媛 | 325 | 754 | 865 | | | 345 | 567 | | | |
| A1-03 | 李面 | 178 | 472 | 634 | | | 412 | 687 | | | |
| A1-04 | 王爱媛 | 243 | 421 | 589 | | | 345 | 864 | | | |
| A1-05 | 何佳丽 | 138 | 216 | 345 | | | 478 | 895 | | | |
| A1-06 | 方成坤 | 532 | 156 | 421 | | | 265 | 456 | | | |
| A1-07 | 杨晓阳 | 234 | 378 | 634 | | | 231 | 612 | | | |
| A1-08 | 许笑笑 | 352 | 265 | 487 | | | 356 | 514 | | | |
| A1-09 | 王涛 | 123 | 123 | 342 | | | 453 | 487 | | | |
| A1-10 | 李利 | 213 | 122 | 455 | | | 322 | 443 | | | |
| A1-11 | 许维恩 | 166 | 333 | 398 | | | 33 | 78 | | | |
| A1-12 | 马民 | 221 | 432 | 544 | | | 234 | 288 | | | |
| A1-13 | 丛林 | 123 | 23 | 65 | | | 221 | 288 | | | |
| A1-14 | 张文 | 213 | 124 | 343 | | | 321 | 354 | | | |
| A1-15 | 江水 | 166 | 324 | 456 | | | 33 | 78 | | | |

家和物业公司管理系统

电费单价 0.49　水费单价 3.5

图 3-33　物业公司部分数据

通过表中数据,已知"本月表底""上月表底"和"物业费",那么"用电量"和"用水量"就是"本月表底"与"上月表底"的差值,"总计"为"物业费""水费"和"电费"三者之和。在公式输入时,用单元格地址替代具体单元格数值,我们先计算户主"刘建军"的相关费用,操作步骤如下。

（1）选定 F5 单元格。

（2）输入公式：＝E5－D5。

（3）拖动填充柄复制公式，计算其他户主的"用电量"。

（4）选定 G5 单元格，电费＝用电量＊电费单价，即 G5＝F5＊B21 输入公式：＝F5＊B21。

在拖动填充柄进行上述公式复制时，注意观察计算结果是否正确。Excel 中单元格地址默认为相对引用，因此，在复制公式时会发生改变，而在本案例中电费单价所对应的单元格地址不变，所以用绝对引用将公式修改为：＝F5＊＄B＄21。（思考：计算电费的公式还可以怎么表达？）同理，计算出水费。

（5）选定 L5 单元格，输入＝C5＋G5＋K5，复制公式即可计算完成。

**思维拓展**

如何用 Excel 公式制作九九乘法表？

制作完成后的效果如下图 3-34 所示：

| | A | B | C | D | E | F | G | H | I | J |
|---|---|---|---|---|---|---|---|---|---|---|
| 1 | | 1 | 2 | 3 | 4 | 5 | 6 | 7 | 8 | 9 |
| 2 | 1 | 1*1=1 | | | | | | | | |
| 3 | 2 | 1*2=2 | 2*2=4 | | | | | | | |
| 4 | 3 | 1*3=3 | 2*3=6 | 3*3=9 | | | | | | |
| 5 | 4 | 1*4=4 | 2*4=8 | 3*4=12 | 4*4=16 | | | | | |
| 6 | 5 | 1*5=5 | 2*5=10 | 3*5=15 | 4*5=20 | 5*5=25 | | | | |
| 7 | 6 | 1*6=6 | 2*6=12 | 3*6=18 | 4*6=24 | 5*6=30 | 6*6=36 | | | |
| 8 | 7 | 1*7=7 | 2*7=14 | 3*7=21 | 4*7=28 | 5*7=35 | 6*7=42 | 7*7=49 | | |
| 9 | 8 | 1*8=8 | 2*8=16 | 3*8=24 | 4*8=32 | 5*8=40 | 6*8=48 | 7*8=56 | 8*8=64 | |
| 10 | 9 | 1*9=9 | 2*9=18 | 3*9=27 | 4*9=36 | 5*9=45 | 6*9=54 | 7*9=63 | 8*9=72 | 9*9=81 |

图 3-34 九九乘法表

行和列的数值为 1～9，因为图中要求不止出现计算结果，还要有行乘以列的表达式，所以在输入公式时要使用文本连接符"&"，复制公式时，行和列需要根据题意进行有规律的变化，所以单元格地址要采用混合引用。

（1）A2～A10，B1～J1 单元格分别输入数字 1～9（思考：如何快速输入数字 1～9）

（2）B2 单元格输入公式"＝B＄1&"＊"&＄A2&"="&B＄1＊＄A2"

Excel 中默认为单元格地址的相对引用，在进行公式复制时，行、列号会发生相应改变。公式在列上填充时，单元格地址中的列号不改变；在行上填充时，单元格地址中的行号不改变。以 B2 单元格中的 1＊1＝1 为例，表达式直接输入"＝B1&"＊"&A2&"="&B1＊A2"，如果要进行公式的复制，根据题目要得出的结果，B1 单元格中的列号 1 和 A2 单元格的行号 A 必须保持不变，所以需要在保持不变的列号和行号前面添加引用符"＄"。其中"＊"和"＝"为文本，所以在表达式中添加英文引号。

（3）拖动填充柄填充相应区域。

### 3.2.2 函数应用

函数和公式是彼此相关但又完全不同的两个概念。

Excel 中的函数是预先定义好的公式，通过使用一些称为参数的特定数值按特定的顺序或结构执行计算。利用函数可以完成各种复杂的运算,给用户处理数据带来极大便利。函数由函数名和相应的参数组成,函数名由系统规定用户不能改变,参数在圆括号内,在函数名后。

**1. 函数语法形式**

函数名(参数 1,参数 2……),如图 3-35 所示。

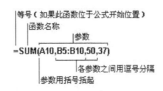

图 3-35　函数结构

参数可以是一个或多个,如果有多个参数,每两个参数之间用逗号分隔。极个别的函数没有参数,称为无参函数。对于无参函数,函数名后面的圆括号不能省略。函数的参数类型有常量、数组、单元格引用、逻辑值、错误值或嵌套函数等,它们各自的含义如下。

- 常量:是指在计算过程中不会发生改变的值,如数字"123",文本"通识教育"等。
- 数组:用来创建可生成多个结果,或者对行和列中所排列的一组参数进行计算的单条公式。
- 单元格引用:与公式表达式中的单元格引用的含义相同。
- 逻辑值:即真值(TRUE)或假值(FALSE)。
- 错误值:即形如"♯N/A""♯DIV/0!"等的值。
- 嵌套函数:是指将函数作为另一个函数的参数使用,最多可以包含 7 级嵌套函数。

**2. 函数的类型**

Excel 提供了多种函数类型,如财务、逻辑、文本、日期和时间、查找与引用、数字和三角函数等。不同类型的函数,其作用也不相同,表 3-4 列举了按照函数功能来划分的各类函数。

表 3-4　函数类型及功能

| 函数类型 | 功能 | 举例 |
| --- | --- | --- |
| 财务函数 | 计算财务方面的相应数据 | RMT(),ACCRINT() |
| 逻辑函数 | 测试是否满足条件,并根据判断结果返回值 | AND(),IF() |
| 文本函数 | 处理公式中的文本字符串 | CHAR(),MID() |
| 日期和时间 | 分析或处理公式中与日期和时间有关的数据 | DAY(),HOUR() |
| 查找和引用 | 查找或引用列表、表格中的指定值 | CHOOSE(),VLOOKUP() |
| 数学和三角 | 计算数学和三角函数方面的数据,三角函数采用弧度作为角的单位 | ACOS(),ABS() |

除了上述表格中列举的函数外,Excel 还提供了统计函数、工程函数、多维数据集函数、信息和工程函数等。

**3. 函数使用**

(1)使用函数向导

对于一些比较复杂的函数或参数比较多的函数,用户往往不清楚如何输入函数表达式,此时可以通过函数向导来完成函数的输入。选择【公式】选项卡,单击【插入函数】按钮,在打开的对话框中选择函数类别,完成函数选择后单击【确定】按钮,如图 3-36 所示。在【函数参数】对话框中,按要求输入相应参数,完成设置后,单击【确定】按钮即可,如图 3-37 所示。

图 3-36　"插入函数"对话框

图 3-37　"函数参数"对话框

（2）直接输入

手动输入函数利用的是系统提供的公式输入记忆功能。在 Excel 中,默认情况下该功能是启动的,当用户在单元格内输入"="和函数名的前一个或多个字母后,系统会自动弹出一个下拉列表框,将查找到的匹配函数显示出来,此时只需双击函数名即可插入。

另外,在【公式】选项卡的【函数库】功能组中单击【自动求和】下拉按钮,可快速插入常用的函数,这些函数包括求和、平均值、计数、最大值和最小值函数,如图 3-38 所示。

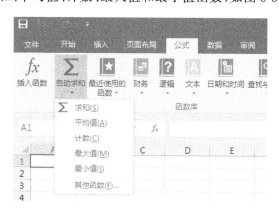

图 3-38　"自动求和"项中的常用函数

 案例描述

销售业绩是指销售人员在一个时间段或者阶段开展销售业务的收益总结,是开展销售业务后实现销售净收入的结果。如图 3-39 所示,需要根据数据统计业务数量,核对出净收入结果,同时,为了激励销售人员的工作积极性,在工资构成中有奖金,奖金会依据销售额进行分配,当销售额超过 30 万时,奖励奖金 1000 元。加班费按一天 100 元发放。

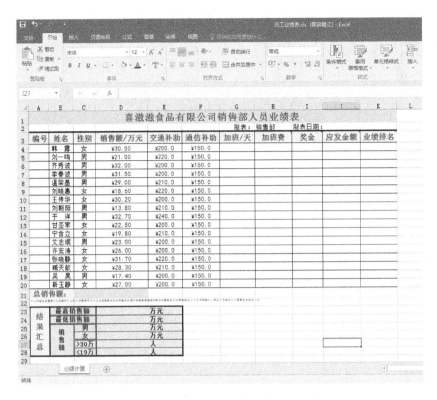

图 3-39　销售业绩统计表

 案例分析

根据案例描述,需要计算"加班费""奖金""应发金额"和"销售排名"。"奖金"依据销售额不同而有差异,可用 IF 函数进行计算;"应发金额"是求和运算,可用 SUM 函数;"业绩排名"是对销售额由高到低进行排序,可用 RANK 函数。因为函数公式可以复制,所以选定姓名为"韩露"的员工,对其相应数据进行运算,其他员工的数据通过采用填充柄填充复制公式即可进行运算。

操作步骤:

(1) 加班费按天数计算,选定 H4 单元格输入"＝G4＊100";

(2) 销售额＞＝30 万,奖金奖励为 1000 元。单击【公式】选项卡中的【插入函数】按钮,在弹出的【插入函数】对话框中选择 IF 函数,如图 3-40 所示,然后单击【确定】。

根据需求在打开的 IF 函数参数对话框中输入相应参数。

IF 函数解析:根据指定的条件来判断其"真(TRUE)""假(FALSE)",然后根据逻辑计算的真假值,返回相应的内容。

语法结构为 IF(Logical_test,Value_if_true,Value_if_false),其中 Logical_test 表示计算结果为"TRUE"或"FALSE"的任意值或表达式,即判断条件,Value_if_true 为条件满足时返回的值,Value_if_false 为条件不满足时返回的值。根据本案例的奖金设计要求,参数的设置如图 3-41 所示。

请大家思考,本案例中要返回正确结果,IF 中的参数还可以怎么表示?

图 3-40　插入 IF 函数

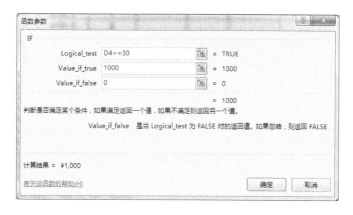

图 3-41　IF 函数参数设置

（3）在 J4 单元格插入 SUM 函数。

SUM 函数解析：返回某一单元格区域中所有数据之和。

语法结构为 SUM（Number1，Number2……），其中参数可以为单元格引用，单元格区域，常数或数组。如果参数为数组或引用，则只有数组或引用中的数字被计算，空白单元格、逻辑值、文本被忽略；如果参数为错误值或不能转换成数字的文本，将显示错误，如表 3-5 所示。

表 3-5　SUM 函数参数类型及说明

| 参数类型 | 公式显示 | 说明 |
|---|---|---|
| 单个数值 | ＝SUM(9) | 直接输入单个数值求和 |
| 多个数值 | ＝SUM(2,8) | 直接输入多个数值求和，参数间用逗号隔开 |
| 单元格引用 | ＝SUM(B2) | 引用单元格求和 |
| 单元格区域 | ＝SUM(B2:B4) | 单元格区域求和 |

| 参数类型 | 公式显示 | 说明 |
|---|---|---|
| 单元格区域 | =SUM(B2:B3,B4:B5) | 多单元格区域求和,参数间用逗号隔开 |
| 单元格区域 | =SUM(B2:B5 B3:B6) | 交叉单元格区域求和,区域间用空格隔开 |
| 数组 | =SUM(1,2,3,TRUE,"高效") | 数组中的逻辑值、文本将被忽略 |

与 SUM 函数结构类似的函数还有其他几个,具体功能可参见表 3-6。

表 3-6　与 SUM 函数结构类似的其他函数

| 函数 | 功能 |
|---|---|
| MIN() | 返回一组数值中最小的值 |
| MAX() | 返回一组数值中最大的值 |
| AVERAGE() | 返回参数的算术平均值 |
| COUNT() | 计算区域中包含数字的单元格的个数 |

在本案例中"应发金额"应为交通补助、通信补助、加班费和奖金之和,所以在 SUM 函数参数对话框中,参数设置如图 3-42 所示。

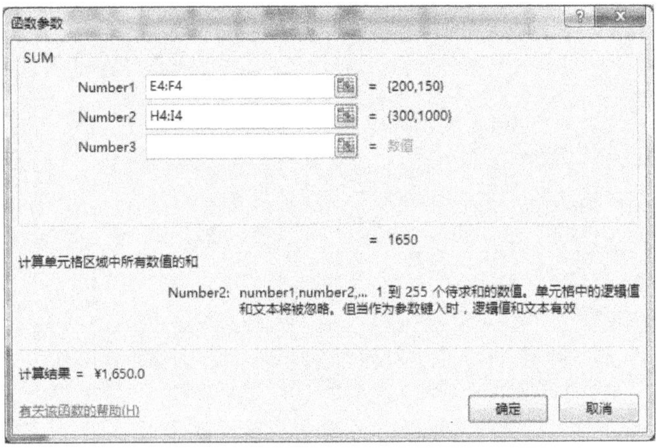

图 3-42　SUM 函数参数设置

除【插入函数】外,Excel 的【公式】选项卡中的【自动求和】按钮可以方便地进行求和、计数,以及对最大值、最小值和平均值的计算。

(4) 在 K4 单元格中插入 RANK 函数,根据销售额计算员工排名。

RANK 函数解析:排名函数,最常用的是求某一个数值在某一区域内的排名。

语法形式为 RANK(Number,Ref,[Order]),函数名后面的参数中 Number 为需要求排名的那个数值或者单元格名称(单元格内必须为数字),Ref 为排名的参照数值区域。Order 为零或忽略时,表示降序;Order 为非零值时,表示升序。

在本案例中 RANK 函数参数设置如图 3-43 所示。因为在排名时,数字 Number 的参照区域 D4:D20 是不变的,所以 Ref 中使用单元格地址的绝对引用。

(5) 将上述公式或函数向下填充,即可计算出其他员工的相应数据。

(6)"总销售额""最高销售额"和"最低销售额"选用 SUM、MAX 和 MIN 函数,计算方法可参考步骤(3)。

图 3-43 RANK 函数参数设置

(7)计算男性销售员的总销售额,选定 D25 单元格,在【公式】选项卡【插入函数】中选择 SUMIF 函数。

SUMIF 函数解析:条件求和函数,对符合指定条件的单元格求和。

语法形式为 SUMIF(Range,Criteria,Sum_range)。Range 为条件区域,用于条件判断单元格区域。Criteria 为判断条件,用于确定哪些单元格将被求和,其形式可以为数字、文本、表达式或单元格内容。例如,条件可以表示为 32、"32"、">32"、"apples"或 A1,条件还可以使用通配符,问号"?"和星号"*",如需要求和的条件为第二个数字为 2 的,可表示为"?2*",从而简化公式设置。Sum_range 为实际求和区域,可以是需要求和的单元格、区域或引用。当省略第三个参数时,则条件区域就是实际求和区域。本案例中 SUMIF 参数设置如图 3-44 所示。

图 3-44 SUMIF 函数参数设置

同理,将 Criteria 参数设置为"女"就可以计算女销售员的总销售额。

(8)统计销售额大于 30 万的人数,选定 D27 单元格,在【公式】选项卡【插入函数】中选择 COUNTIF 函数。

COUNTIF 函数解析:对指定区域中符合指定条件的单元格计数。

语法形式为 COUNTIF(Range,Criteria),其中 Range 是要计算其中非空单元格数目的区域;Criteria 以数字、表达式或文本形式定义的条件。

本案例中 COUNTIF 函数的参数设置如图 3-45 所示。

图 3-45　COUNTIF 函数参数设置

同理,将 Criteria 的条件设置为"<19",即可计算出正确结果。

 思维拓展

在上述案例中,奖金只分两个等级,销售额大于等于 30 万和小于 30 万。如果将销售额再细分区间等级,使奖金根据不同销售额区间返回不同值,具体分配如表 3-7 所示:

表 3-7　奖金分配表

| 销售额 | 奖金 |
| --- | --- |
| >=30 万 | 1000 |
| 19-30 万 | 500 |
| <19 万 | 0 |

此时,就要使用 IF 函数嵌套来实现,当判断条件 D4>=30 满足时,Value_if_true 返回值为 1000 元,Value_if_false 返回值需要用 IF 函数来表示,具体设置如图 3-46 所示。

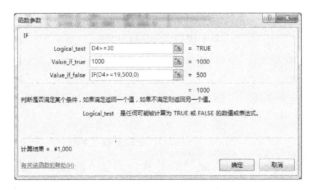

图 3-46　IF 函数嵌套时参数设置

### 3.2.3　VLOOKUP 函数

VLOOKUP 是一个查找函数,VLOOKUP 中的"V"代表垂直,它的功能就是在表格数组

的首列查找指定的值,并由此返回表格数组当前行中其他列的值。

VLOOKUP 函数的语法是:VLOOKUP(Lookup_value,Table_array,Col_index_num,Range_lookup)。

其中,Lookup_value 是查找值,Table_array 代表查找区域,Col_index_num 是表示区域中第几列,Range_lookup 表示查找方式。

Range_lookup 查找方式分为两种:模糊查找和精确查找。

- 模糊查找:Table_array 第一列中的值必须以升序排序,否则 VLOOKUP 可能无法返回正确的值,模糊查找 Range_lookup 的值为"TRUE"或"1"。
- 精确查找:Table_array 第一列中的值无需按升序排序,精确查找 Range_lookup 的值为"FALSE"或"0"。在实际运用中,大都使用精确查找。

下面通过案例来理解 VLOOKUP 函数的功能及参数设置。

 案例描述

本案例中,需要在查询区域,根据在列表中选取员工姓名来查询员工月考的总成绩和排名信息,具体数据可参见图 3-47 所示。

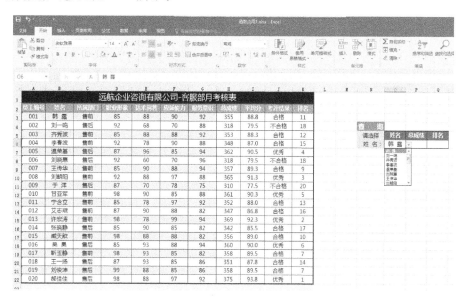

图 3-47　公司月考核表部分数据

 案例分析

VLOOKUP 函数

案例中按"姓名"来查找,所以 Lookup_value 为 O6 单元格中的内容,需要注意的是第二个参数"Table_array"必须选择以查找项为首列的表格区域;第三个参数"Col_index_num"为第二个参数所在区域中的列号;第四个参数用"0"表示精确查找。本案例中"姓名"选项可使用数据有效性,做出上图效果。

操作步骤如下:

（1）选中 P6 单元格,在【公式】选项卡的【插入函数】对话框中选择"VLOOKUP",打开【函数参数】对话框;

（2）将 Lookup_value 参数设置为 O6 单元格;

（3）Table_array 参数为查找区域,查找项为"姓名"必须为查找区域的第一列,所以选择 B2:K22 区域;

（4）Col_index_num 根据分析设置列号,返回的"总成绩"为 B2:K22 区域的第 7 列;

（5）Rang_lookup 在本例中为精确查找,设置为"0",4 个参数设置如图 3-48 所示。

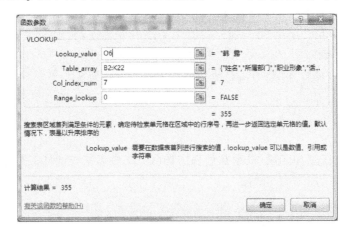

图 3-48　VLOOKUP 函数参数设置

同理,可计算出"排名"。

### 3.2.4　公式返回的错误值

虽然 Excel 对公式有自我查错和纠错的能力,但它却并不能发现公式中可能存在的所有错误,也不是对所有错误都能给出正确的修改意见。

鉴于此,很多时候都需要手动查找和修正公式中可能存在的错误,这就需要先了解公式可能存在的错误及错误产生的原因。Excel 中常见的错误值有 8 种,见表 3-8。

表 3-8　常见错误

| 序号 | 错误值 | 原因 |
| --- | --- | --- |
| 1 | #DIV/0! | 在公式中使用了数值 0 作除数 |
| 2 | #VALUE! | 在公式中使用了错误类型的数据 |
| 3 | #N/A | 提供的数据可能对函数或公式不可用 |
| 4 | #NUM! | 设置了无效的数值型函数参数 |
| 5 | #REF! | 公式中使用了无效的引用 |
| 6 | #NAME? | 公式中包含 Excel 不认识的文本字符 |
| 7 | #NULL! | 引用的多个区域没有公共区域 |
| 8 | ############# | 列宽不够或输入了不符合逻辑的数值 |

**1. "#DIV/0!"错误**

"0"不能作为除数,在 Excel 中也不例外。有一点需要注意,在算术运算中,公式中引用的空单元格会被当作数值"0"处理,如果将空单元格设置为除数,那么公式也会返回"#DIV/0!"错误,如图3-49所示。

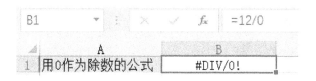

图3-49 "#DIV/0!"错误

**2. "#VALUE!"错误**

在Excel中,不同类型的数据能进行的运算也不完全相同。例如,在计算中将字符串"西安欧亚学院"和数值"564"相加,Excel就会通过返回值"#VALUE!"进行提醒,如图3-50所示。

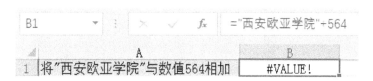

图3-50 "#VALUE!"错误

**3. "#N/A"错误**

公式返回"#N/A"错误,可能是因为函数或公式缺少可用的数据。常见的情况是,当VLOOKUP、HLOOKUP等函数无法查询到与查找值匹配的数据时,就会返回错误值"#N/A",如图3-51所示。

图3-51 "#N/A"错误

**4. "#NUM!"错误**

如果函数中有数值参数,但用户设置了一个无效的数值,函数就会返回"#NUM!"错误,如图3-52所示。

图3-52 "#NUM!"错误

此外,当公式返回结果超出 Excel 可处理的数值范围,公式也会返回"♯NUM!"错误。Excel 只能处理介于$-10\times10^{307}$和$10\times10^{307}$之间的数。

**5."♯REF!"错误**

返回"♯REF!"错误的原因有两种:一是删除了原来公式中引用的单元格;二是在公式中引用了一个根本不存在的单元格。

**6."♯NAME?"错误**

如果公式中的文本字符没有英文半角双引号,而这个文本既不是函数名,也不是单元格引用或定义的名称,那公式就会返回"♯NAME?"错误,如图 3-53 所示。

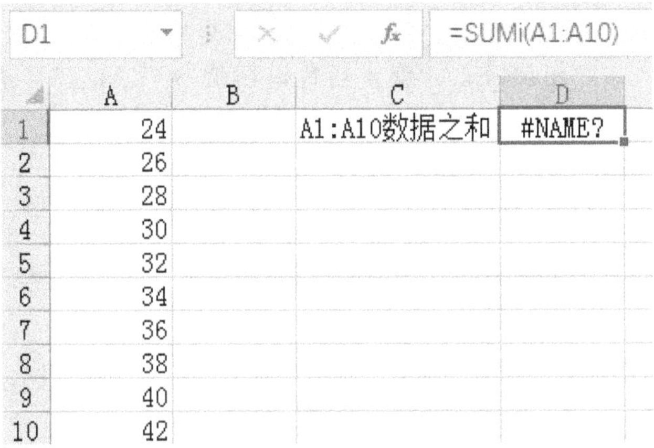

图 3-53 "♯NAME?"错误

**7."♯NULL!"错误**

当返回值为"♯NULL!"时,可能因为在公式中使用了交叉运算符,但运算符左右两边的区域没有公共部分。

**8."♯♯♯♯♯♯♯♯"错误**

如果单元格中的数值位数较多而列宽较小,Excel 就会在单元格中显示错误值"♯♯♯",要解决这一问题,只需调整单元格所在列的列宽即可。

此外,如果输入的数值不符合逻辑,也会显示错误值"♯"。例如,日期和时间都是正数,输入负数后,就会显示返回值"♯"。

知道 Excel 返回错误值的原因有助于在公式计算中避免不必要的错误,我们不必去死记这些错误值,因为 Excel 会对单元格中的公式进行错误检查,如果公式返回错误值,那么可以选中公式所在的单元格,Excel 会在单元格旁边显示一个错误检查按钮,如图 3-54 所示。

## 3.2.5 合并计算

所谓合并计算是指,可以通过合并计算的方法来汇总一个或多个源区中的数据。要想合并计算数据,首先必须为汇总信息定义一个目标区,用来显示摘录的信息。此目标区域可位于与源数据相同的工作表,与可位于另一个工作表上或另一个工作簿内。其次,需要选择要合并计算的数据源,此数据源可以来自单个工作表、多个工作表或多重工作簿。在合并计算时,不需要打开包含源区域的工作簿。

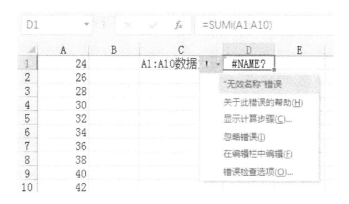

图 3-54 错误检查按钮

Microsoft Excel 提供了三种合并计算数据的方法:一是通过公式,对于所有类型或排列的数据,推荐使用公式中的三维引用;二是通过位置,如果要合并几个区域中相同单元格里的数据,可以根据位置进行合并;三是通过分类,如果包含几个布局不同的区域,并且计划合并包含匹配标志的行或列中的数据,可以根据分类进行合并。

**1. 通过公式来合并计算数据**

(1) 在合并计算工作表上,复制或输入待合并计算数据的标志。

(2) 单击用来存放合并计算数据的单元格。

(3) 键入合并计算公式,公式中的引用应指向每张工作表中包含待合并数据的源单元格。

例如,若要合并 Sheet2 到 Sheet7 的单元格 B3 中的数据,请输入"= SUM(Sheet2: Sheet7! B3)"。如果要合并的数据在不同的工作表的不同单元格中,请输入"= SUM(Sheet3! B4,Sheet4! A7,Sheet5! C5)"。如果不想使用手动输入的方式,可以在需要使用引用处输入"=SUM()"后,单击工作表选项卡,再单击单元格。

注意:工作表的引用使用符号"!"

**2. 通过位置来合并计算数据**

通过位置来合并计算数据是指在所有源区域中的数据被相同地排列,也就是说从每一个源区域中合并计算的数值必须在被选定的源区域相同的相对位置上。这种方式非常适用于日常相同表格的合并工作。

例如,总公司将各分公司的报表合并形成一个整个公司的报表。再如,税务部门将不同地区的税务报表合并形成一个市的总税务报表等。

**3. 通过分类来合并计算数据**

当多重来源区域包含相似的数据却以不同方式排列时,此命令可使用标记,依不同分类进行数据的合并计算。也就是说,当选定的格式表格具有不同的内容时,可以根据这些表格的分类来分别进行合并。

例如,某公司共有两个分公司,它们分别销售不同的产品,总公司要得到完整的销售报表时,就必须使用"分类"来合并计算数据。

 案例描述

家家福商场有 4 个分店,分别为雁塔分店、碑林分店、高新分店和曲江分店。现要将家家

福商场上半年各个分店的营业额进行汇总统计出整个公司的业绩报表,部分数据如图 3-55 所示。

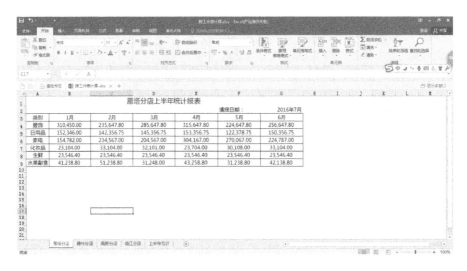

图 3-55　家家福商场各分店数据表

 案例分析

合并计算

根据案例描述,要计算家家福商场总计,就是要将各分店的营业额进行汇总,我们可以采用"合并计算"来完成。

操作步骤如下。

(1)"上半年总计"为合并计算后的结果数据放置目的工作表,选定该工作表中任意一单元格,如图 3-56 所示。

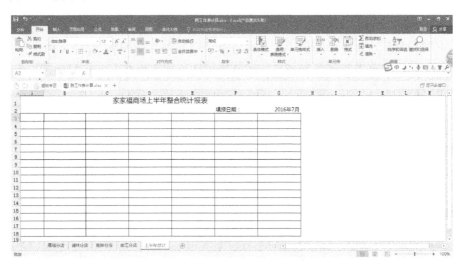

图 3-56　"上半年总计"统计表

(2)执行【数据】选项中的【合并计算】命令,出现一个如图 3-57 的【合并计算】对话框。

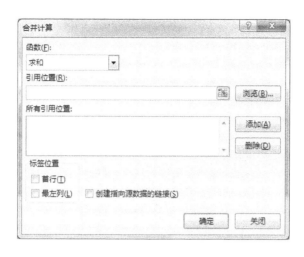

图 3-57　"合并计算"对话框

（3）在【函数】框中，选定用来合并计算数据的汇总函数，本例中选择"求和"即 SUM 函数。

（4）在【引用位置】框中，输入要进行合并计算的数据源区域。单击工作表标签"雁塔分店"在工作表中选定源区域，该区域的单元格引用将出现在【引用位置】框中，单击【添加】按钮，同理，重复上述步骤即可选择其他分店数据，如图 3-58 所示。

图 3-58　"合并计算"的各项设置

（5）因为在目标单元格区域中没有标题行和左侧的分类，所以，在【合并计算】对话框中需要选择【首行】和【最左列】选项，系统会自动生成标题行和最左列内容，单击【确定】按钮，即可得到合并计算的结果，如图 3-59 所示。

对于合并计算，我们还可以将保存在不同工作簿中的工作表进行合并，其操作步骤基本相同。

此外，还可以利用链接功能来实现表格的自动更新。也就是说，当源数据改变时，Microsoft Excel 会自动更新合并计算表。要实现该功能的操作是，在【合并计算】对话框（见图 3-58）中选定【创建指向源数据的链接】复选框，选定后在其前面的方框中会出现一个"√"符号。这样，当每次更新源数据时，就不必要再执行一次"合并计算"命令。还应注意的是，当源数据和目标区域在同一张工作表时，是不能够建立链接的。

图 3-59 "合并计算"结果

## 3.3 数据管理

Excel 具有强大的数据分析和数据处理功能,使用 Excel 对数据进行分析能高效快捷地获得需要的结果。对数据进行排序、筛选和分类汇总等是 Excel 中分析和管理数据常用的方法。

在 Excel 中能进行数据管理与数据分析的表格被称为数据列表,数据列表一般是指具备结构化特征的数据区域。数据列表中的每一列可以被称为一个字段,所以列名也被称为字段名,而每一行数据可以被称为一条记录。数据列表应该是完整和独立的数据区域,其中不应该包含空行或者空列。

在数据列表中,各记录按照输入的先后顺序进行排列,为了提高查找效率,最有效的办法就是对数据进行排序。

本节将对 Excel 中分析和处理数据的方法和技巧进行介绍。

### 3.3.1 数据排序

Excel 提供的排序功能是将数据按照特定的关键字进行排列,能够按文本、数据、日期和时间等对数据进行升序或降序排序,从而直观地反映出数据间的区别。

如要了解表格中某列数据的变化趋势,要查询员工销售额的最值或产品销售的情况等,都可使用 Excel 的排序功能,将数据按照某种方式进行排列,突出数据的大小或先后关系,这样就能看清数据的变化情况,快速进行查找和分析。

#### 1. 单关键字排序

单关键字排序通常是根据存储在表格中的数据种类,将其按照指定的条件或一定的规律重新排列。按照某一列的标签进行排序时,除表头外的各行记录都将以该列为依据进行升序和降序排序。

单关键字排序的方法有两种,一是通过单击【数据】选项,然后单击"升序"或"降序"排序按钮;二是通过选择【开始】选项中的【排序和筛选】命令。

（1）通过单击排序按钮

选择目标列中的任意数据单元格后，直接在【数据】选项卡的【排序和筛选】功能组中单击"升序 "或"降序"按钮。

（2）通过【排序和筛选】命令

选择目标列中的任意数据单元格后，在【开始】选项卡中选择【排序和筛选】按钮，然后选择"升序"或"降序"。

在 Excel 2016 中，对文本进行排序是按照其拼音的首字母进行排列的；对日期和时间则是按照从早到晚或从晚到早进行排列。

**2. 多关键字排序**

多关键字排序是指数据可以按照多个条件或不同的分类依据进行排序，这种排序通常用于处理作为排序依据的字段存在重复值的情况。

图 3-60 "排序和筛选"功能组

在需要排序的表格中，选择任意数据单元格，在【数据】选项卡的【排序和筛选】功能组中单击【排序】，在打开【排序】对话框中进行设置，如图 3-60 所示。

在【排序】对话框的【主要关键字】下拉列表框中，选择要进行排序的列选项，在【排序依据】和【次序】下拉列表框中分别选择排序的依据和排序方式。单击【添加条件】按钮可新增一个排序条件，如图 3-61 所示。

图 3-61 "排序"对话框

在【排序】对话框中单击【选项】按钮，打开【排序选项】对话框，可对排序的方向和方法进行设置，如图 3-62 所示。

**3. 自定义序列排序**

在实际应用中有些数据的排列可能既不能按拼音顺序，也不能按笔画顺序或数值大小顺序进行排序，这时就可采用自定义序列来完成。

如表 3-9 所示，在"员工工资表"中希望完成的操作是将员工按其"职务"进行升序排序，但职务的大小既不能按拼音顺序，也不能按笔画顺序，而是要按职务大小的顺序进行排序。在这种情况下，就需要通过【自定义序列】来完成。

图 3-62 "排序选项"对话框

表 3-9 员工工资表

| 编号 | 姓名 | 性别 | 职务 | 基本工资 | 职务工资 | 加班津贴 | 应发工资 |
|------|------|------|------|---------|---------|---------|---------|
| GD001 | 王小杰 | 男 | 职员 | 1600 | 1200 | 500 | ￥3,300.0 |
| GD002 | 张晓晓 | 女 | 主管 | 2000 | 2200 | 600 | ￥4,800.0 |
| GD003 | 任萍 | 女 | 职员 | 1600 | 1200 | 500 | ￥3,300.0 |
| GD004 | 江南 | 男 | 经理 | 2500 | 2800 | 400 | ￥5,700.0 |
| GD005 | 王宁 | 女 | 主管 | 2000 | 2200 | 300 | ￥4,500.0 |
| GD006 | 张保国 | 男 | 总监 | 3500 | 3200 | 400 | ￥7,100.0 |
| GD007 | 高洁萍 | 女 | 职员 | 1600 | 1200 | 500 | ￥3,300.0 |
| GD008 | 李维娜 | 女 | 职员 | 1600 | 1200 | 600 | ￥3,400.0 |
| GD009 | 杨光 | 男 | 经理 | 2500 | 2800 | 300 | ￥5,600.0 |
| GD010 | 李欣欣 | 女 | 职员 | 1600 | 1200 | 500 | ￥3,300.0 |
| GD011 | 王柳桥 | 男 | 经理 | 2500 | 2800 | 700 | ￥6,000.0 |
| GD012 | 潘美辰 | 女 | 职员 | 1600 | 1200 | 300 | ￥3,100.0 |
| GD013 | 刘晓亚 | 女 | 总监 | 3500 | 3200 | 400 | ￥7,100.0 |
| GD014 | 汪含笑 | 女 | 主管 | 2000 | 2200 | 600 | ￥4,800.0 |
| GD015 | 嵩一山 | 男 | 职员 | 1600 | 1200 | 300 | ￥3,100.0 |
| GD016 | 宋晨光 | 男 | 主管 | 2000 | 2200 | 400 | ￥4,600.0 |
| GD017 | 谢飞扬 | 男 | 经理 | 2500 | 2800 | 200 | ￥5,500.0 |

选择数据区域内的任意单元格,打开【排序】对话框,在【次序】下拉列表框中选择【自定义序列】命令,打开【自定义序列】对话框。

在对话框的【自定义序列】列表框中选择"新序列"选项,在右侧的【输入序列】列表框中自定义排序依据,如图 3-63 所示,然后按【确定】按钮返回,所有数据就按要求进行了排序,排序结果如图 3-64 所示。

图 3-63 "自定义序列"对话框

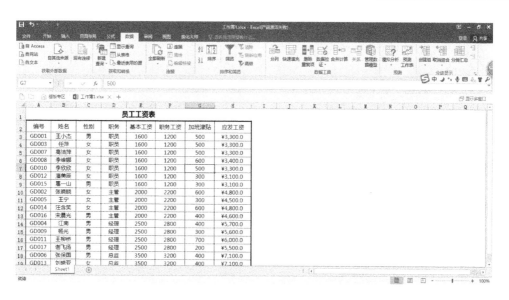

图 3-64 排序后结果

### 3.3.2 数据筛选

数据管理时经常需要从众多的数据中挑选出一部分满足条件的记录来进行处理。筛选是 Excel 提供的最为实用的数据处理功能之一,是查找和处理区域中数据子集的快捷方法。筛选区域仅显示满足条件的行,该条件由用户针对某列指定,与排序不同的是,筛选并不重排区域,只是暂时隐藏不必显示的行。

Microsoft Excel 提供了两种筛选区域的命令:自动筛选和高级筛选。

"自动筛选"一般用于简单的条件筛选,虽然也可以根据多个条件进行筛选,但是各个条件之间只能是"与"的关系。筛选时 Excel 将不满足条件的数据暂时隐藏起来,只显示符合条件的数据。

"高级筛选"一般用于条件较复杂的筛选,筛选的条件之间的关系既可以是"与",也可以是"或",但是必须指定出筛选的条件。

**1. 自动筛选数据**

自动筛选数据就是根据用户设定的筛选条件,自动将表格中符合条件的数据显示出来,同时将表格中的其他数据进行隐藏,"自动筛选"适用于简单条件。

选择数据表中任意数据单元格,在【数据】选项卡的【排序和筛选】功能组中单击【筛选】按钮,此时数据区域列标题的右侧出现筛选按钮,即可进行筛选。

进入筛选状态后,可以对文本、数字、颜色、日期和时间数据进行自定义的筛选,目标条件的数据类型不同,筛选器中筛选菜单的命令也就不同。

(1)筛选文本数据

在筛选器中选择【文本筛选】命令后弹出的对话框如图 3-65 所示,用户可以根据需求选择相应筛选命令。例如,想查看车系中"北斗星"和"宝马 X6"的记录,可通过【自定义筛选】完成。单击"车系"筛选按钮,选择【自定义筛选】,弹出如图 3-66 所示的对话框,接着进行设置即可。

注意:"与"表示条件的交集,"或"表示满足二者之一的条件即可。

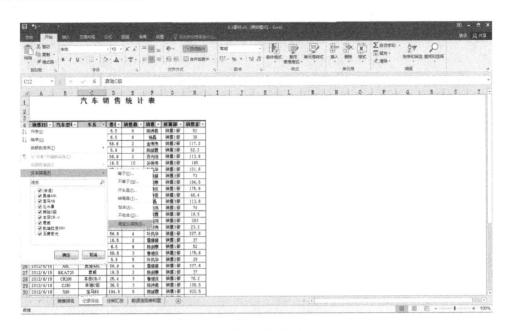

图 3-65　"文本筛选"子菜单

图 3-66　"自定义自动筛选方式"对话框

（2）筛选数值数据

如果要筛选出数据表中数值在某一范围内的数据，可以通过数字筛选来完成，数值数据的筛选选项如图 3-67 所示。若要在上述数据表中显示销售金额在 30 万～70 万之间的记录，可单击"销售金额"单元格右侧的筛选按钮，在【数字筛选】子菜单中选择"介于"，然后在【自定义自动筛选方式】对话框中做设置，如图 3-67 所示。

（3）根据颜色进行筛选

如果对单元格填充了不同的颜色，我们可以筛选出具有某种颜色的单元格数据，此时需要在筛选器中选择"按颜色筛选"，然后根据要求进行设置，随后返回工作表中即可筛选出符合填充颜色的单元格。

**2. 高级筛选**

自动筛选只能进行一些简单条件的筛选，对于复杂条件的筛选需要使用 Excel 的高级筛选功能。

高级筛选可以一次性对多个条件进行筛选,它需要在一个工作表区域内单独指定筛选条件,称为条件区域。条件区域由条件标题行和条件表达式组成,如果条件表达式是在同一行的不同单元格中,Excel用"AND"运算符连接,表示将返回匹配所有单元格中条件的数据;如果表达式是在条件区域中的不同行中,Excel用"OR"运算符连接,表示匹配任何一个单元格中条件的数据都将返回。条件区域要与数据区域分开(即和数据区域隔开至少一行或一列)。

图 3-67　"数字筛选"及筛选方式设置

高级筛选除了能在数据源区域显示结果,还能将筛选出来的结果放置到指定的单元格区域中,如图 3-68 所示,从而方便对筛选出来的数据进行进一步的分析处理。

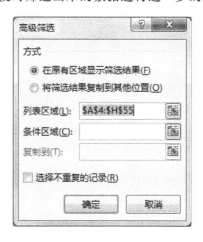

图 3-68　"高级筛选"对话框

 案例描述

在汽车销售统计表中需要统计出销售金额超过 200 万或者销售日期为 2017 年 6 月 15 以后的销售记录。需要处理的工作表部分数据如图 3-69 所示。

| 销售日期 | 汽车型号 | 车系 | 售价 | 销售数量 | 销售员 | 所属部门 | 销售金额 |
|---|---|---|---|---|---|---|---|
| | | 汽 车 销 售 统 计 表 | | | | | |
| 2017/6/1 | WMT14 | 五菱宏光 | 6.5 | 8 | 陈诗荟 | 销售1部 | 52 |
| 2017/6/1 | WMT14 | 五菱宏光 | 6.5 | 6 | 杨磊 | 销售1部 | 39 |
| 2017/6/1 | SRX50 | 凯迪拉克SRX | 58.6 | 2 | 金伟伟 | 销售2部 | 117.2 |
| 2017/6/2 | BAT14 | 北斗星 | 5.8 | 9 | 陈斌霞 | 销售3部 | 52.2 |
| 2017/6/2 | A6L | 奥迪A6L | 56.9 | 2 | 苏光刚 | 销售1部 | 113.8 |
| 2017/6/2 | BKAT20 | 君威 | 18.5 | 10 | 孙琳伟 | 销售1部 | 185 |
| 2017/6/5 | CR200 | 本田CR-V | 25.4 | 4 | 叶风华 | 销售1部 | 101.6 |
| 2017/6/5 | C280 | 奔驰C级 | 36.5 | 2 | 詹婷婷 | 销售3部 | 73 |
| 2017/6/6 | X60 | 宝马X6 | 184.5 | 1 | 陈剑寨 | 销售2部 | 184.5 |
| 2017/6/6 | SRX50 | 凯迪拉克SRX | 58.6 | 3 | 鲁迪庆 | 销售1部 | 175.8 |
| 2017/6/7 | BAT14 | 北斗星 | 5.8 | 8 | 陈诗荟 | 销售1部 | 46.4 |
| 2017/6/7 | A6L | 奥迪A6L | 56.9 | 2 | 杨磊 | 销售3部 | 113.8 |
| 2017/6/8 | BKAT20 | 君威 | 18.5 | 4 | 金伟伟 | 销售1部 | 74 |
| 2017/6/8 | WMT14 | 五菱宏光 | 6.5 | 3 | 陈斌霞 | 销售1部 | 19.5 |
| 2017/6/8 | SRX50 | 凯迪拉克SRX | 58.6 | 5 | 苏光刚 | 销售2部 | 293 |
| 2017/6/9 | BAT14 | 北斗星 | 5.8 | 4 | 孙琳伟 | 销售3部 | 23.2 |
| 2017/6/9 | A6L | 奥迪A6L | 56.9 | 4 | 叶风华 | 销售1部 | 227.6 |
| 2017/6/12 | BKAT20 | 君威 | 18.5 | 2 | 詹婷婷 | 销售1部 | 37 |

图 3-69　汽车销售统计表部分数据

### 案例分析

在本案例中需要显示满足条件的数据记录,由于自动筛选只能完成"与"条件的筛选,而本例中是"或"条件,所以需要使用数据管理中的"高级筛选"来完成显示。"高级筛选"需要先在空白位置创建条件区域。

操作步骤如下。

(1) 在工作表中的空白位置创建条件区域,条件区域分为两行:第1行输入筛选的条件的关键字,与数据源中标题行对应;第2行输入筛选条件,对应第1行中的每个关键字。本例中创建的条件区域如图 3-70 左图所示。

图 3-70　筛选条件设置及"高级筛选"对话框

(2) 选中数据表中任意一单元格,然后选择【数据】选项卡的【排序与筛选】组中的【高级】按钮,在【高级筛选】对话框中做如下设置,见图 3-70 右图。

如果需要将筛选结果复制到其他单元格区域中,那么需要选中【将筛选结果复制到其他位置】选项,在【复制到】文本框中输入筛选结果要放置到的目标区域的开始单元格地址即可,单击【确定】后,符合条件的数据即可被筛选出来,同时被复制到指定的单元格区域中。筛选结果如图 3-71 所示。

| 销售日期 | 汽车型号 | 车系 | 售价 | 销售数量 | 销售员 | 所属部门 | 销售金额 |
|---|---|---|---|---|---|---|---|
| 2017/6/9 | SRX50 | 凯迪拉克SRX | 58.6 | 5 | 苏光刚 | 销售2部 | 293 |
| 2017/6/9 | A6L | 奥迪A6L | 56.9 | 4 | 叶风华 | 销售1部 | 227.6 |
| 2017/6/14 | A6L | 奥迪A6L | 56.9 | 4 | 詹婷婷 | 销售1部 | 227.6 |
| 2017/6/16 | C280 | 奔驰C级 | 36.5 | 3 | 陈诗荟 | 销售1部 | 109.5 |
| 2017/6/16 | X60 | 宝马X6 | 184.5 | 5 | 陈斌霞 | 销售1部 | 922.5 |
| 2017/6/17 | SRX50 | 凯迪拉克SRX | 58.6 | 4 | 苏光刚 | 销售2部 | 234.4 |
| 2017/6/17 | BAT14 | 北斗星 | 5.8 | 15 | 孙琳伟 | 销售2部 | 87 |
| 2017/6/20 | A6L | 奥迪A6L | 56.9 | 4 | 杨磊 | 销售1部 | 227.6 |
| 2017/6/22 | BKAT20 | 君威 | 18.5 | 3 | 詹婷婷 | 销售3部 | 55.5 |
| 2017/6/23 | WMT14 | 五菱宏光 | 6.5 | 5 | 陈剑寨 | 销售2部 | 32.5 |
| 2017/6/23 | SRX50 | 凯迪拉克SRX | 58.6 | 4 | 陈诗荟 | 销售1部 | 234.4 |
| 2017/6/26 | BAT14 | 北斗星 | 5.8 | 4 | 詹婷婷 | 销售3部 | 23.2 |

图 3-71 筛选结果

思维拓展

各地区的分公司都向总公司上报了员工的销售业绩,总公司准备对全年销售业绩超过平均水平的员工进行额外奖励。现想查看北京分公司哪些员工能够得到奖励?销售业绩表如图 3-72 所示。

| 员工年度销售业绩统计表 | | | | | | |
|---|---|---|---|---|---|---|
| 分公司 | 姓名 | 第一季 | 第二季 | 第三季 | 第四季 | 总计 |
| 北京 | 李明宁 | ¥487,892.0 | ¥342,678.0 | ¥46,792.0 | ¥352,876.0 | ¥1,230,238.0 |
| 上海 | 王晓华 | ¥367,902.0 | ¥457,856.0 | ¥436,754.0 | ¥372,536.0 | ¥1,635,048.0 |
| 北京 | 马嫒嫒 | ¥597,832.0 | ¥456,673.0 | ¥432,561.0 | ¥423,564.0 | ¥1,910,630.0 |
| 成都 | 董丽华 | ¥267,890.0 | ¥342,378.0 | ¥354,756.0 | ¥512,478.0 | ¥1,477,502.0 |
| 北京 | 杨丽娟 | ¥437,852.0 | ¥432,178.0 | ¥412,378.0 | ¥287,654.0 | ¥1,570,062.0 |
| 深圳 | 谢飞燕 | ¥345,672.0 | ¥304,567.0 | ¥467,823.0 | ¥347,865.0 | ¥1,465,927.0 |
| 上海 | 陈丁丁 | ¥278,634.0 | ¥297,856.0 | ¥365,489.0 | ¥432,467.0 | ¥1,374,446.0 |
| 西安 | 王璐 | ¥532,154.0 | ¥315,676.0 | ¥364,578.0 | ¥387,962.0 | ¥1,600,370.0 |
| 北京 | 张丽 | ¥346,754.0 | ¥563,213.0 | ¥287,645.0 | ¥398,765.0 | ¥1,596,377.0 |
| 北京 | 刘丹丹 | ¥287,656.0 | ¥452,312.0 | ¥345,689.0 | ¥417,654.0 | ¥1,503,311.0 |
| 西安 | 李国明 | ¥326,789.0 | ¥342,167.0 | ¥453,267.0 | ¥397,865.0 | ¥1,520,088.0 |
| 上海 | 张强国 | ¥235,678.0 | ¥423,412.0 | ¥385,621.0 | ¥376,598.0 | ¥1,421,309.0 |
| 成都 | 赵杰 | ¥467,890.0 | ¥249,867.0 | ¥367,812.0 | ¥245,687.0 | ¥1,331,256.0 |

图 3-72 销售业绩部分数据

首先创建条件区域,如图 3-73 所示。本例中对数据筛选的条件是两个,一个是"分公司"为"北京";另一个是"总计"额大于平均值。两个条件都满足的逻辑关系是"与"的关系。由于需要和"总计"额的平均值进行比较,因此在条件中需要应用函数 AVERAGE(G3:G15)来计算"总计"列数据的平均值,其中 G3 为"总计"列第 1 个数据所在的单元格。后续操作与前面案例中完成的操作基本相同,筛选后的结果如图 3-74 所示。

图 3-73　筛选条件设置

| 分公司 | 姓名 | 第一季 | 第二季 | 第三季 | 第四季 | 总计 | | 条件区域 | |
|---|---|---|---|---|---|---|---|---|---|
| | | | 员工年度销售业绩统计表 | | | | | | |
| 北京 | 马媛媛 | ¥597,832.0 | ¥456,673.0 | ¥432,561.0 | ¥423,564.0 | ¥1,910,630.0 | | 北京 | FALSE |
| 北京 | 杨丽娟 | ¥437,852.0 | ¥432,178.0 | ¥412,378.0 | ¥287,654.0 | ¥1,570,062.0 | | | |
| 北京 | 张丽 | ¥346,754.0 | ¥563,213.0 | ¥287,645.0 | ¥398,765.0 | ¥1,596,377.0 | | | |
| 北京 | 刘丹丹 | ¥287,656.0 | ¥452,312.0 | ¥345,689.0 | ¥417,654.0 | ¥1,503,311.0 | | | |

图 3-74　筛选后结果

在高级筛选的条件区域可以定义公式,Excel 在进行筛选时将根据公式的计算结果进行数据筛选。以公式作为筛选条件时,条件区域不能有列标题,即使有列标题也不能与表格中的列标题相同。作为条件的公式只能返回"FALSE"和"TRUE"这两个结果,公式中用于对比的单元格应该是选择列中的第 1 个单元格,这里单元格的引用必须是相对引用,如这里的 G3,而公式中用于计算的部分对单元格的引用必须使用绝对引用,如"＄G＄3：＄G＄15"。

### 3.3.3　分类汇总

对于一个数据量很庞大的数据列表来说,要分门别类地进行汇总统计,可以使用 Excel 的分类汇总来完成。

分类汇总是分析统计数据时非常有用的工具,它可以对数据列表中的某一个字段进行求和、求平均值、计数等运算,能够实现分门别类地汇总计算,并且能将计算结果分级显示出来,用户可以同时看到数据的明细和汇总结果。

在进行分类汇总前,我们首先要对分类的字段进行排序,并要确保需要分类汇总的数据列表中没有空行和空列。

分类汇总可以将数据按照不同的类别进行统计。分类汇总不需要输入公式,也不需要使用函数,Excel 将自动处理并插入分类结果。

在对数据分类汇总之前,我们要明确三个问题。

第一个问题:分类的依据(也称分类字段)是什么?

第二个问题:汇总的对象是什么?

第三个问题:汇总的方式是什么?

明确上述问题后,在【分类汇总】对话框中进行相应设置即可完成汇总统计,如图 3-75 所示。

#### 1. 隐藏或显示分类明细

分类汇总的表格所包含的数据都比较多,在进行分类汇总后,可能会多出一些汇总数据,使得表格数据不利于查看。此时,我们可对分类汇总的明细情况进行选择性隐藏,以便查看汇总数据,在需要时还可将隐藏的数据显示出来。

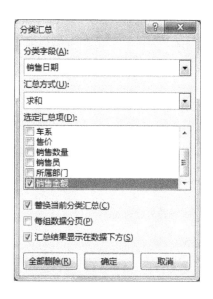

图 3-75　"分类汇总"对话框

　　隐藏或显示分类汇总明细的方法有两种：一种是通过单击按钮完成；另一种是通过任务窗格完成。

　　（1）通过单击按钮完成

　　选择需要隐藏数据明细的任意数据单元格，在【数据】选项卡的【分级显示】功能组中单击"隐藏明细数据"按钮可将数据隐藏，单击"显示明细数据"按钮可将隐藏的数据明细显示出来，如图 3-76 所示。

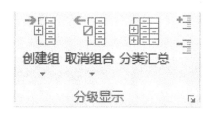

图 3-76　"分级显示"功能组

　　（2）通过任务窗格完成

　　单击分类汇总任务窗格中的"-"按钮可隐藏相应级别的数据，且"-"按钮会变为"＋"按钮，再单击"＋"按钮可再次显示相应级别的数据，如图 3-77 所示。

**2. 删除分类汇总**

　　如果不需要对表格数据进行分类汇总，可以通过删除分类汇总功能来实现在不影响表格数据的前提下将工作表中创建的分类汇总删除。

　　在创建了分类汇总的工作表的表格区域中选择任意单元格，然后单击【数据】选项卡，在【分级显示】功能中单击【分类汇总】按钮，接着在打开的对话框中单击【全部删除】按钮，即可删除分类汇总。

　　虽然，删除分类汇总不会影响数据的值，但如果在进行分类汇总之前，对表格进行了排序操作，那么在删除分类汇总后，系统不能自动恢复到排序之前的数据顺序。

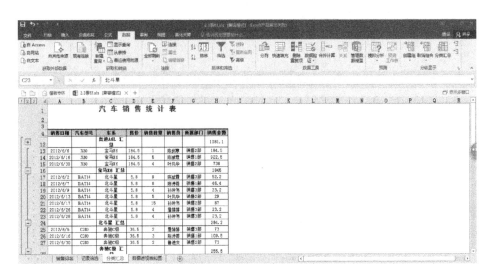

图 3-77　汇总结果分级显示

### 3. 修改分类汇总

对工作表中的数据创建了分类汇总后,如果需要对其进行修改,可选择任意有数据的单元格,再次打开【分类汇总】对话框,在该对话框中重新设置"分类字段""汇总方式"和"选定汇总项"参数,完成后单击【确定】即可。

案例描述

想通过汽车销售公司的统计表,查看每种车系的最大销售数量,部分原始数据如下图 3-78 所示。

图 3-78　汽车销售部分数据

## 案例分析

案例中需要统计"车系"的最大销售数量,所以可使用"分类汇总"来完成,分类字段根据案例描述选择"车系",在源数据表中对"车系"列进行排序,升序或降序都可。

操作步骤如下:

(1)对"车系"列进行排序,选择【数据】选项卡的【排序和筛选】组中的"升序"按钮;

(2)在【数据】选项卡的【分级显示】组中单击【分类汇总】按钮,打开【分类汇总】对话框,在"分类字段"下拉列表中选择"车系",在"汇总方式"下拉列表中选择"最大值",在"选定汇总项"列表中勾选"销售数量",如图3-79所示。单击【确定】,完成后的结果如图3-80所示。

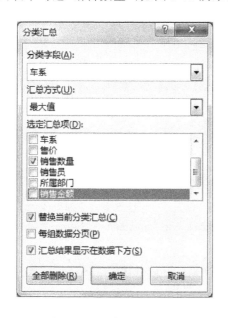

图3-79 "分类汇总"对话框

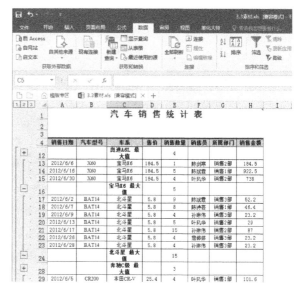

图3-80 分类汇总结果

在【分类汇总】对话框中,默认勾选了【汇总结果显示在数据下方】复选框,因此,汇总的结果都将显示在每个分类的下方。如果取消该复选框,汇总结果将显示在每个分类的上方。

## 思维拓展

现对公司几个门店一周的销售情况进行分析,销售记录如图3-81所示。若需要对门店的销售情况和产品销售额进行汇总,请问该如何操作?

在本例中实际上需要对"销售门店"和"产品名称"这两个字段进行分类汇总。先利用【排序】对话框来设置"主要关键字"和"次要关键字",同时设置好"排序依据"和"次序",如图3-82所示。

打开【分类汇总】对话框,将"分类字段"设置为"销售门店",将"汇总方式"设置为"求和",在【选定汇总项】列表中勾选"销售额",如图3-83左图所示。完成设置后单击【确定】完成第1次分类汇总操作。

图 3-81　门店销售记录部分数据

图 3-82　"排序"对话框

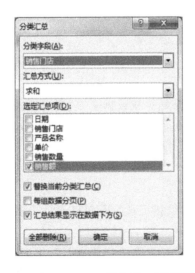

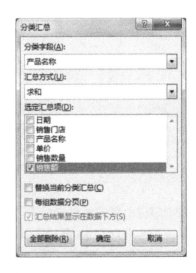

图 3-83　"分类汇总"对话框选项设置

再次打开【分类汇总】对话框，将"分类字段"设置为"产品名称"，取消勾选【替换当前分类汇总】复选框，其他设置项与上一步相同，完成设置后单击【确定】进行第 2 次分类汇总。

此时我们可以看到分类汇总的结果，在汇总表中既按销售门店进行了分类，分别计算了各门店中各个产品的销售额,同时也对门店的总销售额进行了汇总,如图3-84所示。

| 1 2 3 4 | | A | B | C | D | E | F | G | H |
|---|---|---|---|---|---|---|---|---|---|
| | 1 | | | 迈科科技门店销售记录表 | | | | | |
| | 2 | 日期 | 销售门店 | 产品名称 | 单价 | 销售数量 | 销售额 | | |
| | 3 | 2016/3/5 | 大明宫店 | 传真机 | ¥5,764.0 | 4 | ¥23,056.0 | | |
| | 4 | | | 传真机 汇总 | | | ¥23,056.0 | | |
| | 5 | 2016/7/9 | 大明宫店 | 打印机 | ¥3,409.0 | 2 | ¥6,818.0 | | |
| | 6 | | | 打印机 汇总 | | | ¥6,818.0 | | |
| | 7 | | 大明宫店 汇总 | | | | ¥29,874.0 | | |
| | 8 | 2016/5/12 | 电子城店 | 笔记本 | ¥4,800.0 | 5 | ¥24,000.0 | | |
| | 9 | | | 笔记本 汇总 | | | ¥24,000.0 | | |
| | 10 | 2016/3/15 | 电子城店 | 传真机 | ¥4,280.0 | 3 | ¥12,840.0 | | |
| | 11 | 2016/5/8 | 电子城店 | 传真机 | ¥3,879.0 | 5 | ¥19,395.0 | | |
| | 12 | | | 传真机 汇总 | | | ¥32,235.0 | | |
| | 13 | 2016/4/6 | 电子城店 | 打印机 | ¥3,760.0 | 6 | ¥22,560.0 | | |
| | 14 | | | 打印机 汇总 | | | ¥22,560.0 | | |
| | 15 | 2016/2/4 | 电子城店 | 台式电脑 | ¥5,780.0 | 3 | ¥17,340.0 | | |

图3-84 汇总结果

本例中所进行的就是多类数据汇总,需要用户设置的排序条件的主要关键字和次要关键字必须与后面汇总数据时分类字段的指定次序一致。另外,在进行第2次分类汇总时,注意要取消勾选【替换当前分类汇总】复选框,否则本次的汇总结果将会覆盖上一次的汇总结果。

### 3.3.4 数据透视表和数据透视图

我们可使用数据透视表汇总、分析、浏览和呈现汇总数据。数据透视图可以通过对数据透视表中的汇总数据添加可视化效果来对其进行补充。借助数据透视表和数据透视图,有助于用户对企业中的关键数据做出明智的决策。此外,还可以连接外部数据源,例如,SQL Server表、SQL Server Analysis Services多维数据集、Azure Marketplace、Office 数据文件、XML 文件、Access 数据库和文本文件,来创建数据透视表,或使用现有数据透视表来创建新表。

#### 1. 数据透视表

数据透视表是一种可以对大量数据进行快速汇总并建立交叉列表的交互式表格,它能够全面、灵活地对数据进行分析、汇总等。用户只需要改变对应的字段位置,即可得到多种分析结果。

数据透视表总共由 4 个区域组成,分别是行字段区域、列字段区域、数值区域和报表筛选区域(其中报表筛选区域是用户根据需求手动添加或增减的),如图3-85所示。

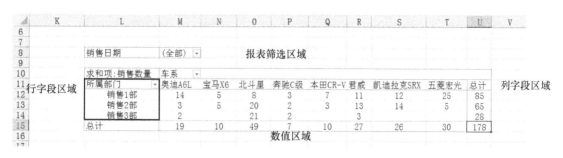

图3-85 "数据透视表"组成

数据透视表的一个显著的特点是它可以对数据进行动态的分析,可以通过改变字段的位置,来得到想要的分析结果,因此字段的设置是建立数据透视表的关键,我们要学会分析统计的目的,然后合理设置字段。

数据透视表专门针对以下用途设计。

① 以多种用户友好的方式查询大量数据。

② 分类汇总和聚合数据,按类别和子类别汇总数据,以及创建自定义计算和公式。

③ 展开和折叠数据级别以重点关注结果,以及深入查看感兴趣的区域的汇总数据的详细信息。用户可以通过将行移动到列或将列移动到行(也称为"透视"),来查看源数据的不同汇总。

④ 通过对最有用、最有趣的一组数据执行筛选、排序、分组和条件格式的设置,可以重点关注所需信息。

⑤ 提供简明、有吸引力并且带有批注的联机报表或打印报表。

(1)创建数据透视表

在数据表中选择任意一个单元格,在【插入】选项卡的【表格】组中单击【数据透视表】按钮,然后打开【创建数据透视表】对话框,如图 3-86 所示。

图 3-86 "数据透视表"对话框

在该对话框中可以选择透视表所放置的位置,选择"新工作表",系统会自动创建新工作表并放置生成的数据透视表,若选择"现有工作表",则会在当前工作表中生成数据透视表但需要选择相应位置。

(2)编辑数据透视表

在完成数据透视表的创建后,用户可以对数据透视表进行一系列的编辑操作,如选择和移动数据透视表、重命名数据透视表、更改数据透视表的数据源等操作。

• 移动数据透视表

对于创建完成的数据透视表,有时需要将数据透视表移动到其他位置。打开创建的数据透视表,在【分析】选项卡的【操作】组中单击【移动数据透视表】按钮,在打开的对话框中选择放置数据透视表的位置,如选择"现有工作表"选项,则需要在【位置】文本框中输入单元格地址,如图 3-87 所示。

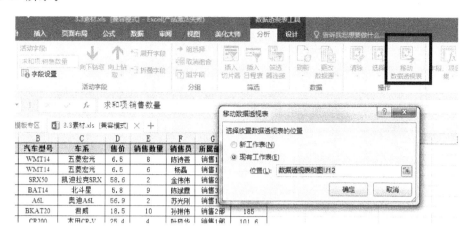

图 3-87 移动数据透视表

· 更改数据透视表数据源

在数据透视表数据源区域中添加数据后,如果需要将这些数据添加到数据透视表中,可以通过更改数据源来实现。选择数据透视表中的任意单元格,在【分析】选项卡的【数据】组中单击【更改数据源】按钮,在打开的对话框中即可进行新数据源的设置,如图 3-88 所示。

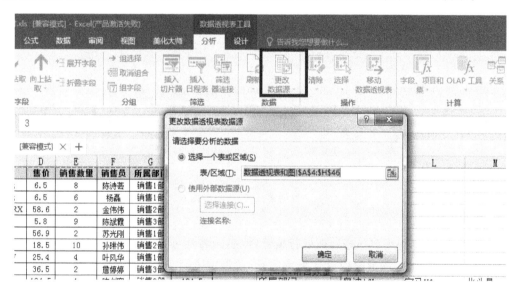

图 3-88 "更改数据透视表数据源"对话框

(3)更改数据透视表布局

数据透视表由 4 个大区域构成,每一个区域的布局方式都可以进行调整和改变,这些改变会直接影响数据透视表的整体布局,具体有以下几个方面。

· 改变数据透视表的报表布局

数据透视表的布局方式有 5 种:以压缩形式显示、以大纲形式显示、以表格形式显示、重复项目标签和不重复项目标签,如图 3-89 所示。选择数据透视表中任意单元格,在【数据透视表工具】的【设计】选项卡【布局】组中单击【报表布局】下拉按钮即可选择相应的布局方式。

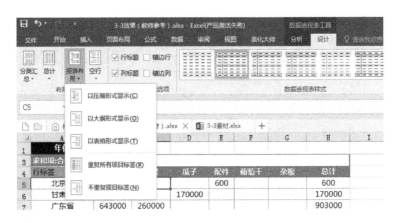

图 3-89　更改"数据透视表"布局方式

- 分类汇总的显示方式

数据透视表分类汇总的显示方式有 3 中：在组的顶部显示、在组的底部显示和不显示，用户可根据实际需要进行选择，如图 3-90 所示。

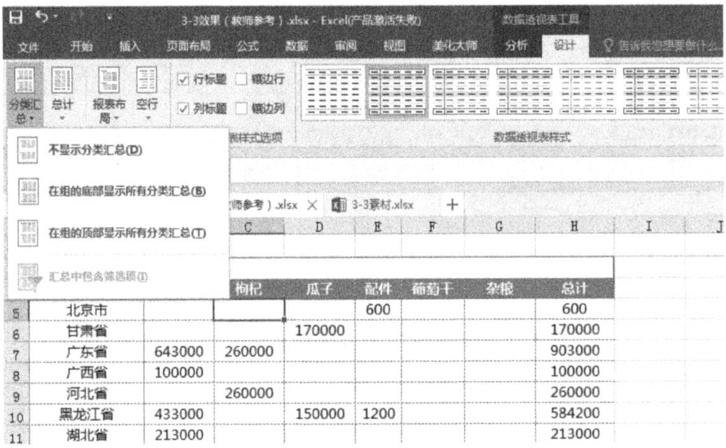

图 3-90　"数据透视表"分类汇总方式

- 更改字段名

数据透视表中虽禁止对一些数据进行编辑，但字段名称可以编辑。更改字段名主要有两种方式：一是直接更改，双击字段进入编辑状态，接着输入新名称即可；二是通过对话框来更改，在目标字段上右击，然后选择【值字段设置】，打开【值字段设置】对话框，在【自定义名称】中输入新名称即可，如图 3-91 所示。

**2．数据透视图**

使用数据透视表分析汇总大量数据之后，用户可以通过数据透视图将最终的汇总分析结果以图表方式直观地表达出来。当数据透视表的布局和数据更改后，这种变化会实时反映在数据透视图的布局和数据中。

（1）创建数据透视图

选择数据表中任意单元格后，单击【插入】选项卡，接着在【图表】组中选择【数据透视图】即可出现如图 3-92 所示的对话框，然后再进行相应设置，设置完成后，单击【确认】。

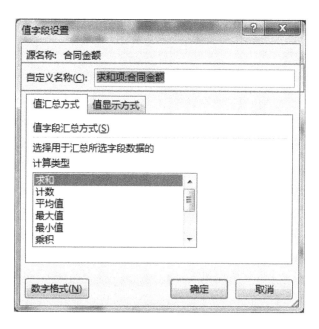

图 3-91 "值字段设置"对话框

图 3-92 "创建数据透视图"对话框

与数据透视表的设置方法相似,用户需要在【数据透视图字段】中设置"筛选器""图例""轴"和"值"字段,其方法是拖动字段名到相应区域即可,创建完后的透视图如图 3-93 所示。

(2)设置数据透视图

· 应用图表样式

要对数据透视图进行样式设置,最便捷的方式就是应用系统中自带的图表样式。选中数据透视图后,在【数据透视图工具】上选择【设计】选项卡,然后在【图表样式】组中进行设置,Excel 2016 提供了 16 种图表样式。

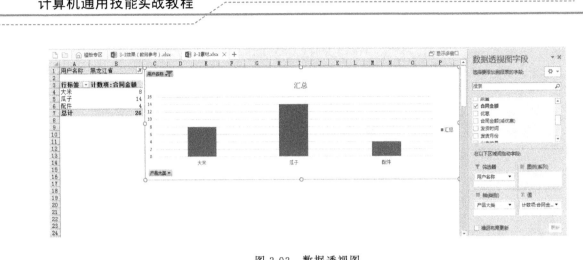

图 3-93　数据透视图

- 更改数据系列颜色

选中数据透视图后,在【数据透视图工具】上选择【设计】选项卡(见图 3-94),然后在【图表样式】组中选择【更改颜色】即可进行设置。如果需要对数据系列单独设置颜色,则可在单击选择系列后再次单击需要修改的系列,接着在【格式】选项卡中单击【形状填充】,然后选择合适颜色进行设置即可。

图表类型、图表布局以及图表元素的添加和删除,都可以通过在【数据透视图工具】上选择【设计】选项卡来完成相应设置。

图 3-94　"数据透视图工具"选项

 案例描述

某公司合同部分数据如下图 3-95 所示。现需要按照"用户名称"和"产品大类"统计出合同金额总计。

| | A | B | C | D | E | F | G | H | I | J | K | L |
|---|---|---|---|---|---|---|---|---|---|---|---|---|
| 1 | | | | | | | | | | | | |
| 2 | 年份 | 用户名称 | 合同或销货单号 | 合同开始 | 合同结束 | 产品大类 | 数量 | 合同金额 | 优惠 | 合同金额(减优惠) | 发货时间 | 发货月份 |
| 3 | 2012 | 江西省 | X3707-020更换 | 2012/5/14 | 2012/5/14 | 大米 | 1 | 70,000 | 0 | 70,000 | 2012/5/14 | 05月 |
| 4 | 2012 | 江西省 | X3707-038补充协议 | 2012/4/25 | 2012/12/31 | 大米 | 1 | 60,000 | 0 | 60,000 | 2012/4/25 | 04月 |
| 5 | 2012 | 宁夏 | X3707-045补充协议 | 2012/8/1 | 2012/12/31 | 大米 | 1 | 100,000 | 0 | 100,000 | 2012/8/20 | 08月 |
| 6 | 2012 | 宁夏 | X3707-045补充协议 | 2012/8/1 | 2012/12/31 | 大米 | 0 | 0 | 0 | 0 | 2012/8/20 | 08月 |
| 7 | 2012 | 山西省 | X3708-001 | 2012/1/2 | 2012/2/29 | 杂粮 | 1 | 260,000 | | 260,000 | 2012/1/25 | 01月 |
| 8 | 2012 | 天津市 | X3708-002 | 2012/1/4 | 2013/1/4 | 瓜子 | 1 | 360,000 | 20000 | 340,000 | 2012/1/11 | 01月 |
| 9 | 2012 | 天津市 | X3708-002 | 2012/1/4 | 2013/1/4 | 瓜子 | 0 | 0 | 0 | 0 | 2012/1/11 | 01月 |

图 3-95　合同数据源部分数据

案例分析

本案例中需要按照"用户名称"和"产品大类"统计合同金额,共有两 数据透视表和透视图
个分类字段。当按多个分类字段统计时,采用数据透视表能更方便地完成。将两个分类字段
拖动至行、列标签,在数值区放置"合同金额"字段。

操作步骤如下。

（1）创建数据透视表

选中数据表中任意单元格,选择【插入】选项卡,然后单击【数据透视表】按钮,将透视表放
入新工作表中,设置如图 3-96 所示,最后单击【确定】。

图 3-96 "创建数据透视表"对话框

（2）添加数据透视表字段

在【数据透视表字段】窗口中完成"筛选器""列""行"和"值"的设置,直接拖动字段名到相
应位置即可。本案例中,"列"和"行"分别为"用户名称"和"产品大类"(注意:"行"和"列"的位
置可以根据表格设计进行互换);"值"为"合同金额",默认为"求和项"。效果如图 3-97 所示。

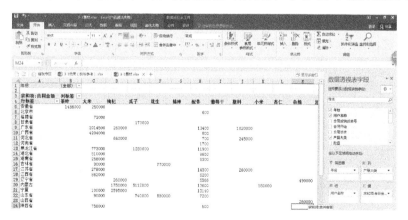

图 3-97 汇总完的结果

**(3) 更改字段汇总方式**

如果要改变"值"的汇总方式,可以单击"值"区域的下三角形,在弹出的菜单中选择【值字段设置】,然后打开如图 3-98 所示对话框,最后选择相应的计算类型进行设置即可。

图 3-98 "值字段设置"对话框

## 3.4 图表应用

Excel 图表功能非常强大,利用其可以创建各类专业图表。图表是 Excel 中将数据可视化的手段之一,它可以将枯燥的数据图形化,使数据易于理解,能够直观地表现出数据之间的相互关系及数据的变化趋势。Excel 图表有以下几个作用:

① 图表的出现使 Excel 数据更加有趣,易于用户阅读和评价;

② 图表可以帮助分析和比较数据,得出一定的规律、趋势、信息;

③ Excel 图表能美化报表,在专业的数据报表里,图表是不可或缺的元素。

### 3.4.1 图表基础

**1. 创建图表**

第一种方法:使用推荐图表功能创建图表

Excel 2016 提供推荐图表功能,系统可以根据所选择的数据,自动分析数据所适合的图表类型,帮助用户进行选择,见图 3-99。

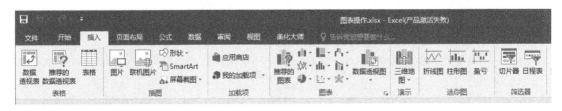

图 3-99 图表创建方法

第二种方法：通过【图表】功能组创建图表

选择要创建图表的数据区域，在【插入】选项卡中的【图表】组选择相应图表类型即可生成图表，如图 3-99 所示。

第三种方法：一键创建图表

在 Excel 中，用户可以根据所选择的数据源，按 F11 键快速创建图表，所创建的图表将被保存在新建的图表工作表中。

**2. 图表类型**

Excel 2016 中内置了十五大类图表，每类下又包含了多种子类图表，它们都有一些特定的使用环境和方法，常见图表类型的作用见下表（表 3-10）。

表 3-10　图表类型及作用

| 序号 | 图表类型 | 作用 |
|---|---|---|
| 1 | 柱形图 | 以垂直方向呈现，表达时序关系，常用于比较 |
| 2 | 条形图 | 以水平方向呈现各个项目的比较关系 |
| 3 | 折线图 | 以表达数据的整体样貌特征为主，适用于处理连续性数据的变化关系 |
| 4 | 饼图 | 可以呈现出部分与整体关系，如部分所占比例等 |
| 5 | 散点图 | 由两个数值变量所组合，使用目的在于显现两个变量之间的关联性 |
| 6 | 面积图 | 用于显示数据的变化趋势，能够显示时间段内数据变动的幅度 |

**3. 图表元素**

Excel 图表包含以下基本元素：图表区、绘图区、图表标题、图例、水平轴、垂直轴、网格线及数据系列。另外，还有数据表和三维视图，但这两个元素一般不常出现。上述八大元素的分布如图 3-100 所示。

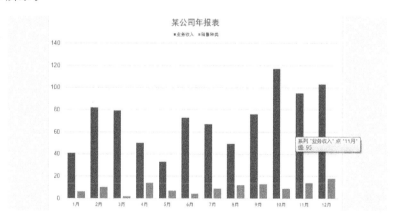

图 3-100　图表组成

【元素说明】

- 图表区：图表区就是存放图表各个组成部分的场所。
- 绘图区：绘图区主要用于显示数据系列的变化。
- 图表标题：用于说明图表的主要用途。
- 坐标轴：坐标轴主要用于显示数据系列的名称及其对应的数值。
- 数据系列：用不同的长度或形状来表示数据的变化。

- 图例:表示每个数据系列代表的名称。

**4. 编辑图表**

对图表的编辑包括移动与复制图表,更换图表数据,调整图表大小等操作。

(1)移动与复制图表

在 Excel 中,可使用剪贴板进行移动或复制图表,也可通过鼠标拖动的方式来移动图表。

在【图表工具】的【设计】选项卡的【位置】功能组中,单击【移动图表】按钮,打开【移动图表】对话框,可将图表移动到其他工作表或新的工作表中,如图 3-101 所示。

图 3-101 "移动图表"对话框

(2)更换图表数据

创建好图表后,如果图表中的数据发生变化或者要更换成其他的数据源,那么可以在【图表工具/设计】选项卡的【数据】功能组中单击【选择数据】按钮,打开如图 3-102 所示的对话框后,即可重新选择数据源。

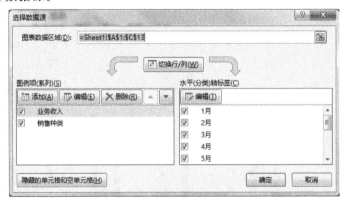

图 3-102 "选择数据源"对话框

(3)添加/删除图表元素

在【图表工具/设计】选项卡的【图表布局】功能组中单击【添加图表元素】按钮,在弹出的下拉菜单中选择需要添加的元素,如图 3-103 所示。如果要删除图表中的元素,也可直接选中该元素后,按 Delete 键删除。

当然,也可选中图表,单击图表右侧的【图表元素】按钮,在列表中选择相应的图表元素进行添加或删除。

(4)坐标轴设置

Excel 会根据数据源所创建的图表,自动设置坐标轴系统,为了使图表更加美观,为了使更方便地查看图表数据,用户也可以自定义图表的坐标轴刻度。

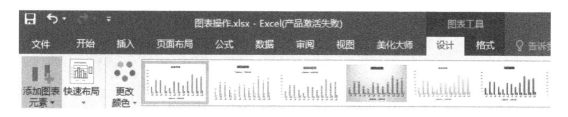

图 3-103　"添加图表元素"选项

在【图表工具/格式】选项卡的【当前所选内容】功能组中，单击【图表元素】列表框右侧的下拉按钮，选择需要编辑的坐标轴，然后单击【设置所选内容格式】，如图 3-104 所示，用户可做如下设置。

图 3-104　"图表工具"选项卡

### 5．美化图表

在图表制作完成后，还可对其进行美化，美化操作包括设置图表的外观、布局及组成元素格式等，通过美化，可以使图表更加美观。

Excel 2016 中内置了不同种类的图表样式，用户可在【图表工具/设计】选项卡的【图表样式】功能组中的样式库中选择合适的图表样式，如图 3-105 所示。

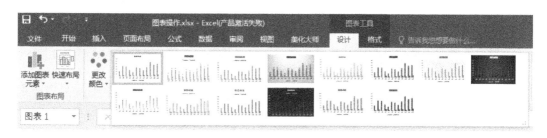

图 3-105　"图表工具"选项卡

对图表组成中的各元素进行格式设置时,可右击该元素,然后在弹出对话框中进行相应设置,如图 3-106 所示。

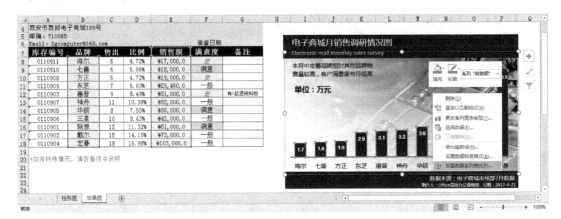

图 3-106 "数据系列"格式设置

### 3.4.2 解密商务图表

多数用户对图表的运用都停留在为数据寻找一种合适的图表类型的阶段,而正确地运用图表应该是能标示出图表的重点,从分析的角度去看待图表,将想法通过图表完全释放出来,再以图表进行商业沟通,这类图表归为商务图表。商务图表是一种帮助用户传递想法的沟通工具,非旨在作为呈现数据实际状态的实证,它更强调如何来辅助沟通。相较于一般图表,商务图表主要有以下四个特点:

① 既追求沟通效率又追求设计感;

② 从说服力观点出发而非实时证据;

③ 强调重点表达而非状态陈述;

④ 应发挥创造力,采用多元方式呈现。

因为缺乏图表设计的原则概念,多数用户一般会接受图表工具的默认选项,造成沟通效率不高。一个好的商务图表应该在最短的时间内,正确显示出数据的意义,所以在我们设计时需要遵循以下原则。

#### 1. 可视化对象优先原则

好的图表设计应该有层次感,让每个构成元素都能恰如其分地显示。让图表可以产生层次感的工具包括色彩管理、线条粗细、框线运用、重点标示及数据标记等。

**2. 2D呈现原则**

采用3D风格绘制图表,会产生表达空间缩小、多余辅助信息、数据值接近时无法分辨等问题,相反,2D风格冗余信息减少,使图表表达相对简洁、明了。

**3. 数值与视觉呈现相符原则**

商务图表重视信息传递,所以在图表设计时应让视觉对象与数值的比例相符。

**4. 最小干扰原则**

常见的图表干扰源来自可视化对象、辅助信息和背景内容三大元素。我们将图表中无意义并会带来干扰的多余的设计元素,称之为"图表垃圾"。判断某一元素是否为图表垃圾要根据其功能性与需求性来判断。

**5. 完整数据原则**

图表的意义来源于数据间的相对关系,因此,数据越多时,越能展现出事实全貌。图表制作者可以决定观众阅读数据的范围,从而展现自己想传递出的那部分信息。

**6. 重点标示原则**

图表能将数据可视化,但它无法直接传递出用户想表达的内容,必须要经由重点标示才能实现,因此,在图表传递出的众多信息中,将重点标示出来非常重要。

**7. 轮廓呈现原则**

图表与表格的最大差别在于图表可以显示出整个事件的轮廓,所以对于好的图表设计来说,可视化对象、辅助信息和背景内容等都不应妨碍图表呈现轮廓。

**8. 接近性原则**

图表的接近性原则就是直觉性法则,指的是属性相关的内容应该尽可能地靠近,因此,图表设计应减少观众的视觉移动,创造"一次阅读"。

我们不难发现现在越来越多的杂志、报纸都开始应用比较专业的商务图表。国外的商务图表常见于《纽约时报》《商业周刊》。

以《纽约时报》的商务图表为例:颜色以蓝色为主,通过深蓝、浅蓝等来综合展现;字体统一,主标题、副标题等字体分开;整体风格统一,重点突出,一目了然,如图3-107所示。

### 3.4.3　商务图表设计

**1. 字体设计**

许多用户都会用默认的风格,中文、数字、英文都是宋体。而Excel商务图表的字体风格常用的有两种:

① 中文,微软雅黑;数字,Impact;英文,Arial Unicode MS

② 中文、数字、英文都使用微软雅黑

三者对比效果如图3-108所示。

**2. 图表布局设计**

Excel商务图表常见的布局有两种:上下垂直型和左右水平型。上下垂直型布局如图3-109所示,左右水平型布局如图3-110所示。

不管是哪种布局,Excel商务图表的元素基本都是一样的:主标题、副标题、绘图区、脚注区,其中图例可依据实际情况显示或隐藏。另外,商务图表中主标题一般不使用Excel自带图表的标题,用户可通过【插入】选项卡的【横排文本框】命令,设置相应的字体格式,脚注的操作也可使用此方法完成。

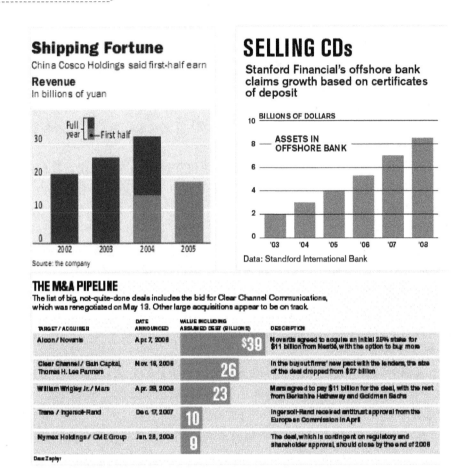

图 3-107　典型商务图表样例

图 3-108　字体对比

### 3. 颜色设计

商务图表中不建议使用默认的颜色,好的色彩使用理念是,相同级别的内容应使用视觉比重接近的颜色。商务图表中常用以下配色方案,用户在 Excel 中可以通过自定义颜色来进行设置,具体的 RGB 值可参考表 3-11。

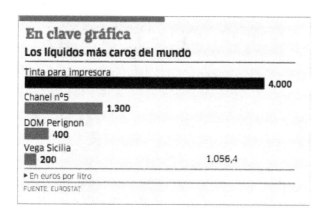

图 3-109 上下垂直型布局

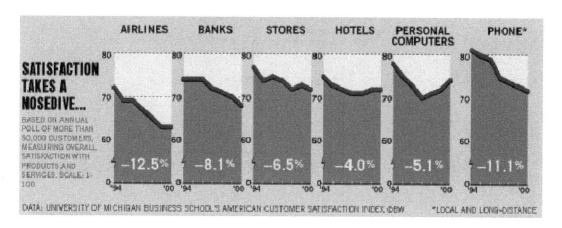

图 3-110 左右水平型布局

表 3-11 常用配色方案

| 序号 | 配色方案 |
| --- | --- |
| 1 | RGB(0 81 107)RGB(90 146 181 )    RGB( 0 166 231) |
| 2 | RGB(0 147 247)    RGB(255 134 24 )<br>RGB(206 219 41)    RGB(0 166 82) |
| 3 | RGB(82 89 107)    RGB(189 32 16)<br>RGB(231 186 16 )    RGB(99 150 41)<br>RGB(156 85 173)    RGB(206 195 198) |

  蓝色搭配橙色在商务图表中也是一种常用的配色方案,如图 3-111 所示。

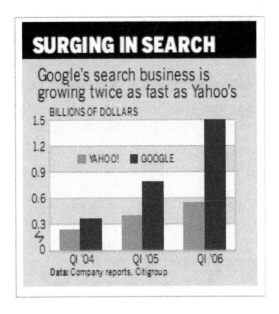

图 3-111　配色方案样例

 案例描述

　　公司销售部已完成 1～6 月的销售情况统计,现需要更直观明了地展示上半年销售额的差异。

 案例分析

柱形图的制作

　　本案例中要了解每月销售额的差异,需要完成数据的比较,所以,我们可选用柱形图来完成数据的呈现。

　　操作步骤如下。

　　(1)插入图表

　　选择相关数据,在【插入】选项卡"图表"功能组中选择"簇状柱形图",如图 3-112 所示。

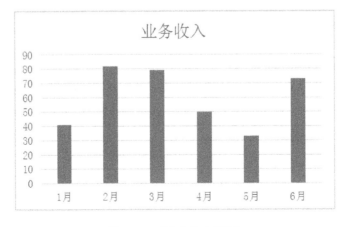

图 3-112　"业务收入"图表

（2）删除网格线、垂直轴和图表标题

选中图表区中的网格线，按 Delete 键删除，同理，可删除垂直轴和图表标题，如图 3-113 所示。

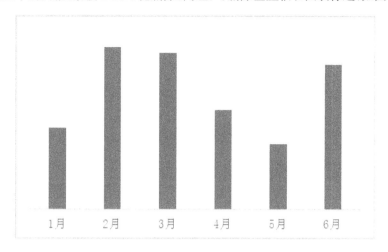

图 3-113　执行完步骤（2）后的图表

（3）修改元素格式，数据系列和水平坐标轴

选中"水平（类别）轴"修改字体，设置为"微软雅黑"；右键单击"水平（类别）轴"，在弹出菜单中选择【设置坐标轴格式】，在右侧窗口中将刻度线"主要类型"设置为"无"，右击数据系列，弹出【设置数据系列格式】对话框，在【填充】中设置颜色即可，如图 3-114 所示。

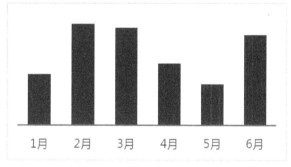

图 3-114　执行完步骤（3）后的图表

（4）添加数据标签并设置数值格式

在【图表工具】组的【设计】选项卡中单击【添加图表元素】，然后选择"数据标签"，在级联菜单中选择"数据标签内"，并修改数字格式，修改后的图表如图 3-115 所示。

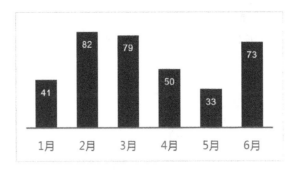

图 3-115　执行完步骤(4)后的图表

（5）插入标题和脚注，以及调整细节

利用文本框设置图表标题和脚注区，图表标题主要是用于图表的解释说明，脚注区一般输入数据来源或日期，如图 3-116 所示。

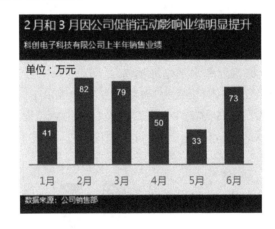

图 3-116　格式化后的图表

思维拓展

公司内的任务活动有很多时，需要一个一个安排，如图 3-117 所示。作为管理者需要从整个宏观的角度，去看待各个任务之间的衔接与关联，请思考如何用图表实现？

商务图表设计

| | A | B | C | D |
|---|---|---|---|---|
| 1 | | | | |
| 2 | 科创电子科技有限公司第二季事务安排计划 | | | |
| 3 | 项目 | 开始日期 | 持续时间 | 完成日期 |
| 4 | 项目1 | 5月2日 | 5 | 5月7日 |
| 5 | 项目2 | 5月5日 | 9 | 5月14日 |
| 6 | 项目3 | 5月9日 | 15 | 5月24日 |
| 7 | 项目4 | 5月10日 | 8 | 5月18日 |
| 8 | 项目5 | 5月17日 | 8 | 5月25日 |
| 9 | 项目6 | 5月23日 | 19 | 6月11日 |
| 10 | 项目7 | 5月29日 | 8 | 6月6日 |
| 11 | 项目8 | 6月5日 | 12 | 6月17日 |

图 3-117　项目执行计划安排表

操作步骤如下。

(1) 插入图表

选择 A3:B11 数据区域后,在【插入】选项卡的【图表】功能组中,选择"堆积条形图",如图 3-118 所示。生成的堆积图如图 3-119 所示。

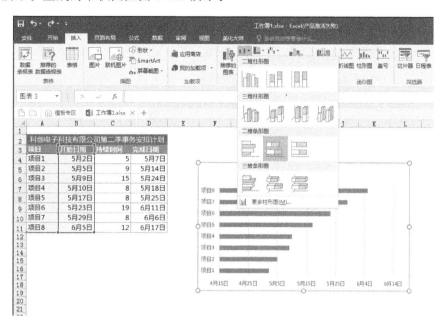

图 3-118　插入图表选项

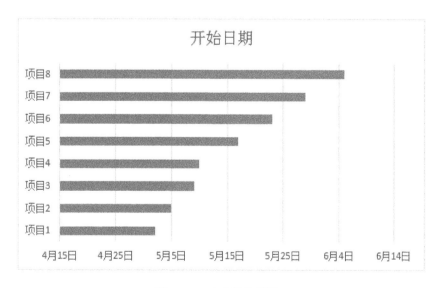

图 3-119　生成的堆积图

(2) 删除图例和图表标题,增加"持续时间"数据系列

按 Delete 键删除图表标题"开始日期"。选中 C3:C11 数据区域后,按"Ctrl+C"进行复制,单击图表后再按"Ctrl+V"进行粘贴,这时,在原始图上就出现了新的数据系列,如图 3-120 所示。

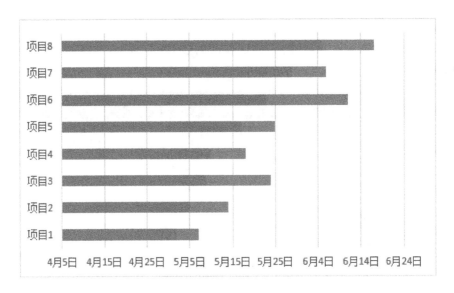

图 3-120　增加"持续时间"后的图表

（3）隐藏"开始日期"数据系列

单击图表中的"开始日期"数据系列，选择【图表工具】选项卡【格式】中的【形状填充】，设置为"无颜色填充"，如图 3-121 所示。此时，只是出现了进度条"持续时间"系列。

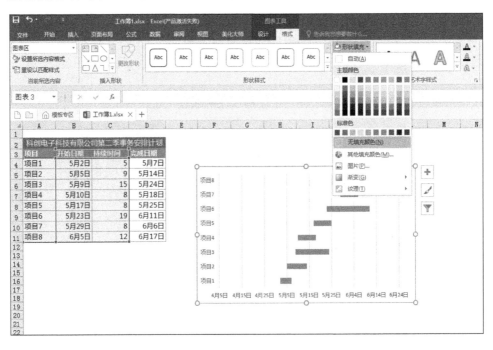

图 3-121　数据系列设置颜色

（4）调节坐标轴和网格线。

选中水平轴，右击鼠标选择【设置坐标轴格式】，如图 3-122 所示。"开始日期"是 5 月 2 日，因此，将 5 月 2 日的日期格式转换为数字格式，值为 43 587，所以在"边界"区，将最小值设置为"43 587"，同理，可设置最大值。

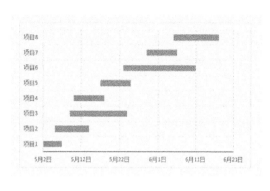

图 3-122　设置坐标轴格式

单击【图表工具/设计】选项卡中的【添加图表元素】,在【网格线】的级联菜单中选择"主轴主要水平网格线"和"主轴主要垂直网格线",并在选中网格线后分别进行格式设置,将网格线设置为虚线。

(5) 修改数据系列格式,调节垂直轴

右击数据系列,选择【设置数据系列格式】,将"分类间距"设置为"80％",适当加宽。右击垂直轴,选中"逆序类别",设置后图表如图 3-123 所示。

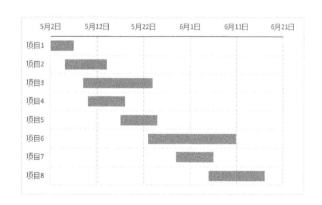

图 3-123　修改"数据系列"格式和"分类间距"

后续插入标题以及进行细节调整,效果如图 3-124 所示。

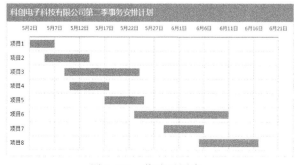

图 3-124　修改后图表

### 3.4.4  组合图表

在前面几节我们已经学习了 Excel 基本的图表制作方法,想必大家已经能根据数据所要表达的关系来选择合适的图表类型,并制作出精美而专业的图表了。这一节我们将向大家介绍学习工作中有关组合图表的巧妙应用,帮你解决数据表达的苦恼,使你的图表更加直观简洁。

我们在分析数据的时候,需要设计各种各样的图表来进行比较,有时也会用到包含两种图表类型的组合图表,下面给大家介绍一种制作柱形图和折线图的组合图表的方法。

 案例描述

素材中是某商品各年销量和环比增长率,如图 3-125 所示,那么用什么图表可以表达出销量和环比增长率之间的关系呢?

| 年份 | 2001年 | 2003年 | 2005年 | 2007年 | 2009年 | 2011年 | 2013年 |
|---|---|---|---|---|---|---|---|
| 销量（万台） | 10.07 | 23.58 | 43.23 | 89.36 | 100.36 | 237 | 377 |
| 环比增长率 | | 135% | 83% | 107% | 17% | 131% | 39% |

图 3-125  组合图标素材

 案例分析

如果用柱形图,我们会发现环比增长率数据相比销量来说很小,环比增长率柱形几乎看不见,如图 3-126 所示。如果用两个柱形图虽然能看清楚,但是比较烦琐,并且两个指标之间的关系也无从看出。到底怎么呈现才比较好呢? 我们可以尝试用组合图表,如果销量用柱形表示,环比增长率用折线表示,两个数据系列展示在一张图表中,是不是非常清晰呢? 用户在 Excel 2013 版本中可以在选择数据后插入组合图表,对两个数据系列选择不同的图表类型即可,而 Excel 2016 及其以上的版本提供了推荐图表,用户可直接插入柱形和折线的组合图表。最后,我们只需要修改图表元素的格式就能使图表变得更清晰、更美观。具体操作步骤如下:

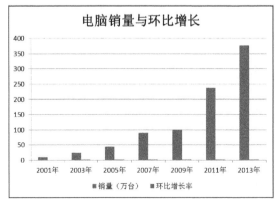

图 3-126  柱形图

（1）选择数据 B2：I4，单击【插入】选项卡，选择"推荐的图表"，第一个就是我们需要的柱形图与折线图的组合图表，如图 3-127 所示，单击【确定】按钮；

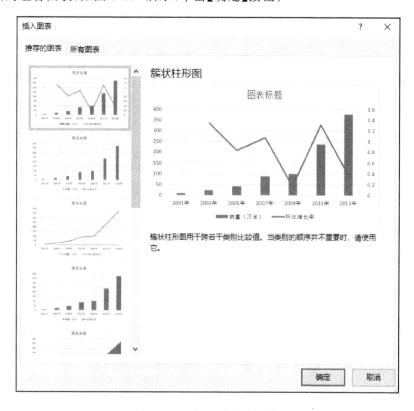

图 3-127 "插入图表"对话框

（2）将"图表标题"修改为"电脑销量与增长率"；

（3）为了美观，修改垂直轴数字字体为"Arial"，并同时修改水平轴线条颜色和坐标轴文字字体，完成后效果如图 3-128 所示；

图 3-128 柱形图与折线图的组合图表

 思维拓展

借助图形化手段,高效、清晰地表达数据信息是数据可视化的目的所在。Excel 图表只是数据可视化的方法之一,还有很多更好用的工具在等待着我们去探索,比如,R 语言、Python 语言等。Excel 图表能真实、简单、美观地表达数据之间的关系,一目了然,可读性强。

思考一下,如何将素材(如图 3-129 所示)制作成如图 3-130 所示的数据图表?

| | A | B | C | D | E | F |
|---|---|---|---|---|---|---|
| 1 | | W·D企业发展各项工作进展 | | | | |
| 2 | | | 2013 | 2014 | 辅助 | 坐标辅助 |
| 3 | | 市场盈利 | 55 | 70 | 100 | 95 |
| 4 | | 出口 | 48 | 60 | 100 | 85 |
| 5 | | 办公损耗 | 45 | 50 | 100 | 75 |
| 6 | | 办公购买 | 40 | 45 | 100 | 65 |
| 7 | | 厂房扩建 | 35 | 38 | 100 | 55 |
| 8 | | 税收支出 | 32 | 35 | 100 | 45 |
| 9 | | 福利支出 | 30 | 31 | 100 | 35 |
| 10 | | 项目招标 | 25 | 28 | 100 | 25 |
| 11 | | 员工培训 | 18 | 20 | 100 | 15 |
| 12 | | 广告宣传 | 10 | 15 | 100 | 5 |

图 3-129　原始数据

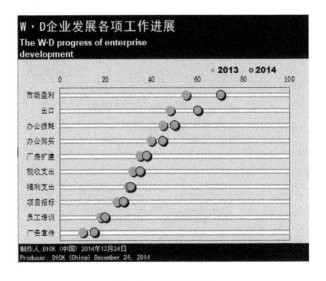

图 3-130　数据图表

## 3.5　其　　他

### 3.5.1　表单控件

使用 Excel 时可以插入两种类型的控件,一种是表单控件(在早期版本中也称为窗体控件,英文是 Form Controls),另一种是 ActiveX 控件。表单控件只能在工作表中添加和使用,并且只能通过设置控件格式或者指定宏来使用它,而 ActiveX 控件不仅可以在工作表中使用,还可以在用户窗体中使用,并且具备了众多的属性和事件,提供了更多的使用方式。

表单控件可以和单元格关联,操作控件可以修改单元格的值。ActiveX控件比表单控件拥有更多的事件与方法,如果仅以编辑数据为目的,可以使用表单控件来减小文件的尺寸,缩小文件的存储空间,但如果在编辑数据的同时需要对其他数据进行操纵控制,使用ActiveX控件会比表单控件更灵活。

## 案例描述

利用Excel控件和函数等功能建立一个简易方便的购车还贷查询系统。在这个案例中,汽车品牌需要用下拉列表选择,首付金额和支付月份需要用滚动条选择,其他数据如贷款金额和每月支付金额需要用函数进行计算,如图3-131所示。系统建立完成后,用户可以根据所选的汽车品牌和贷款首付金额进行动态查询,找到一个适合自己的还贷方案。

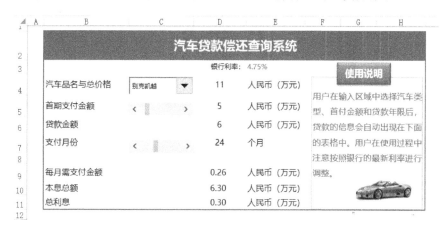

图 3-131　汽车贷款偿还查询系统界面

表单控件

### 1. 输入标题及基本数据

新建Excel工作簿,先输入系统标题"汽车贷款偿还系统",合并单元格,设置单元格格式,接着再输入"汽车品名与总价格""首期支付金额""贷款金额""支付月份""每月需支付金额""本息总额""总利息"等基本信息。添加边框和底纹美化表格。

### 2. 创建表单控件

(1)加载【开发工具】选项卡。

单击【文件】选项卡,选择【选项】,打开【Excel选项】对话框,选择【自定义功能区】选项,勾选【开发工具】主选项卡,最后单击【确定】按钮,如图3-132所示。

(2)创建组合框。

单击【开发工具】选项卡,在【插入】按钮的下拉列表中的【表单控件】中选择【组合框】,指针随即变为"十"字形,按住鼠标左键向右下方拖动,即可绘制组合框,如图3-133所示。

图 3-132 "Excel 选项"对话框

图 3-133 "组合框"按钮

右击组合框控件,选择【设置控件格式】命令,弹出【设置控件格式】对话框。在【控制】选项卡页面中,设置"数据源区域",选择所有汽车品牌 M4:M12 单元格区域。设置"单元格链接"为 L4 单元格,此"单元格链接"主要是显示所选汽车品牌在 M4:M12 单元格区域的次序,便于所选汽车品牌对应价格的查询,如图 3-134 所示。"下拉显示项数"是指组合框中一次能看到的项目数,如果项目过多,可以通过垂直滚动条移动显示。设置完毕后,单击【确定】即可,如图 3-135 所示。

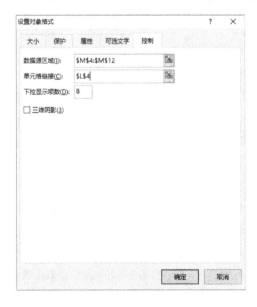

图 3-134 "设置对象格式"对话框

| | 汽车名 | 总价格(万元) |
|---|---|---|
| 1 | | |
| 2 | | |
| 3 | | |
| 4 | 大众宝来 | 11 |
| 5 | 新桑塔纳 | 10.5 |
| 6 | 奥迪Q3 | 30 |
| 7 | 保时捷911 | 152 |
| 8 | 别克凯越 | 11 |
| 9 | 本田CR-V | 20 |
| 10 | 奔驰A级 | 25 |
| 11 | 宝马X1 | 30 |

图 3-135 "汽车品牌与价格"数据区域

(3) 创建滚动条。

单击【开发工具】选项卡,在【插入】按钮的下拉列表中的【表单控件】中选择【滚动条】,指针随即变为"十"字形,按住鼠标左键向右下方拖动,即可绘制滚动条,如图 3-136 所示。

图 3-136 "滚动条"按钮

右击滚动条控件,选择【设置控件格式】命令,弹出【设置控件格式】对话框。在【控制】选项卡中,设置"最小值"为 3,"最大值"为 20,步长为 1,"页步长"为 10。这里最小值和最大值指的是贷款的最低额和最高额,用户可根据汽车的实际价格来设定。"步长"指每次单击滚动条的左右箭头时减少和增大的单位,"页步长"指每次单击滚动条空白处时增加或减少的单位。"单元格链接"指滚动条数值显示的单元格,这里选择滚动条右边的单元格 D5。参数设置如图 3-137 所示。

我们采用同样的方法创建滚动条,设置"支付月份"数值。"最小值"为 6 个月,"最大值"为 36 个月(3 年),"单元格链接"选择 D7 单元格,显示实际贷款支付月份,如图 3-138 所示。

图 3-137 "设置控件格式"对话框(a)     图 3-138 "设置控件格式"对话框(b)

**3. 运用函数进行计算**

（1）用 INDEX 函数查询汽车价格

INDEX(Array,Row_num,Column_num)

功能：返回数组中指定的单元格或单元格数组的数值

【参数说明】

- Array 为单元格区域或数组常数；
- Row_num 为数组中某行的行序号，函数从该行返回数值。如果省略 Row_num，则必须有 Column_num；
- Column_num 是数组中某列的列序号，函数从该列返回数值。如果省略 Column_num，则必须有 Row_num；
- INDEX 函数有两种形式：数组和引用。数组形式通常返回数值或数值数组；引用形式通常返回引用。

① 将光标定位在 D4 单元格，插入函数 INDEX，选定参数，如图 3-139 所示，单击【确定】按钮。

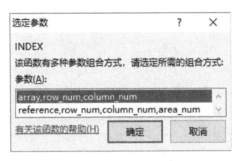

图 3-139　"选定参数"对话框

② 将 Array 参数设置为 N4：N12，即所有汽车的价格区域；将 Row_num 参数设置为 L4，指明所选品牌在数组中的行次序；Column_nmu 参数省略，表示取当前一列，然后单击【确定】按钮，如图 3-140 所示。

图 3-140　"INDEX 函数参数"对话框

（2）用公式计算"贷款金额"。将光标定位在 D6 单元格，输入公式"＝D4-D5"，然后按回车确认。

（3）用 PMT 函数和 ABS 函数计算"每月支付金额"

PMT(Rate,Nper,Pv,Fv,Type)

功能：基于固定利率及等额分期付款方式，返回贷款的每期付款额。

【参数说明】

* Rate 为贷款利率；
* Nper 为该项贷款的付款总数；
* Pv 为现值，或一系列未来付款的当前值的累积和，也称为本金；
* Fv 为可选参数，未来值或在最后一次付款后希望得到的现金余额，如果省略 Fv，则假设其值为 0，也就是一笔贷款的未来值为 0；
* Type 是可选参数，是数字 0 或 1，用以指示各期的付款时间是在期初还是在期末。

① 将光标定位在 D9 单元格，插入函数 PMT，设置 Rate 为 E3/12，Rate 和 Nper 要保证单位的一致性。此案例中贷款年利率为 4.75%，如果按月支付，Rate 应为 4.75%/12。设置 Nper 为 D7（贷款支付月份）。设置 Pv 为 D6（贷款金额）；参数 Fv 省略，表示还款结束余额为 0；参数 Type 省略，表示付款在期末。如图 3-141 所示。设置完毕后，单击【确定】按钮。

图 3-141 "PMT 函数参数"对话框

② 对计算所得的"每月需支付金额"求绝对值。光标定位在 D9 单元格，输入公式"＝ABS(PMT(E3/12,D7,D6))"，按回车键确认。

ABS(Number)

功能：返回给定数值的绝对值

（4）计算"本息总额"。将插入点定位在 D10 单元格，输入公式"＝D9 * D7"，即"本息总额＝每月需支付金额×支付月份"，按回车键确认。

（5）计算"总利息"。将插入点定位在 D11 单元格，输入公式"＝D10-D6"，即"总利息＝本息总额－贷款金额"，按回车键确认。

**4. 制作"使用说明"**

（1）单击【插入】选项卡，选择【形状】下拉列表中的【矩形】，指针随即变为十字形，按住鼠标左键向右下方拖动，绘制矩形。在【绘图工具】工具栏的【格式】选项卡中选择形状样式，或自行修改"形状填充""形状轮廓""形状效果"等。

（2）右击矩形，选择【编辑文字】命令，然后输入"使用说明"。

（3）单击【插入】选项卡，在【文本框】的下拉菜单中选择【横排文本框】，指针随即变为十字形，按住鼠标左键向右下方拖动，绘制文本框。在文本框中输入具体的使用信息，并设置字体格式。

（4）选中文本框，在【绘图工具】中的【排列】组中的"下移一层"。

（5）在文本框中插入汽车图片，使查询系统更美观。

（6）为了系统的实用性和美观性，选中 L、M、N 列，右击鼠标，选择【隐藏】命令，使原来输入的"汽车名"及"总价格"两列信息隐藏。

 思维拓展

如果贷款利率、首付金额和偿还期限有变化，我们要找到一个更优化的方案，还需借助模拟运算表来完成。

模拟运算表是一个单元格区域，它可以反映一个计算公式中某些数值的变化对计算结果的影响。模拟运算表有两种类型，分别是单变量模拟运算表和双变量模拟运算表。在单变量模拟运算表中，用户可以对一个变量键入不同的值，从而查看它对一个或多个公式的影响。在双变量模拟运算表中，用户可以对两个变量输入不同的值，从而查看它对一个公式的影响。

比如，在本案例中，如果贷款金额和贷款期限不变，要计算银行贷款利率变化对每月偿还金额的影响，可以用单变量模拟运算表来求解。如果银行贷款利率不变，要计算贷款金额和贷款期限变化对每月偿还金额的影响，就要用到双变量模拟运算表来求解。大家可以自己尝试做一做。

### 3.5.2 数据分析工具库

数据统计分析一般采用专业的统计分析软件 SPSS、SAS 等，这对于非科班出身的人来说相对困难。其实，我们可以用 Excel 自带的简单易用的分析工具库来完成数据分析任务。

我们在用 Excel 进行数据统计分析时，经常会用到一些函数，简单的如 SUM（求和）、AVERAGE（求平均值）、COUNT（计数）等，稍复杂的如 CORREL（相关系数）、LINEST（线性回归）等，这些函数不仅多而难记，且参数设置较为复杂，这就要求用户必须熟悉统计理论。

Excel 提供的数据分析工具库，操作简单，能快速地进行复杂的数据统计分析。用户只需为每一个分析工具提供必要的数据和参数，它就能使用适当的统计函数为我们输出相应的结果，而且有些工具在生成输出表格的同时还能生成图表。

Excel 分析工具库可以完成的数据统计分析包括：描述统计、直方图、相关系数、移动平均、方差分析、抽样、回归等 19 种。下面我们通过实例来了解常用的统计分析方法。

**1. 描述统计**

 案例描述

如图 3-142 所示，请利用描述统计方法分析"城市人口数和某商品销售数据"数据特征，以便了解各城市销售额分布情况。

| 2015年某商品销售数据（按城市划分） | | |
|---|---|---|
| 城市名称 | 人口（万） | 销售额 |
| 上海 | 1,200.00 | ¥ 12,899.62 |
| 北京 | 1,000.00 | ¥ 9,998.23 |
| 沈阳 | 567.10 | ¥ 6,135.19 |
| 天津 | 1,193.60 | ¥ 8,500.24 |
| 福州 | 850.50 | ¥ 5,941.82 |
| 重庆 | 759.90 | ¥ 5,523.92 |
| 广州 | 1,280.20 | ¥ 9,315.67 |
| 成都 | 952.80 | ¥ 7,691.28 |
| 武汉 | 700.20 | ¥ 4,600.81 |
| 廊坊 | 400.00 | ¥ 2,004.67 |
| 济南 | 639.00 | ¥ 3,624.16 |
| 深圳 | 1,130.20 | ¥ 8,299.48 |
| 青岛 | 742.00 | ¥ 4,923.64 |
| 大连 | 950.00 | ¥ 6,597.34 |
| 杭州 | 991.40 | ¥ 7,309.65 |
| 西安 | 810.00 | ¥ 6,000.51 |
| 南京 | 826.00 | ¥ 7,145.89 |

图 3-142　销售数据表

 案例分析

数据分析方法归纳起来主要有两大类：一类是描述性统计分析，另一类是推断性预测分析。具体归纳如图 3-143 所示。

数据分析工具库

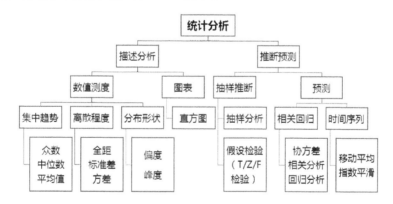

图 3-143　数据分析方法图

描述性统计分析是统计分析的第一步，只有先做好这一步，才能进行正确的统计推断分析。描述统计分析的常用指标主要有平均数、中位数、众数、标准差、方差等，可以用于分析数据的集中程度和离散程度等。

（1）安装数据分析工具库

一般情况下，Excel 是没有加载这个分析工具库的，需要我们自行加载安装。

① 单击【文件】选项卡，选择【Excel 选项】。

② 在弹出的【Excel 选项】对话框中，单击【加载项】，在【管理】右侧的下拉框中，选择"Excel 加载项"，如图 3-144 所示。

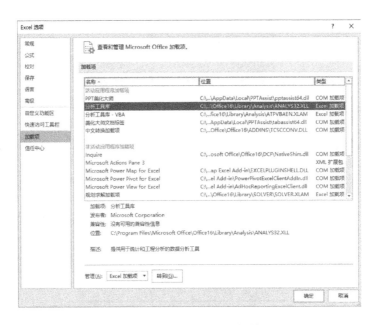

图 3-144  "Excel 选项"对话框

③ 单击【转到】按钮，Excel 会弹出【加载宏】对话框，勾选需要安装的加载宏——【分析工具库】复选框，若要包含分析工具库的 VBA 函数，则需同时勾选【分析工具库-VBA】，然后单击【确认】按钮，即可完成加载安装，如图 3-145 所示。

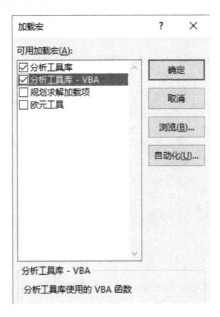

图 3-145  "加载宏"对话框

④ 安装成功后，在【数据】选项卡的【分析】组中，即可看到【数据分析】按钮，单击此按钮，即可弹出【数据分析】对话框，它提供了各种统计分析方法，如图 3-146 所示。

（2）利用"描述统计"分析工具库进行数据分析

① 在【数据分析】对话框中，选择【描述统计】，然后单击【确定】按钮。

② 在弹出的【描述统计】对话框中，对各类参数分别进行如下设置，如图 3-147 所示。

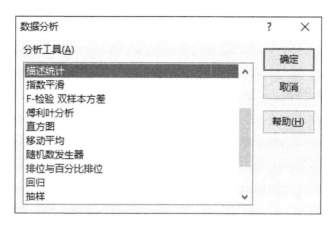

图 3-146 "数据分析"对话框

图 3-147 "描述统计"对话框

【参数说明】

- 【输入区域】用于输入需要分析的数据源区域,本例中数据源区域为 C3:D20(对话框参数会自动设置为单元格绝对引用)。
- 【分组方式】用于选择分组方式,如果需要指出【输入区域】中的数据是按行还是按列排列,则选择"逐行"或"逐列",本例中应选择"逐列"。
- 【标志位于第一行】若数据源区域第一行含有标志(字段名、变量名),则应勾选,否则,Excel 字段将以"列 1、列 2、列 3……"作为列标志,本例中应勾选【标志位于第一行】。
- 【输出区域】可选当前工作表的某个活动单元格、新工作表组或新工作簿,本例中将结果输出至当前工作表的 F3 单元格。
- 【汇总统计】包含平均值、标准误差、中位数、众数、标准差、方差、峰度、偏度、区域、最小值、最大值、求和、观测数等相关指标,本例中需勾选【汇总统计】复选框。
- 【平均数置信度】置信度也称为可靠度,或置信水平、置信系数,是指总体参数值落在样本统计值某一区内的概率,常用的置信度为 95% 或 90%,本例中应勾选此复选框,并输入"95%"。

- 【第 K 大（小）值】表示输入数据组的第几位最大（小）值。本例中应勾选此复选框，并输入"2"。

③ 单击【确定】按钮，输出结果如图 3-148 所示。

| 分析结果 | | | | 函数实现 |
|---|---|---|---|---|
| 人口（万） | | 销售总额 | | |
| 平均 | 881.94 | 平均 | 6853.654 | 函数=AVERAGE(D4:D20) |
| 标准误差 | 58.2 | 标准误差 | 621.1709 | 公式=STDEV(D4:D20)/SQRT(COUNT(D4:D20)) |
| 中位数 | 850.5 | 中位数 | 6597.34 | 函数=MEDIAN(D4:D20) |
| 众数 | #N/A | 众数 | #N/A | 函数=MODE(D4:D20) |
| 标准差 | 239.96 | 标准差 | 2561.153 | 函数=STDEV(D4:D20) |
| 方差 | 57583 | 方差 | 6559507 | 函数=VAR(D4:D20) |
| 峰度 | -0.416 | 峰度 | 0.975751 | 函数=KURT(D4:D20) |
| 偏度 | -0.123 | 偏度 | 0.441778 | 函数=SKEV(D4:D20) |
| 区域 | 880.2 | 区域 | 10894.95 | 公式=MAX(D4:D20)-MIN(D4:D20) |
| 最小值 | 400 | 最小值 | 2004.67 | 函数=MIN(D4:D20) |
| 最大值 | 1280.2 | 最大值 | 12899.62 | 函数=MAX(D4:D20) |
| 求和 | 14993 | 求和 | 116512.1 | 函数=SUM(D4:D20) |
| 观测数 | 17 | 观测数 | 17 | 函数=COUNT(D4:D20) |
| 最大(2) | 1200 | 最大(2) | 9998.23 | 函数=LARGE(D4:D20,2) |
| 最小(2) | 567.1 | 最小(2) | 3624.16 | 函数=SMALL(D4:D20,2) |
| 置信度(95.0%) | 123.38 | 置信度(95.09) | 1316.824 | 公式=TINV(0.05,COUNT(D4:D20)-1)*I6 |

图 3-148 描述统计分析结果

 思维拓展

如何理解描述统计量之间的关系？

（1）表现数据集中趋势的指标有：平均值、中位数、众数。平均值是 N 个数相加除以 N 所得到的结果；中位数是一组数据按大小排序，排在中间位置的数值，如果观察值有偶数个，通常取最中间的两个数值的平均数作为中位数；众数是该组数据中出现次数最多的那个数值。

（2）描述数据离散程度的指标有：方差与标准差，它们反映的是与平均值之间的离散程度。

（3）呈现数据分布形状的指标有：峰度系数与偏度系数。峰度系数是描述对称分布曲线峰顶尖峭程度的指标，是相对于正态分布而言的。当峰度系数＞0 时，说明两侧极端数据较少，这时峰形比正态分布更高、更瘦，呈尖峭峰分布；当峰度系数＜0 时，说明两侧极端数据较多，峰形比正态分布更矮、更胖，呈平阔峰分布。如图 3-149 所示，尖峭峰分布、正态分布、平阔峰分布能很清晰地区分出来。

偏度系数是以正态分布为标准来描述数据对称性的指标。当偏度系数＝0 时，数据分布对称；如果频数分布的高峰向左偏移（偏度系数＞0），长尾向右侧延伸则称为正偏态分布；如果频数分布的高峰向右偏移（偏度系数＜0），长尾向左侧延伸则称为负偏态分布。如图 3-150所示，正偏态分布、正态分布、负偏态分布能很清晰地区分出来。

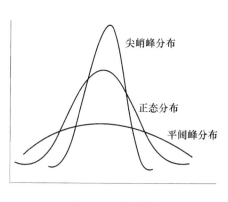

图 3-149　峰度图

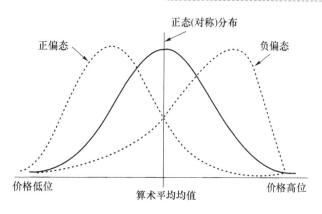

图 3-150　偏度图

### 2. 直方图

 案例描述

数据表(如图 3-151 所示)是某班学生计算机成绩数据(素材 3.5.2-2),请用直方图呈现各分数段人数分布情况。

| 序号 | 姓名 | 成绩 |
|---|---|---|
| | 学生成绩表 | |
| 1 | 张三丰 | 85 |
| 2 | 程小丽 | 56 |
| 3 | 张艳 | 42 |
| 4 | 卢红 | 63 |
| 5 | 刘丽 | 77 |
| 6 | 杜月 | 76 |
| 7 | 李佳 | 81 |
| 8 | 张红军 | 83 |
| 9 | 郝艳芬 | 92 |
| 10 | 苏华 | 94 |
| 11 | 李四民 | 68 |
| 12 | 王大力 | 73 |
| 13 | 贾林峰 | 94 |
| 14 | 周志斌 | 88 |
| 15 | 姚永利 | 78 |
| 16 | 杨森 | 65 |
| 17 | 周勇 | 83 |
| 18 | 李翠萍 | 66 |
| 19 | 程小红 | 74 |
| 20 | 杜军 | 88 |

图 3-151　成绩表

 案例分析

(1) 定义分数段,通常情况下,包含 60 分以下、60~69 分、70~79 分、80~89 分、90~100

分这几个分数段。在 Excel 单元格中我们只需写出上限即可,如图 3-152 所示。

| A | B | C | D | E | F | G | H | I | J |
|---|---|---|---|---|---|---|---|---|---|
| 学生成绩表 | | | | 用直方图分析各分数段的人数分布情况 | | | | | |
| 序号 | 姓名 | 成绩 | | | | | | | |
| 1 | 张三丰 | 85 | | 分数段 | 100 | 90 | 80 | 70 | 60 |
| 2 | 程小丽 | 56 | | | | | | | |
| 3 | 张艳 | 42 | | | | | | | |
| 4 | 卢红 | 63 | | | | | | | |
| 5 | 刘丽 | 77 | | | | | | | |
| 6 | 杜月 | 76 | | | | | | | |

图 3-152　设置分数段

（2）单击【数据】选项卡【分析】组中的【数据分析】按钮,在弹出的【数据分析】对话框中,选择【直方图】,然后单击【确定】按钮,如图 3-153 所示。

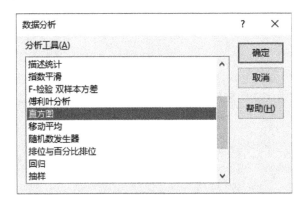

图 3-153　"数据分析"对话框

（3）在弹出的【直方图】对话框中,对各类参数进行设置,如图 3-154 所示。

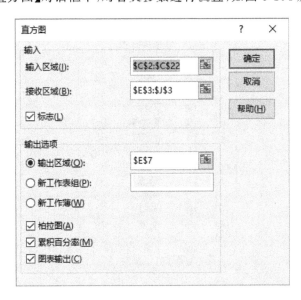

图 3-154　"直方图"对话框

- 输入区域选择 C2:C22,接收区域选择 E3:J3,并勾选"标志";

- 输出区域可选当前工作表中的某个活动单元格、新工作表组或新工作簿,在这里选择单元格 E7;
- 勾选"柏拉图""累积百分率"和"图表输出"复选框。"柏拉图"是根据各组频数大小进行降序排列并绘制的图表。

(4)单击【确定】按钮,就生成统计表格和图表了,我们可以很直观地从中看出各分数段的人数分布,如图 3-155、图 3-156 所示。

| 分数段 | 频率 | 累积 % | 分数段 | 频率 | 累积 % |
|---|---|---|---|---|---|
| 60 | 2 | 10.00% | 90 | 6 | 30.00% |
| 70 | 4 | 30.00% | 80 | 5 | 55.00% |
| 80 | 5 | 55.00% | 70 | 4 | 75.00% |
| 90 | 6 | 85.00% | 100 | 3 | 90.00% |
| 100 | 3 | 100.00% | 60 | 2 | 100.00% |
| 其他 | 0 | 100.00% | 其他 | 0 | 100.00% |

图 3-155　分数段统计表

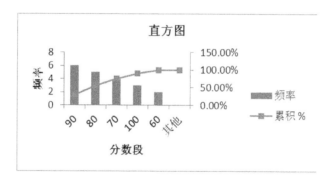

图 3-156　分数段统计直方图

 思维拓展

"分析工具库"实际上是一个外部宏(程序)模块,它专门为用户提供一些高级统计函数和实用的数据分析工具。分析工具库内置了 19 个模块,可以分为以下七大类,如表 3-12 所示。大家可以根据所需通过网上教程来进行自主学习。

表 3-12　分析工具库分类及模块

| 分类 | 工具模块 |
|---|---|
| 抽样设计 | 随机数发生器 |
| | 抽样 |
| 数据整理 | 直方图 |
| 参数估计 | 描述统计 |
| | 排位与百分比排位 |

| 分类 | 工具模块 |
|------|----------|
| 假设检验 | z-检验：双样本均值差检验 |
| | t-检验：平均值的成对二样本分析 |
| | t-检验：双样本等方差假设 |
| | t-检验：双样本异方差假设 |
| | F 检验：双样本方差检验 |
| 方差分析 | 方差分析：单因素方差分析 |
| | 方差分析：无重复双因素方差分析 |
| | 方差分析：可重复双因素方差分析 |
| 相关与回归分析 | 相关系数 |
| | 协方差 |
| | 回归 |
| 时间序列预测 | 移动平均 |
| | 指数平滑 |
| | 傅里叶分析 |

## 思考与实践

## 项目二 Excel 数据分析

【操作要求】

### 一、数据计算与格式设置

1. 填充序号"0001～0021"。

2. 设置大标题格式：合并单元格，居中，设置文字格式等。

3. 设置 A2:I23 区域格式（列宽、边框、底纹、字体、对齐方式等）。

4. 为"市场价格"和"成交价格"列设置货币格式为￥。

5. 对表中降价幅度、销售额、促销方式等数据进行计算。

6. 条件格式：突出显示表中"送大礼包"文字。

7. 将表 A1:I23 区域复制到 sheet2、sheet3 中各一份，将 Sheet2 工作表重命名为"筛选和图表"，将 Sheet3 工作表重命名为"汇总"。

### 二、数据管理与图表

1. "汇总"工作表：按照"类别"分类，统计各类型号成交价格的平均值。采用分类汇总或数据透视表均可。

2. "筛选和图表"工作表中：筛选出任意一个类别（打印机、扫描仪或传真机），并对筛选结果中的"型号"和"销售额"选择合适的图表类型创建图表。

3. 在完成的图表中根据所学内容按照商务规范的要求，修改图表，使图表更专业、更直观。

# 第 4 章　PowerPoint 设计与制作

## 4.1　PPT 概述

　　PowerPoint2016(简称 PPT)是 Microsoft 公司最新推出的 Office 系列软件中重要的组件之一,它提供了各种工具用以创建精美专业的演示文稿。它不仅能够制作精美的电子贺卡、图文并茂的多媒体作品,还能制作一些简单的动画影片;不仅可以在计算机和投影仪上进行演示,还可以将演示文稿打印出来,制作成胶片,以便应用到更广泛的领域。另外,它还增加了强大的动画功能、视频功能等等。目前,PPT 在人们的工作和生活中发挥的作用越来越重要,它是现代职场必备的工具。无论你是白领,还是学生,工作和学习中都少不了需要做 PPT 的时候,比如,毕业论文答辩、工作汇报、企业宣传、产品推介、婚礼庆典、项目竞标和管理咨询等。掌握 PPT 的制作技能,有助于提升我们的学习效率和职场竞争力。

　　许多人觉得自己的 PPT 做得不好,问题在哪呢？他们可能会将其归结于没有熟练的 PPT 操作技巧或者是缺少设计模版,这其实是很多人的想法。难道真的是模版和动画的问题吗？我们不难发现,优秀的 PPT 都有着相同的特点:内容逻辑清晰,版式简洁大方,动画恰到好处。对比图 4-1 中两张图片,我们可以看到相同的内容用不同的方式呈现出的效果截然不同。一般来说,PPT 的设计要注重以下几点。

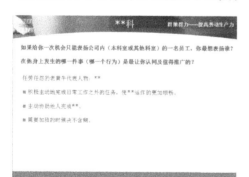

图 4-1　案例对比

**1. 内容逻辑清晰**

　　PPT 的职责是信息传递,在有限的时间和有限的篇幅内,有效的信息传递需要严密的逻辑框架作为支撑,使听众能把握内容的主要脉络。

**2. 版式简洁大方**

　　PPT 切忌杂、乱、繁、过,要齐、整、简、适。整体风格统一,颜色和谐,排版整齐,在视觉化呈现上做到简单明了,重点突出。

### 3. 动画恰到好处

恰到好处的动画能让观点的呈现更加自然连贯,多余复杂的动画不仅会影响阅读的逻辑,而且容易使得 PPT 内容失焦,应用动画最主要的目的是辅助演讲者更有逻辑地阐述观点,切忌喧宾夺主。

这三点看起来简单,实际用起来还需要有 PPT 设计观念的转变和技巧的应用。这一章,针对这些问题,我们将分别从结构化思维、版面设计、文字、图片、色彩和动画这几个方面来进行学习。

为了便于后续课程操作,我们先对 PPT 软件进行一些设置。

### 1. 快速访问工具栏

我们可以将常用的功能添加到快速访问工具栏,这样方便我们日常使用,提高操作效率,如图 4-2 所示。

图 4-2    快速访问工具栏

(1)右击鼠标直接添加

找到功能选项或图标后,右击鼠标,通过弹出的快捷菜单中的命令可将该功能的快捷方式图标直接添加到快速访问工具栏,如图 4-3 所示。

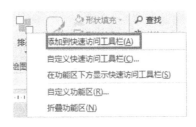

图 4-3    添加到快速访问工具栏

(2)使用选项对话框进行添加

右击鼠标的添加方式,无法调节图标在快速访问工具栏上的显示顺序,这时我们可以在【选项】对话框中进行添加或删除。

① 单击【文件】选项卡,选择【选项】;

② 在弹出的【PowerPoint 选项】对话框中,单击【快速访问工具栏】,选择命令,单击【添加】按钮,如图 4-4 所示。

备注:单击【导入/导出】按钮还可以将设置好的访问工具栏导出为自定义文件,方便迁移到其他电脑上使用。

快速访问工具栏默认显示在软件主界面的功能区上方,可以选择调整到下方。这样设置可以缩短鼠标移动的距离,提高效率,如图 4-5 所示。

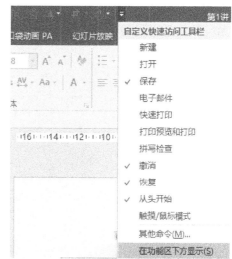

图 4-4　"PowerPoint 选项"对话框 　　　　　图 4-5　自定义快速访问工具栏

### 2. 你需要知道的快捷键

表 4-1 为常用快捷键及其功能。

表 4-1　常用快捷键

| 快捷键 | 功能 | 快捷键 | 功能 |
|---|---|---|---|
| Ctrl＋D | 快速复制对象 | Ctrl＋鼠标滚轮 | 缩放编辑区 |
| Ctrl＋拖动对象 | 复制对象 | Ctrl＋"]"或"[" | 增大或减小字号 |
| Ctrl＋"↑↓←→" | 以最小单位移动对象 | F4 | 重复最后一次操作 |
| Ctrl＋拉伸对象 | 按中心缩放对象 | Ctrl＋G | 组合对象 |
| Shift＋拉伸对象 | 等比例缩放对象 | Ctrl＋Shift＋G | 取消组合 |
| Ctrl＋A | 全选对象 | Ctrl＋Z | 撤销前一步操作 |
| Shift＋F5 | 从当前幻灯片放映 | F5 | 从头开始放映 |

### 3. 撤销次数

如果制作过程中出现错误,使用撤销功能,可以取消上一步操作,恢复到之前的状态,软件默认撤销次数是 20 次,可以设置最多撤销次数为 150 次。

① 单击【文件】选项卡,选择【选项】;

② 在弹出的【PowerPoint 选项】对话框中,单击【高级】,在右侧出现的【编辑选项】区域中调整"最多可取消操作数"的值,如图 4-6 所示。

### 4. 保存时间

为避免停电、死机、重启等突发事件带来的损失或将损失降低到最小,可以给 PPT 设置自动保存时间,使得系统可以在最短时间内自动保存文档。建议时间不要设置得太短,频繁保存容易导致电脑变卡,但为尽可能降低损失,也不宜太长。

① 单击【文件】选项卡,选择【选项】;

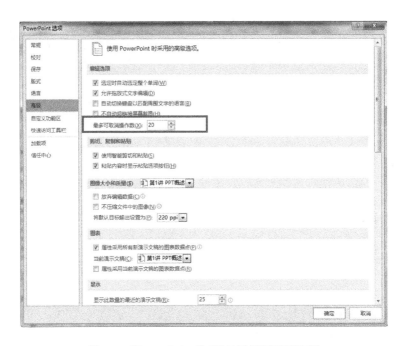

图 4-6 "PowerPoint 选项"对话框"高级"选项

② 在弹出的【PowerPoint 选项】对话框中，单击【保存】，在右侧出现的【保存演示文稿】区域中勾选【保存自动恢复信息时间间隔】选项，然后调整时间值，如图 4-7 所示。

图 4-7 "PowerPoint 选项"对话框"保存"选项

## 4.2 结构化思维

制作 PPT 的两个关键点：逻辑和视觉。如何能让 PPT 的内容更有逻辑性、可读性？接下来我们分别从母版应用、文字优化和模板等方面来进行学习。

### 4.2.1　母版的应用

PPT的逻辑和结构非常重要，没有逻辑的PPT只能让观众"望而却步"。要让你的PPT逻辑更清楚，首先要有一个清晰的结构，这个结构由5部分组成。

第一是封面，即PPT的首页。封面决定了给人的第一印象。封面标题要符合主题之魂，一般可分为文字型（左图）和图文结合型（右图），如图4-8左图所示。

图 4-8　封面示例

第二是目录，即汇报的主题分为哪几个部分。目录是PPT的重要组成部分之一。目录的设计可以围绕版式设计（左图）和图形设计（右图）展开，如图4-9所示。

图 4-9　目录示例

第三是转场，也称过渡页。它是PPT各部分之间的转折页，它的出现预示着前面一部分内容结束，后面一部分内容即将开始，起到承上启下的作用，如图4-10所示。

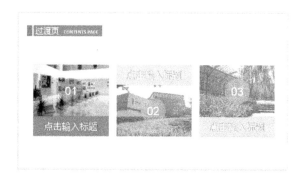

图 4-10　过渡页示例

第四是内容页,即 PPT 内容的呈现页面。这部分最好能够做到图文并茂,有图示化(左图)和图像化(右图)两种呈现方式,如图 4-11 所示。

图 4-11　内容页示例

第五是结束页。常用"谢谢""感谢聆听"等文案。风格可与封面呼应,如图 4-12 所示。只要做到这 5 部分,整个 PPT 的逻辑结构就清晰了。

图 4-12　结束页示例

在这 5 部分里,尤其是转场页和内容页,往往会在 PPT 中以相同的格式和布局方式重复出现,为了避免多次重复修改,可以使用"幻灯片母版"的功能,它可以用于设置幻灯片的样式,可供用户设定各种标题文字、背景、属性等,只需更改一页样式就可更改所有幻灯片的设计。

 案例描述

根据"目标管理实务"的内容结构,如图 4-13 所示,搭建 PPT 的逻辑框架(见素材 4.2.1-1),包括封面、目录、转场、内容、封底 5 个部分,风格统一,如图 4-14 所示。

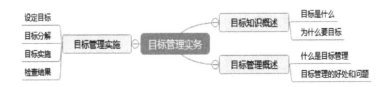

图 4-13　内容结构

图 4-14　PPT 示例

 案例分析

母版的应用

在"普通"视图（PPT 的前台，即 PPT 的编辑界面）下，我们可以观察到，所有的"内容页"采用的都是标题在上，矩形条分隔，具体内容在下的布局方式，所有的"转场页"采用的都是中间用矩形条分隔页面的模式。

切换到"幻灯片母版"视图（PPT 的后台）下，如图 4-15 所示，可以看到"内容页"在后台只出现了一次，"转场页"也如此。

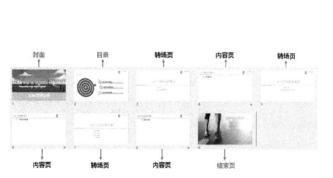

图 4-15　幻灯片母版

对于版面布局相同的页面，应使用母版功能，在后台制作，前台多次应用，这样可以大大节省制作 PPT 的时间。操作步骤如下：

① 单击【视图】选项卡，选择【幻灯片母版】，进入母版可编辑状态。

② 由于在总版式上修改元素格式，下属的子版式会重复总版式的格式，因此，对于共性的内容，可以在总版式上统一设置，而对于个性化的元素要在各子版式上分别设置，接下来在第 1、2、3、4、5 子版式上分别制作封面、目录、转场、内容、封底，插入需要的图片素材，进行格式设置。

注意：在后台的操作，只用于搭建 PPT 的框架，用户可以设置字体字号格式、插入图片等，但不输入具体的标题或文字内容。

③ 单击【幻灯片母版】选项卡，选择【关闭母版视图】，回到了普通视图下。

④ 单击【开始】选项卡，选择【新建幻灯片】，就可以看到后台已设置的版式，单击它就可以添加幻灯片了，多次单击即可重复添加，如图 4-16 所示。

⑤ 在每一页幻灯片中输入内容。

图 4-16　新建幻灯片

案例描述

根据"2018 年工作总结汇报"的内容结构，如图 4-17 所示，完成 PPT 导航栏制作（见素材 4.2.1-2），如图 4-18 所示。

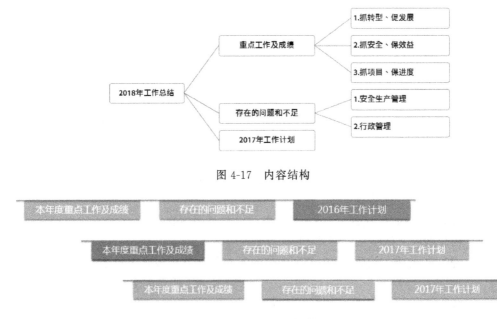

图 4-17　内容结构

图 4-18　PPT 导航栏

案例分析

对于 PPT，导航的功能是为了让观众更清楚此次演示的信息的逻辑思路，一个良好的导航设计能够更好地帮助演示者集中观众注意力，有效提高观众对信息的接受程度，还可以提醒演示者自己演示的进度。顶部导航栏是 PPT 中最为简单、有效的导航设计模式之一。

导航栏里共性的、个性的设置分别是什么？共性是导航条上的三个标题中总有两个呈灰色显示，个性是正在演示的主题是用不同的色块显示的这也是通过母版来实现的。

（1）单击【视图】选项卡，选择【幻灯片母版】，进入母版可编辑状态。

（2）对于共性的内容，可以在总版式上统一设置。单击总版式，在页面上绘制三个矩形，添加文字并设置灰色填充色，即可看到下方子版式相应地也添加了同样的效果，如图 4-19 左图所示。

（3）对于个性化的元素要在各子版式上分别设置。将总版式上的三个矩形复制到下面的三个子版式上，并设置不同的颜色加以区分，如图 4-19 右图所示。

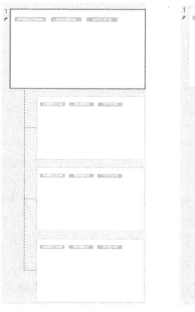

图 4-19  幻灯片母版

（4）单击【幻灯片母版】选项卡，选择【关闭母版视图】，回到普通视图下。

（5）单击【开始】选项卡，选择【新建幻灯片】，就可以看到后台已设置的版式，单击它就可以添加幻灯片了，多次单击即可重复添加。

（6）在每一页幻灯片中输入文字。

思维拓展

如何在 PPT 的每一页幻灯片中添加欧亚学院的徽标？

（1）单击【视图】选项卡，选择【幻灯片母版】，进入母版可编辑状态。

（2）对于共性的内容，可以在总版式上统一设置。单击总版式，在页面上插入徽标，我们可以看到下方子版式 1 至子版式 4 都添加上了徽标，如图 4-20 左图所示。

注意：如果要去掉下图中子版式 1 和子版式 3 上的徽标，其做法是添加图片覆盖或者单击【幻灯片母版】选项卡，勾选"隐藏背景图形"，结果如图 4-20 右图所示。

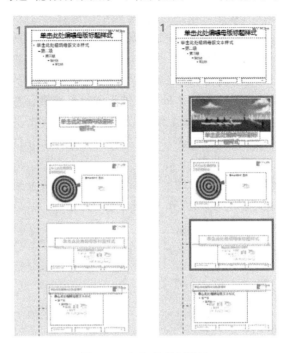

图 4-20　幻灯片母版设计

### 4.2.2　文字优化与呈现

搭建了 PPT 的结构，接下来就是要给内容页填充具体内容了，很多人在刚开始制作 PPT 时，将大段的文字充斥在 PPT 中，觉得这样内容才够饱满，演讲的时候才不会心虚。这些其实都是我们常见的现象，也是优化 PPT 时面对的最头疼的问题。PPT 即 PowerPoint，代表有力量的观点，呈现在 PPT 中的信息应该是精简的、核心的。无论是领导、客户，还是普通听众，大家的时间都非常宝贵，没有人愿意去听冗长的演讲，因此，面对大篇幅的文字，要有提炼，要有可视化的呈现。文字优化包括了文本内容和表现形式两方面。我们需要了解哪些内容是观众最关心的，哪些内容是可以省略的，要对文字进行提炼、优化和删减，接着还要分析文本之间的逻辑关系是什么，最后根据关系确定用怎样的形式表现出来。

案例描述

优化下面的文字，如图 4-21 左图所示，将优化结果以图示化形式呈现，如图 4-21 右图所示。

图 4-21　案例对比

 案例分析

文字优化与呈现

文字优化的步骤如下：

**1．分析文稿信息——区分段落层次**

把臃肿的大段文字拆分成不同的段落，并空出一定间隔。这样一来，文字变得更加有层次感，方便阅读，如图 4-22 所示。

图 4-22　区分段落层次

**2．提炼核心观点——删除次要信息**

进一步提炼核心观点，删除次要信息，其中包括：①原因文字（"因为""由于""基于"）；②解释文字（"是"、冒号、括号、引号、破折号）；③重复文字；④辅助文字（动词、介词、助词、连词、叹词、标点）；⑤铺垫文字（即正文前没有意义的文字）。这些都要删去，才能突出关键信息。删除后的效果如图 4-23 所示。

**3．确定逻辑关系——充分运用图示**

常见的逻辑关系有以下几种。并列关系：这是 PPT 中最常见的一种逻辑关系，在并列关系中，各项目之间处于同一逻辑层级，没有主次之分。总分关系/包含关系：指的是不同级别项目之间的一种"一对多"的归属关系。递进关系：指的是各项目之间在时间或者逻辑上有先后关系，通常我们在表达递进关系时，喜欢用数字、时间、线条、箭头等元素来展示。循环关系：通常用色块和箭头来表示，各项目之间是一个相互作用的过程。我们可以看出上述材料中的几段文字属于并列结构，具体操作如下：

图 4-23　删除次要信息

（1）选中并列关系的文本，右击鼠标，在弹出的快捷菜单中选择【转换为 SmartArt】选项中的【其他 SmartArt 图形】，如图 4-24 所示。

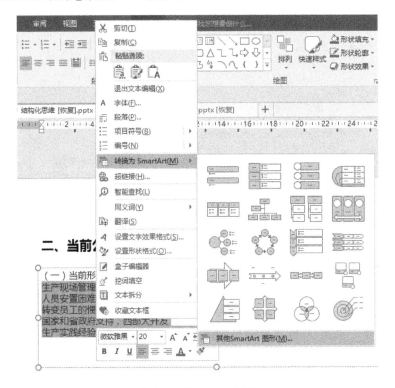

图 4-24　SmartArt 图形

（2）在弹出的【选择 SmartArt 图形】对话框中，在左侧选择图形关系，如"列表"，右侧选择合适的图形，单击【确定】按钮，如图 4-25 所示。

（3）选中生成的图形，单击【SmartArt 工具】，选择【设计】或【格式】选项卡，对图形元素进行边框、字体、形状、大小等的设置，如图 4-26 所示。

备注：单击【SmartArt 工具】，选择【设计】选项卡中的【添加形状】按钮进行形状的添加；使用 Delete 键可以删除图形中被选中的形状。

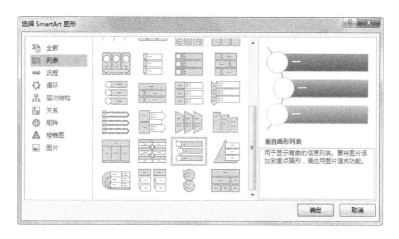

图 4-25　"选择 SmartArt 图形"对话框

图 4-26　SmartArt 图示

（4）最后，再添加一些文本框和图形等元素，并进行美化，如图 4-27 所示，对比之前大段文字的表现形式，是不是界面更友好了，内容可读性更强了呢？

图 4-27　文字图示化效果

另外,为了避免 SmartArt 图表看起来过于单调,我们除了可以对图标的样式、颜色、尺寸进行修改以外,还可以在其中添加一些小的 icon 图标进行修饰,让图表变得生动起来,如图 4-28 所示。那么,怎么可以找到 icon 图标呢,以下两个网址供大家参考。

Easyicon 网站 http://www.easyicon.net

Iconfont 网站 https://www.iconfont.cn

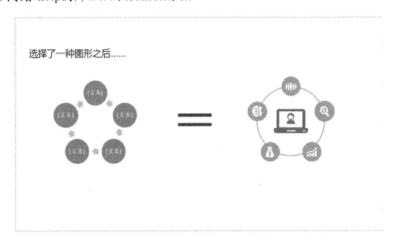

图 4-28　图标修饰

 思维拓展

对于下图案例,除了使用 SmartArt 图形工具,还可以借助"PPT 美化大师"工具完成文字的图形化显示。

图 4-29　案例素材

(1) 关闭正在运行的 PPT 软件程序。登录 http://meihua.docer.com 下载安装"PPT 美化大师"。安装完之后,点击"开始体验"即可打开 PPT 软件,同时,可以看到 PPT 的界面上多出了一个【美化大师】选项卡和一个侧边栏,如图 4-30 所示。

(2) 打开需要美化的 PPT,用户可以对整体风格进行修改,也可以对个别页面进行修改。

对整体风格进行修改:单击侧边栏"更换背景"或"魔法换装"按钮,可以给 PPT 整体换一

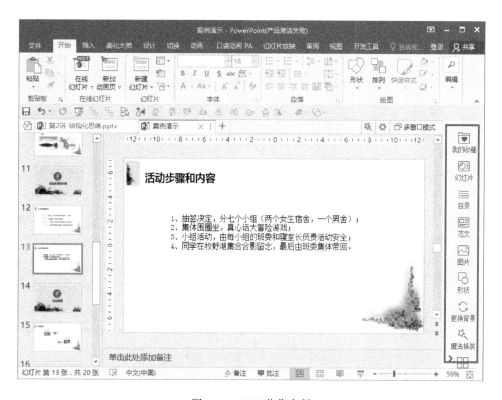

图 4-30　PPT 美化大师

个漂亮的模板,选中想要的模板,单击右下角的"套用至当前文档"即可,如图 4-31 所示。

图 4-31　PPT 美化大师"更换背景"

对个别页面进行修改:选中要修改的幻灯片,然后单击【美化大师】选项卡,或在侧边栏上单击"幻灯片"按钮,在弹出窗口的右侧选择"图示",接着选择"全部个数"为"4",选择"全部关系"为"流程步骤",最后选择合适的图示,如图 4-32 所示。

(3) 根据 PPT 整体的风格和内容,对生成的图示进行字体、字号、尺寸、颜色等方面的调整,如图 4-33 所示。

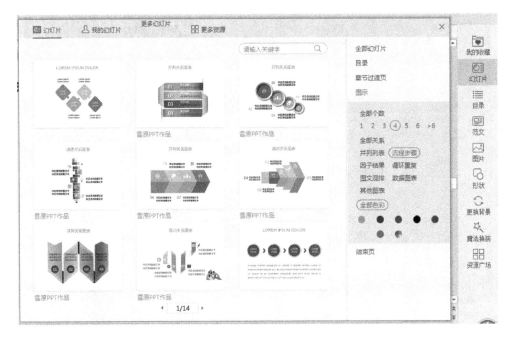

图 4-32　PPT 美化大师"图示"

图 4-33　应用图示

最后,向大家推荐一个网站——"海洛创意",该网站提供了很多图示。用户可以下载图示或者模仿这些图示来表现出文字的逻辑关系。

### 4.2.3　如何找到模板

在制作 PPT 的时候,我们可能会遇到时间紧迫,来不及自己做模板,需要到网上寻求模板的情况,可是网络上各形各色的 PPT 模板,其中不乏糟粕,那么问题来了,我们应该在哪里找?找到后又如何把它化为己有?在套用模板的过程中需要注意什么问题?接下来我们针对这些问题来看看如何解决。

**1. 在哪里找?**

国内的 PPT 模板网站非常多,品质参差不齐,给大家推荐几个质量比较高的 PPT 资源下载网站。

(1)演界网(http://www.yanj.cn)

演界网隶属于锐普 PPT,拥有大量优秀的付费模板和免费模板,作者往往都是锐普论坛

里知名的大神级人物,成套的合集作品较多,该网站包含了非常多的 PPT 图示,如图 4-34
所示。

图 4-34　演界网

（2）PPT STORE(http://www.pptstore.net)

PPT STORE 是一个正版的 PPT 模板交易网站。这里汇聚了国内众多的 PPT 达人们和
他们的作品。PPT STORE 不断创造出新内容出来,让众多的 PPT 高手们拥有一个交流合作
与共享的平台,不断促进 PPT 模板的创新制作,向网友们展示一流的 PPT 模板,如图 4-35
所示。

图 4-35　PPT STORE

（3）OfficePLUS(http://www.officeplus.cn)

OfficePLUS 是微软官方出品的 Office 资源网站,除了有大量的 PPT 模板以外,还有许多
与 Word、Excel 相关的资源,如图 4-36 所示。

（4）51PPT 模板网(http://www.51pptmoban.com)

51PPT 模板网上有大量高质量的模板可以免费下载,这个网站上非常有特色的一个板块

图 4-36    OfficePLUS

是"PPT 大设计师",其中有很多 PPT 大咖的作品都可以免费下载,如图 4-37 所示。

图 4-37    51PPT 模板网

在这里要提醒大家:PPT 模板存在版权问题,无论是付费还是免费下载,都仅作为参考或学习交流使用,不可用于商业用途,也请勿私自分享他人的模板。

**2. 怎么"变为己有"?**

在挑选模板的时候可以从以下几个方面考虑:①在风格和内容上与自己的主题是否高度契合;②模板里面的版式是否具体。

当然,即使找到了非常满意的模板,也难保证它 100% 符合自己的要求,此时我们就需要对找到的模板进行修改,让它"变为己有"。我们来看下面的案例。

案例描述

现在需要制作一个教学课件《PPT设计与制作》,其中以封面的设计为例,完成对模板的修改。

案例分析

《PPT设计与制作》这节课的授课对象是刚进入大学的一年级新生。PPT封面的设计上应该体现出该学校的元素,以及该课程的特点。具体操作需要借助网络资源先进行下载模板,然后再根据PPT的主题和风格进行相应的修改。

(1)在网上下载并打开模板PPT文件,单击【视图】选项卡,选择【幻灯片母版】,进入母版可编辑状态。我们可以先去掉两类元素:一类是多余的页面,根据主题,删除模板中用不到的版式页面;另一类是版式里的多余元素,根据自己的需要,将不符合主题的元素删除,如模板中的"麦穗"图片,如图4-38所示。

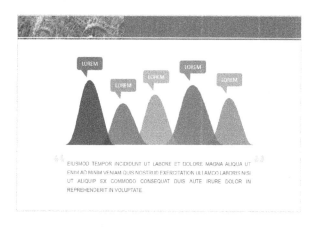

图4-38　删除母版多余元素

(2)在母版中设置需要的效果,包括幻灯片大小、背景图、配色、字体和版式。如封面,如图4-39所示。页面排版采用的是上下型结构,把整个版面分为上下两个部分,上半部分放置主题文字,下半部分放置与主题相关的图片,整体看上去比例协调,主题突出,设计美观。

图4-39　封面设计1

若直接用在教学课件上显然不合适,因为授课对象是大一新生,所以 PPT 元素的应用应该考虑到这一特点。我们在页面的下半部分添加了大海帆船图片,写上"带你从这里起航"这句话,为了使上半部分和下半部分呼应,我们还添加了蓝天和白云的图片,然后写上章节名和本节课的主题,页面中间向同学们展示了校园风景,整体看上去非常和谐自然,主题鲜明,如图4-40 所示。这便是将 PPT 模板"化为己有"的过程。

图 4-40　封面设计 2

 思维拓展

在生活中,我们要留心观察,当看到一个好看的设计作品时,比如,网页、电影海报、名片、书籍排版等,我们都可以先尝试着从模仿做起,可以重点学习他们的颜色、版式、内容等,从而逐渐提升我们的审美标准,如图 4-41 所示,同时,在动手做的过程中,多去思考这些作品有哪些特点,有哪些元素可以做出来这些效果,如果换个颜色、装饰线效果会怎么样,经过这样的多看、多思考、多练习,在模仿的基础上慢慢加入自己的创新思想,我们的设计水平会慢慢提高。

图 4-41　封面设计 3

## 4.3　版面设计技巧

设计大师罗宾·威廉姆斯(Robin Williams)在其经典著作《写给大家看的设计书》中指出:"任何元素都不能在页面上随意安放。每一项都应当与页面上的某个内容存在某种视觉联系。"好的排版是吸引观众阅读的前提。在设计和制作PPT时,设计者要站在观众的角度审视PPT,关注图片及文字的排版够不够整洁美观,是否在有限的时间内有利于观众捕捉并理解重要信息。带着观众视角制作出来的作品,会显得设计者更加专业,同时也让观众感到被尊重。

### 4.3.1　版式设计八字诀

排版设计亦称版面编排。所谓编排,即在有限的版面空间里,将版面构成要素——文字字体、图片图形、线条线框和颜色色块等,根据特定内容的需要进行排列组合,并运用造型要素及形式原理,把构思与计划以视觉形式表达出来。平面设计八字诀:对齐、聚拢、对比、降噪。掌握八字诀可以让我们在制作PPT的过程中避免排版上的错误,使版面美观。

**1. 对齐**

在生活中,有序的事物会给人一种舒适、平静的感觉。在制作PPT的时候也一样,任何元素都不能在页面上随意放置,每一项都应当与页面上的某个内容存在某种视觉联系,让元素整齐有序、符合一定的规则地排布在页面中,从而形成美感。这个规则包含几种对齐,其中包括文本对齐和其他元素间的对齐。文本对齐:左对齐、居中对齐、右对齐、两端对齐、分散对齐,如图4-42所示。元素间的对齐:左对齐、右对齐、顶端对齐、底端对齐、左右居中、上下居中、横向分布、纵向分布,如图4-43所示,具体操作将在下一节中讲到。

图 4-42　文字对齐　　　　　　　　　　图 4-43　元素对齐

**2. 聚拢**

将有关联的事物聚拢,可以表现出事物间的关联性。在PPT的制作中,将关系近的内容、同等重要或级别相同的部分聚拢,缩短他们之间的距离,表现出来的关联性更强,反之,关系远的内容,重要性不同或级别不同的部分之间的距离要加大。总之,要将相关的内容汇聚,无关的内容分离,如图4-44所示。

图 4-44  聚拢

### 3. 对比

"对比"可以用来组织信息、清晰层次,引导观众阅读视线,制造焦点。常见的对比形式有:文字的对比、大小的对比、颜色的对比和形状的对比,如图 4-45 所示。特别指出,文字的对比可以通过改变字号大小、文字颜色和字体效果来实现;颜色的对比可以利用对比度、饱和度和亮度的不同来实现。

图 4-45  对比

### 4. 降噪

我们常常把 PPT 页面中出现的影响阅读的元素称之为噪点。降噪就是要对这些干扰视线的元素进行处理,将干扰消除或降到最低,其目的是让页面看上去更简洁大方,层次分明且重点突出。那么,噪点具体是哪些呢?

(1)五颜六色的配色

(2)不相关的配图和影响阅读的底图

(3)图表中不必要的参考线、网线、图例等

(4)过多的页面信息层次

(5)幻灯片想要表达或者强调的观点不清晰

噪点越多,越容易给听众的视力带来负担,尤其是演讲型 PPT,一张幻灯片停留的时间一般只有 1 分钟左右,如果噪点过多,受众就不能清晰地获取到你要表达的主题和观点。降噪的办法是提炼关键信息,利用前面讲到的排版设计原则,做到重点突出、观点有力。如果去掉幻灯片上的某些多余的元素后,不会妨碍人们的理解,那么我们可以考虑把它们最小化,或者干脆不使用,如图 4-46 所示。

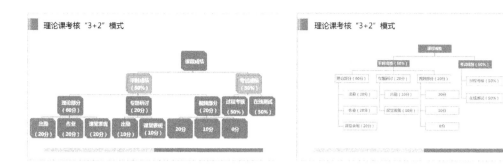

图 4-46　降噪

## 4.3.2　快速排版之段落

幻灯片上段落多、段落的主题不够突出,段落之间没有层级关系,使用的字体太多,行距设置得不合适等,都会造成 PPT 排版不好看,段落排版的原则如下:

(1)统一字体、突出标题、巧取颜色

一个 PPT 中的字体不能超过三种,特别在一页中尽量统一字体,除非特别要强调某个内容时,可以用其他字体突出。每段都应该有一个主题词或主题句,将其通过放大字号、加粗、改变颜色加以突出。颜色可以从模板现有的颜色,如 PPT 的主色,或徽标的颜色中选取。关于色彩,后面有一节会专门讲到。

(2)调整间距、增加编号、添加缩进

段落的行间距一般调整为固定值 22 磅左右或 1.3 倍为宜,当然,这和页面内容文字及段落的多少有关,可以根据具体情况进行适当调整。通过添加项目编号和符号可以进行段落区分,使得段与段之间更清晰,添加段落的缩进效果是为了更好的区分段落之间的层级关系,让页面内容看上去更有层次感。具体操作将通过下面的案例来进行讲解。

 案例描述

对图 4-47 呈现的幻灯片案例,进行以上的六步排版操作,效果如图 4-48 所示。

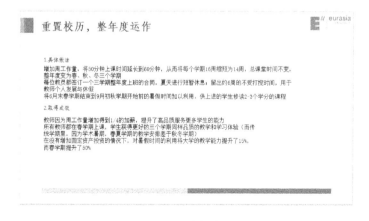

图 4-47　案例素材

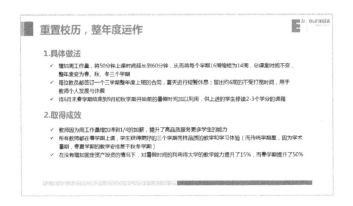

图 4-48　案例效果

 案例分析

段落排版操作如下：

快速排版之段落

（1）统一字体。Word、Excel、PPT 各自都带有一个"查找替换"功能，这个功能如果应用得当，可大大地提高我们的办公效率。值得注意的是，PPT 中还带有一个与其类似的功能——"替换字体"，通过它可以一键替换整个 PPT 中的字体。现在我们要把所有的字体都替换成"微软雅黑"字体。单击【开始】选项卡，选择【替换】中的【替换字体】选项，在打开的【替换字体】对话框中，分别选择"替换"和"替换为"下拉框中的字体，如图 4-49 所示，然后单击【替换】按钮就可以实现统一字体。

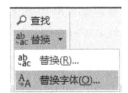 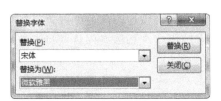

图 4-49　替换字体

（2）突出标题。将两个段落上方的标题 1 和标题 2 设置字号加大，加粗的效果，如图 4-50所示。

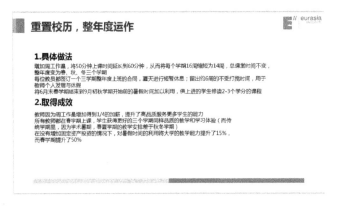

图 4-50　突出标题

（3）巧取颜色。颜色可以从徽标上来选取。先选中大标题和两个段落标题的文本框，然后单击【开始】选项卡，选择"字体颜色"按钮，单击【取色器】选项，如图 4-51 所示，此时，鼠标变成"吸管状"，再单击徽标，就可以把取到的颜色应用到文本上了，如图 4-52 所示。

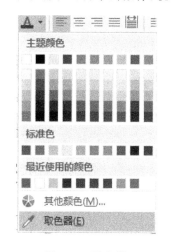

图 4-51　取色器

图 4-52　取色后效果

（4）调整间距。在【开始】选项卡中，选择"行距"按钮，单击【行距选项】，在弹出的【段落】对话框中，选择"多倍行距"，设置值为 1.3，如图 4-53 所示。

图 4-53　调整间距

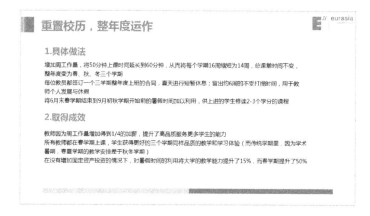

图 4-54　调整间距后的效果

（5）添加编号。到目前为止，段落之间的区分还不是特别明显。我们来添加编号，选中段落文本，单击【开始】选项卡，选择【项目符号】或【编号】按钮，在列表中选择合适的符号或编号即可，如图 4-55 所示。

图 4-55　项目符号

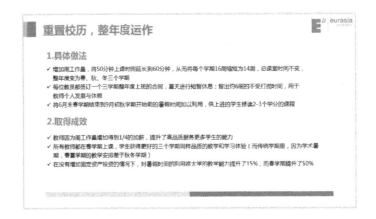

图 4-56　添加项目符号后效果

（6）添加缩进。这是为了让段落看上去更有层次感。那么，如何调整编号或符号的位置，以及它与文本之间的距离呢？单击【视图】选项卡，选中【标尺】选框，即可打开标尺工具，然后选中段落，通过拖动标尺上的"首行缩进"和"悬挂缩进"的滑杆标记来控制符号的位置，以及其与文本之间的距离，如图 4-57 所示。

图 4-57　显示或隐藏标尺

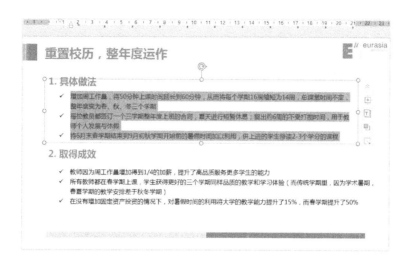

图 4-58　缩进后效果

### 4.3.3　快速排版之对齐

有关对齐的概念，我们在前面的内容中已经讲过了。这一节内容我们一起来看看如何实现快速对齐。

**1. 使用对齐工具**

（1）左、右、顶端、底端对齐。"左对齐"就是以最左端的对象为基准对齐，"右对齐""顶端对齐""底端对齐"也是相应的方式，选项如图 4-59 所示。

（2）水平、垂直居中。这两种居中方式是以最左端和最右端对象（或最上端和最下端对象）之间距离的中心点为对齐依据的，选项如图 4-60 所示。

（3）横向、纵向分布。它们也是以最左端和最右端对象（或最上端和最下端对象）之间距离为分布依据的，选项如图 4-61 所示。

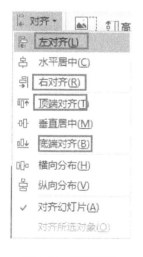

图 4-59　元素对齐

图 4-60　水平/垂直居中

图 4-61　横向/纵向分布

案例描述

对 PPT 中的 4 个对象实践以上几种对齐方式,感受它们之间的不同之处,如图 4-62 所示。

图 4-62　案例素材

 案例分析

（1）左、右、顶端、底端对齐

快速排版之对齐

先选中这 4 个矩形对象,单击【格式】选项卡中的【对齐】按钮,再单击【左对齐】选项。此时,最左端的对象是矩形 3,左对齐的结果是其他矩形都以矩形 3 为基准对齐,如图 4-63 所示。右对齐、顶端对齐和底端对齐的操作方法类似。对齐效果如图 4-64 所示。

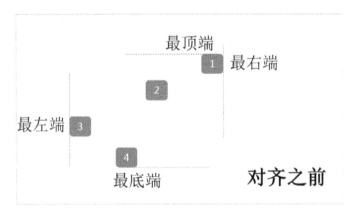

图 4-63　元素对齐基准

以上的效果都是在选中了"对齐所选对象"的情况下完成的。如果我们选中的是"对齐幻灯片"呢,如图 4-65 所示。在这种情况下,完成以上对齐的效果如图 4-66 所示。

可以看出,在选中"对齐幻灯片"的情况下,左、右、顶端、底端对齐都是沿着页面的左、右、上、下边沿对齐,所以,当我们要做对齐时,要区别对待这两种情况,常用的是"对齐所选对象"。

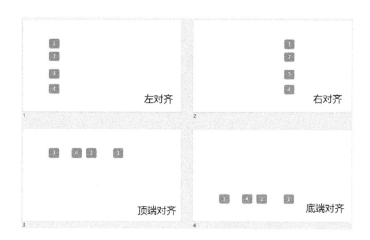

图 4-64　元素对齐效果

图 4-65　对齐所选对象/对齐幻灯片

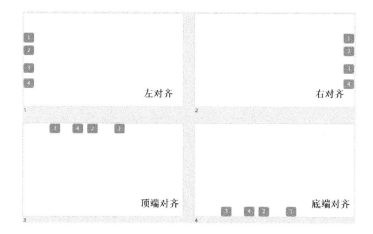

图 4-66　元素对齐幻灯片效果

（2）水平、垂直居中。

在选中"对齐所选对象"的情况下，选中页面上的 4 个对象，单击【格式】选项卡中的"对齐"按钮，再单击【水平居中】或【垂直居中】选项。最终以最左端和最右端对象（或最上端和最下端对象）之间距离的中心点对齐，对齐之前如图 4-67 所示。对齐效果如图 4-68 所示。

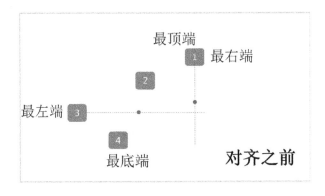

图 4-67　元素对齐之前

图 4-68　对齐后效果

（3）横向、纵向分布。

在这个例子中我们可以看出各对象之间的距离是不均等的，现在通过横向分布和纵向分布的选项，可以实现元素之间等距分布。在"对齐所选对象"选中的情况下，选中页面上的 4 个对象，单击【格式】选项卡中的"对齐"按钮，再单击【横向分布】或【纵向分布】选项。它们也是以最左、最右端对象（或最上、最下端）之间的距离均匀分布。分布之前如下图 4-69 所示，效果如下图 4-70 所示。

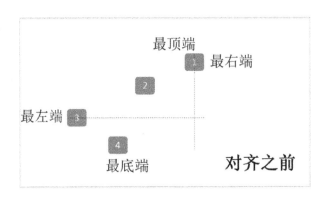

图 4-69　分布之前

图 4-70　对齐所选对象-横向/纵向分布后效果

在"对齐幻灯片"选中的情况下,对齐的效果就不一样了,它是以整个页面的宽度和高度均匀分布,在水平和垂直方向分别分成了间距相等的 5 段,如图 4-71 所示。

图 4-71　对齐幻灯片-横向/纵向分布后效果

**2. 使用参考线**

使用对齐工具可以很方便地实现某个页面中元素之间的对齐效果,但是当 PPT 中的对象需要实现跨页对齐时,如何做到准确、规整地对齐,这就需要参考线了。

 案例描述

如下图 4-72 所示,使用参考线进行跨页对齐效果,将三个页面上的色块、文本框及图片对齐。

图 4-72  参考线-跨页对齐

 案例分析

（1）调用参考线的方法

① 使用"Alt＋F9"快捷键可以快速打开参考线。

② 在页面上右击鼠标，在弹出的快捷菜单中通过选中【网格和参考线】的方法打开参考线，如下图 4-73 所示。

③ 单击【视图】选项卡，在【显示】区域中选中【参考线】复选框，如图 4-74 所示。

（2）编辑参考线

参考线在初始状态下是由位于标尺"零刻度"位置的纵横两条中心交叉的虚线构成。在实际的操作过程中，两条参考线可能无法满足排版需求，可以在需要设置对齐线的位置复制参考线，也可以将参考线进行移动，还可以将多余的参考线删除。

① 复制参考线。用鼠标点住已有的参考线，出现数字时，在按住 Ctrl 键的同时移动鼠标即可复制一条参考线。注意：横、竖参考线都用这样的方法。

图 4-73　网格和参考线　　　　　　图 4-74　显示/隐藏参考线

② 移动参考线。用鼠标点住已有的参考线,移动鼠标即可将选中的参考线移动到需要的位置。注意:横、竖参考线都用这样的方法。

③ 删除参考线。将参考线移到编辑区的外面,即可删除该参考线,还可以右击参考线,在快捷菜单中选择【删除】。

这个案例中,我们添加了 4 条参考线(3 条垂直,1 条水平),接下来每一页都可以以这 4 条参考线为基准进行位置的调整了,如下图 4-75 所示。

图 4-75　利用参考线跨页对齐元素

### 4.3.4　快速排版之表格

上节内容,我们知道了 PPT 页面元素的对齐方法,比如,可以将文本框快速对齐,但是,在元素比较多的情况下,需要多次使用对齐按钮,那么还有没有更快捷的方法呢? 这一节我们一起来学习快速排版之表格操作。

 案例描述

制作一页多层级内容的 PPT,如下图 4-76 所示,其中包括"人物""自然""文化"等分类标题,其下的内容为二级内容。

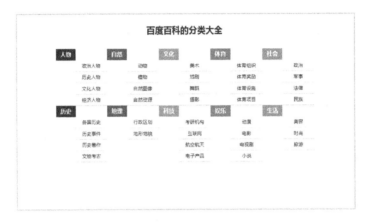

图 4-76　多层级内容 PPT

 案例分析

快速排版之表格

(1)创建表格。单击【插入】选项卡,选择【表格】中的【插入表格】命令,输入行数"10",列数"10",单击【确定】,即生成一个表格,然后在表格中录入文字,如下图 4-77所示。

| 百度百科的分类大全 | | | | | | | | | |
|---|---|---|---|---|---|---|---|---|---|
| 人物 | | 自然 | | 文化 | | 体育 | | 社会 | |
| | 政治人物 | | 动物 | | 美术 | | 体育组织 | | 政治 |
| | 历史人物 | | 植物 | | 戏剧 | | 体育奖励 | | 军事 |
| | 文化人物 | | 自然图像 | | 舞蹈 | | 体育设施 | | 法律 |
| | 经济人物 | | 自然资源 | | 摄影 | | 体育项目 | | 民族 |
| 历史 | | 地理 | | 科技 | | 娱乐 | | 生活 | |
| | 各国历史 | | 行政区划 | | 考研机构 | | 动漫 | | 美容 |
| | 历史事件 | | 地形地貌 | | 互联网 | | 电影 | | 时尚 |
| | 历史著作 | | | | 航空航天 | | 电视剧 | | 旅游 |
| | 文物考古 | | | | 电子产品 | | 小说 | | |

图 4-77　表格

（2）调整表格格式。选中表格，单击【表格工具/设计】选项卡，再单击【底纹】按钮，然后选择"无填充色"，整个表格的填充色将被去除，接着将表格中的所以文字颜色设置为黑色。为了便于操作，我们可以先将整个表格的边框线颜色设置为黑色，选中整个表格，单击【边框】按钮，选择"所有框线"。按钮如下图 4-78 所示。

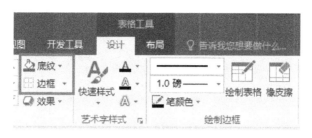

图 4-78　表格边框和底纹

按照案例图片所示，为分类标题所在的单元格底纹设置颜色，并适当调整表格中的字体大小。选中整个表格设置表格的对齐方式为"垂直居中"和"水平居中"，如下图 4-79 所示。

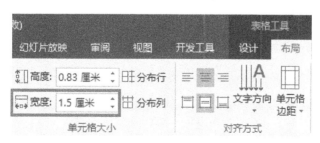

图 4-79　表格对齐

（3）调整行高列宽。单击【表格工具/布局】选项卡，选中分类表格所在的列，单击"宽度"数值框，设置为"1.5 厘米"，如下图 4-80 所示。接着，选中整个表格，单击【边框】按钮，选择"无框线"，此时表格的所有框线都看不到了，如下图 4-81 所示。

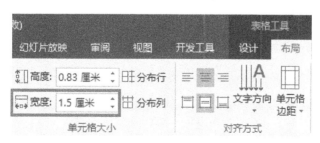

图 4-80　表格宽度

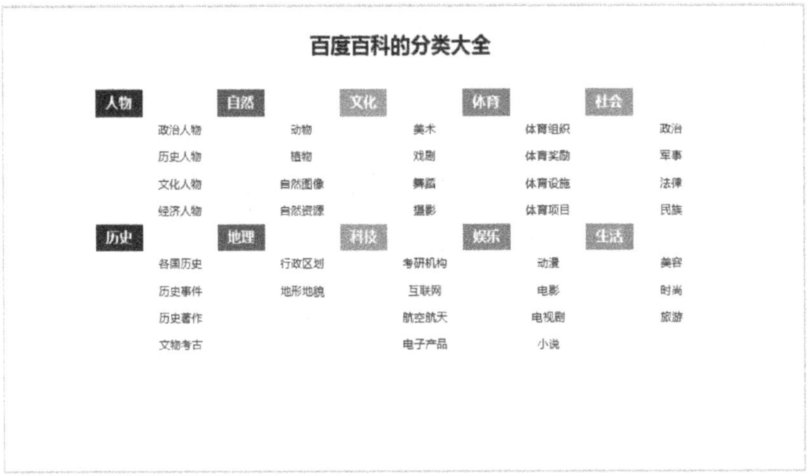

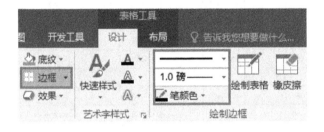

图 4-81　设置表格无框线

（4）给二级内容添加边框线。选中"人物"分类下的二级内容，单击【表格工具/设计】选项卡，先调整线条的"样式""粗细""颜色"三个选项（此处粗细为 0.5 磅，颜色为浅灰色），然后单击【边框】按钮，选择"内部框线"，再选择"下框线"。其他分类的边框线的设置方法相同，如下图 4-82 所示。设置后的效果如图 4-83 所示。

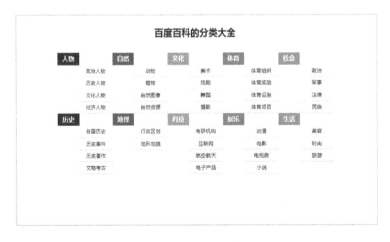

图 4-82　表格边框

图 4-83　设置后的效果

### 4.3.5　快速排版之图形

绘制图形的时候,尤其在元素特别多的情况下,你是否遇到过直线不直、元素对不齐、间距不相等等情况? 只要采取正确的作图方法和步骤,就可以既快又好地创建各种图形。

 案例描述

如图 4-84 所示,绘制出项目甘特图。

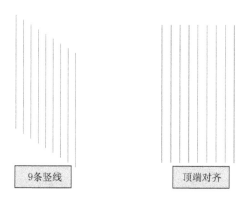

图 4-84　甘特图

案例分析

(1) 绘制竖线。单击【插入】选项卡中的【形状】按钮,选择"直线"按钮,然后按住 Shift 键绘制竖线。

快速排版之图形

(2) 选中绘制好的竖线,使用快捷键"Ctrl＋C"复制竖线,再使用"Ctrl＋V"粘贴竖线,之后重复按 F4 键,直到产生 9 条竖线,选中所有线条,设置顶端对齐,如下图 4-85 所示。

图 4-85　绘制竖线

在 PPT 中,将最右边的线条调整好位置,如图 4-86 所示,然后选中所有线条,设置横向分布,效果如图 4-87 所示。

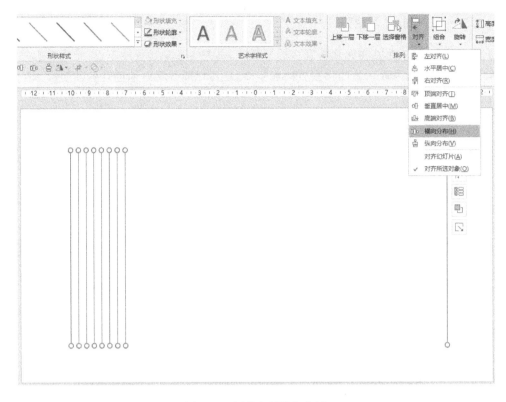

图 4-86　调整右侧线条位置

图 4-87　横向分布

（3）绘制矩形。单击【插入】选项卡的【形状】按钮，选择【矩形】按钮，然后绘制矩形，在矩形中添加文字并设置字体格式，接着设置矩形填充色，接下来选中矩形，使用快捷键"Ctrl＋C"复制，再使用"Ctrl＋V"粘贴，然后重复按 F4 键，直到产生 8 个矩形，最后选中所有形状，设置顶端对齐。在 PPT 中，将最右边的矩形调整好位置，然后选中所有矩形，设置横向分布。效果如图 4-88 所示。

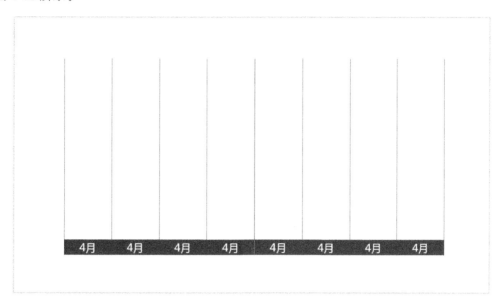

图 4-88　添加矩形-月份

（4）绘制项目进度。单击【插入】选项卡的"形状"按钮，选择"矩形"按钮，然后绘制矩形，在矩形上添加文字并设置字体格式，接着设置矩形填充色，最后将日期和工作内容文本框进行组合。最终效果如图 4-89 所示。

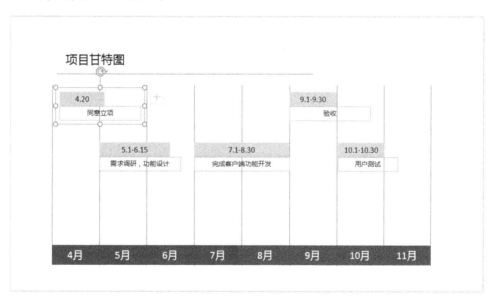

图 4-89　添加形状及文本框-项目进度

### 4.3.6　快速排版之转换

我们拿到的原始素材是一份长长的 Word 文档，如果要把它制作成 PPT，你会怎么做呢？有一种快捷的方法，可以高效地将 Word 文档转换成 PPT 的形式。

案例描述

将素材"活动策划书"Word 文件转换成 PPT,如图 4-90 所示。要求 PPT 按照 Word 中的一级标题分页显示,每个标题和此标题下的内容出现在一页幻灯片中。

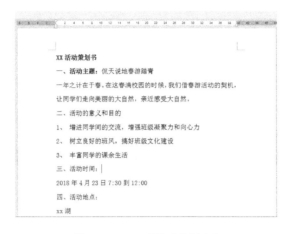

图 4-90　Word"活动策划书"

案例分析

(1)调整文章的大纲级别。打开"活动策划书"Word 文档,单击【视图】选项卡的【大纲视图】按钮,进入大纲视图,选择要单独成为一页幻灯片的标题,将其大纲级别设置为"1 级",再选中将要出现在一级下方的内容,将其大纲级别设置为"2 级"该方法我们在 Word 章节中讲过。设置好之后,在【视图】选项卡中打开"导航窗格"功能,即可在窗口的左侧看到文章的层级结构,如图 4-91 所示。这是将 Word 文档转换成 PPT 非常重要的准备工作。

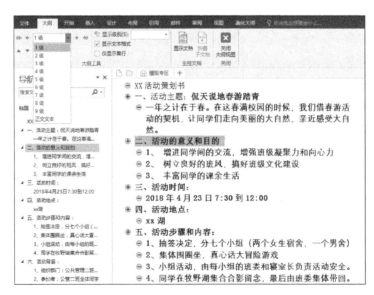

图 4-91　Word 大纲级别

（2）设置 Word 转换成 PPT 按钮。在 Word 文档中，单击【文件】选项卡，选择【选项】，在打开的对话框的左侧列表中选择【自定义功能区】，在其右侧【从下列位置选择命令】下拉列表中选择"不在功能区中的命令"，如图 4-92 所示，然后在其下方的列表中找到"发送到 Microsoft PowerPoint"选项，单击【添加】按钮，即可将此命令添加到功能区中的选项卡中，最后单击【确定】按钮。我们可以在窗口上方的选项卡中看到【发送到 Microsoft PowerPoint】命令按钮。

注意：在添加"发送到 Microsoft PowerPoint"命令之前，需要在【自定义功能区】的右侧区域，单击【新建组】按钮先新建一个组，才可以完成添加操作。

图 4-92 "Word 选项"对话框

（3）将 Word 转换成 PPT。在已经设置好大纲级别的 Word 文档中，单击选项卡中已经添加好的【发送到 Microsoft PowerPoint】命令按钮进行转换，随即生成了一个 PPT 文件，并且我们可以看出，PPT 分页显示的内容是按照之前在 Word 中设定好的大纲级别进行划分的，如图 4-93 所示。

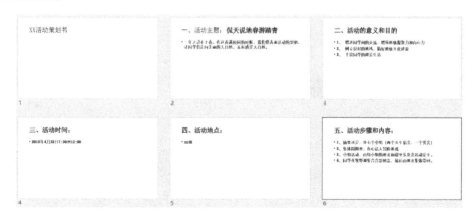

图 4-93 Word 转换成 PPT

## 4.4　与众不同的文字

PPT中文字的设计和选择,不同于Word中文字的简单排列。在PPT中,我们可以利用不同的字体表现不同的关系,还可以选择不同的场景配合不同的字体,从而更好地传达出PPT内容的含义和情感。

### 4.4.1　字体的分类与搭配

字体是指文字的风格样式,比如,楷体、宋体、行书等,字体按照笔画的粗细分为衬线字体和非衬线字体。衬线字体是指在每个笔画的起点和终点有一些修饰效果,线条粗细不同,字号稍小就不容易辨认,它们更适合近距离阅读时使用,投影时清晰度不高。非衬线字体是指笔画粗细相同的字体,简洁干练,容易辨认,它们更适合投影使用,投影时更清晰美观。按照这一标准,宋体是典型的衬线字体,微软雅黑是典型的非衬线字体。在同一字号下,衬线字体看起来比非衬线字体更小,也没有非衬线字体清晰,视觉冲击力较弱,如图4-94所示。

西安欧亚学院　　西安欧亚学院

宋体44号 衬线字体　　　　　　微软雅黑44号 非衬线字体

图4-94　衬线/非衬线字体

学会选择字体会给你的PPT加分。每种字体都有它自己的"性格",如果应用得当,就可以把文字所要表达的意思和感觉更好地传达出来。如图4-95所示,"圆润""幼稚""肥满"分别应用了不同的字体,是不是传达出了文字本身的感觉呢?

图4-95　字体的"性格"

另外,我们在选择字体时,也要注意字体的粗细和笔画的疏密程度,它们代表的含义也是不一样的。对于字体的粗细程度来说,字体越粗,视觉冲击力越强,传达的是厚重的感觉,大标题可以使用这样的字体;字体越细,越适合用于轻松的主题内容,辨识度也较高。对于笔画的疏密程度来说,稀疏的笔画表达的感觉更随性一些,适合非正式场合;而在正式的场合下,就要选择笔画相对密集一些的字体,这样才能显得更庄严。接下来,我们来看一个案例。

**案例描述**

根据这4幅背景的场合和意境,搭配文字并选择合适的字体,案例如图4-96所示。

①

②

③

④

方正粗宋体
方正综艺体
华康俪金黑
方正粗倩体
方正静蕾体
康熙字典體
叶根友疾风草书
叶根友特楷简体
问鼎习字体
方正稚艺体

图4-96 字体搭配

**案例分析**

图①属于卡通风格,常用来给小朋友观看,可以选择方正稚艺体;图②属于商务风格,应用于商务场合,应选择大方、正式的字体,可以选择方正粗宋体、华康俪金黑、方正粗倩体;图③属于中国风格,可以选择康熙字典体、叶根友疾风草书、叶根友特楷简体、问鼎习字体;图④属于文艺风格,可以选择方正静蕾体、方正综艺体。接下来我们为每幅图片配上合适的文字和字体,如图4-97所示。

①

2018年设计部
工作总结与规划
②

天道酬勤

③

我的世界里便是晴天
④

方正粗宋体
方正综艺体
华康俪金黑
方正粗倩体
方正静蕾体
康熙字典體
叶根友疾风草书
叶根友特楷简体
问鼎习字体
方正稚艺体

图4-97 搭配字体后效果

以上这些都是字体理论知识。究竟该用哪种字体做标题，哪种字体做正文？哪种字体适用于哪种场合？下面我们给大家做一些推荐。

第一种：标题用微软雅黑，正文用微软雅黑，这是最保险的搭配，这种简单大方的风格可以使用在任何场合。

第二种：标题用方正粗倩、粗宋或风雅宋，既能体现严肃，又能起到醒目强调的作用，正文用微软雅黑，这种搭配适合政府、学校等公务场合。

第三种：标题用方正综艺简体、华康俪金黑，这些字体看上去更醒目、庄重，正文用微软雅黑，这种搭配适合年终总结、项目提案、汇报等场合。

第四种：标题用汉仪菱心体、蒙纳简超刚黑字体，正文用微软雅黑，这种搭配的视觉冲击力更强，适合用于海报制作、广告宣传等。

最后，除了要注意字体的选择以外，还需要关注文字的字号，PPT 上的内容一定要让观众可以看清楚，尤其是在投影播放的环境下。通常，正文的字号不小于 14 号。

### 4.4.2　字体查找与安装

在微软的系统里面，默认安装的字体是非常有限的，要丰富 PPT 的表达，就需要安装一些字体，那么以上这些字体可以在哪里找到呢？下面介绍几种查找字体的方法。

**1. 找字网（http://www.zhaozi.cn）**

找字网是中国字体最全的字体网站，上面有各类字体的介绍和预览效果，用户可以下载字体，如图 4-98 所示。

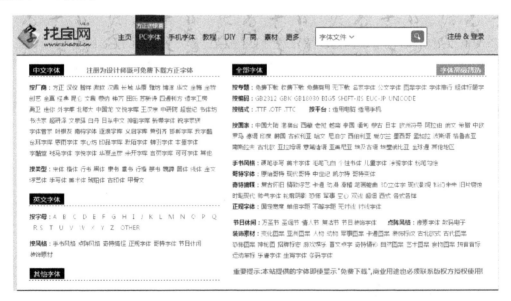

图 4-98　找字网

**2. 在线字体生成网站**

用户可以在百度搜索到非常多的在线字体生成网站，这类网站的基本操作是：输入文本内容，得到不同的字体显示效果，然后把字体直接保存成图片，在 PPT 中使用这些图片即可。以下示例是一个艺术字的在线生成的网站，如图 4-99 所示。

图 4-99　在线字体生成网站

### 3. 不认识的好字体怎么找

有时候我们会在一些杂志封面或广告设计中发现一些非常好看的字体，但是并不知道这是什么字体，那怎么才能找到呢？这里向大家推荐一个网站——求字体网（http://www.qiuziti.com）。

 案例描述

查找"微微一笑很倾城"的字体，如图 4-100 所示，并下载字体。

图 4-100　案例展示

（1）使用 Windows 系统自带的画图软件或是 PPT 中图片的裁剪功能，裁剪出部分完整清晰的文字，然后将图片保存到桌面，如图 4-101 所示。

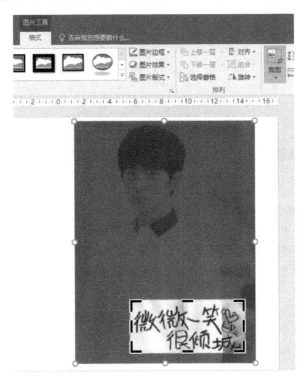

图 4-101　裁剪

（2）打开求字体网站，单击【浏览】按钮即可添加桌面上的图片，然后单击【开始上传】按钮完成图片的上传，如图 4-102 所示。

图 4-102　上传字体

（3）拼字及看图填字。第一类是计算机自动拼字，用作参考。每个框里只能写一个字，我们可以在左边的框里写"微"，而右边的框拼出了很多字，由于无法确定所以就不写，然后单击【开始搜索】按钮，如图 4-103 所示。

当计算机拼字不理想时，我们可以使用第二类手动拼字，拖动笔画形成一个完整的汉字，并在下方的框中写下该汉字，然后单击【开始搜索】，如图 4-104 和图 4-105 所示，以"倾"和"笑"为例。

（4）在搜索出来的字体中，找到合适的字体进行下载，有可能一种字体达不到全部的效果，我们可以多下载一些，可以给文字单独使用不同的文字效果，如图 4-106 所示。

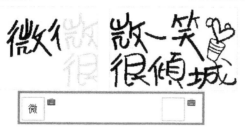

图 4-103　计算机自动拼字

图 4-104　手动拼字

图 4-105　找字体

图 4-106　字体下载

### 4. 安装字体

下载好的字体，要在电脑上安装之后才可以正常使用。我们可以通过右击字体文件，选择【安装】选项来进行安装，也可以把字体文件复制粘贴到 Windows 系统的【控制面板】（如图 4-107 所示）中，即复制到【开始】—【控制面板】—【字体】文件夹中，如图 4-108 所示。

图 4-107　控制面板

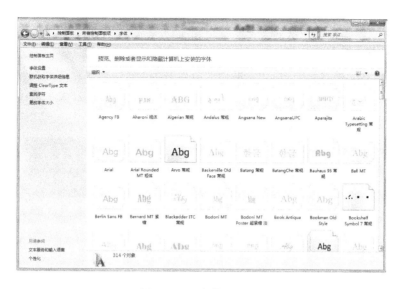

图 4-108　"字体"文件夹

**5. 防止字体丢失**

如果 PPT 文档在其他电脑上使用，而这台电脑上未安装该 PPT 中使用的字体，就会导致这些字体不能正常显示，那么如何解决这个问题呢？有以下几种办法。

（1）嵌入字体。单击【文件】选项卡中的【选项】，打开【PowerPoint 选项】窗口，在窗口左侧单击【保存】，右侧勾选"将字体嵌入文件"选框，如图 4-109 所示。

☑ 将字体嵌入文件(<u>E</u>) ⓘ

◉ 仅嵌入演示文稿中使用的字符(适于减小文件大小)(<u>O</u>)

◎ 嵌入所有字符(适于其他人编辑)(<u>C</u>)

图 4-109　嵌入字体

（2）字体打包。用户在 PPT 存盘时可以选择字体打包存盘，打开【文件】选项卡，单击【导出】选项中的【将演示文稿打包成 CD】，再单击【打包成 CD】按钮，这样字体便可以随文件一起被存放，如图 4-110 所示。

图 4-110　字体打包

（3）转存图片。不是所有的字体都可以打包或嵌入到 PPT 里，有时候系统会提示某些字体无法保存。这是因为许多字体制造商为了保护版权，对自己的字体进行了许可限制，所以我们在保存 PPT 文档时即使选择嵌入这些字体，也会由于许可限制而失败。如果必须使用这些字体，可以将这些字体进行复制，然后在粘贴的时候选择"图片"，即可把文字转存成图片。这个方法的缺点是，将文字保存为图片后无法再进行编辑，所以这种方法只适用于最终版本的 PPT 文档，如图 4-111 所示。

图 4-111　字体转存图片

## 4.5　图片处理技巧

之前我们讲了很多关于文字方面的内容，其实只有文字还是不够的，俗话说："一图胜千言。"图片是直观化呈现 PPT 内容的重要方式。精美的图片会让 PPT 更精致、更耐看。当一张好看的图片出现在观众的眼前时，它可以瞬间抓住观众的注意力，引起共鸣。

### 4.5.1　搜图与选图

我们常常为了找到好的图片而苦恼，不知道怎么找，不知道在哪里找，针对这些问题，下面介绍图片搜索的三个常用技巧。

**1. 关键词搜图法**

即通过网络搜索引擎，输入关键词搜索图片。比如，我们要找一张能够代表"办公软件应用"的图片，我们能想到用哪些关键词进行搜索呢？搜索"电脑""办公""Office 软件"等关键词就可以找到想要的图片。

**2. 联想搜图法**

例如，当想表达"好奇"时，如果我们直接搜索"好奇"二字，搜索出来的结果会较少，甚至有一些和我们想表达的意思差了很远。这时，我们可以发散思维，用什么可以表达"好奇"的意思呢？比如，浩瀚的星空、踮起脚尖的孩子、放大镜观察等，以这些内容作为关键词搜索出来的结果就会很丰富，也可以更加形象地传达出好奇的含义来。

**3. 外文搜图法**

除了使用中文搜索外，我们还可以尝试使用英文、日文等外文进行搜索，搜索结果可以给我们更多的选择。

这里给大家推荐几个图片网站，Pixabay、Wallhaven、unsplash、Shutterstock 等免费网站，还有如全景网、500px 等的付费网站，它们图片的质量都很高。要注意的是好图片往往都有版权，即使是在网络上免费下载的图片，也不能用于商业用途。

在选择图片素材时我们需要注意四个原则：真实清晰，浑然一体，原始比例，关系密切。具体示例如下。

案例分析

（1）真实清晰。若在选择图片时没有考虑到像素，可能会导致图片放进PPT后，模糊不清，大大降低了显示效果，如图4-112所示，因此，我们在选图时应选择真实清晰的图片。

图4-112　真实清晰的图片

（2）浑然一体。要尽量选择图片背景可以和PPT背景融合到一起的图片，这样才更和谐。如图4-113所示，右边的是不是效果更融合呢？

图4-113　图片与背景浑然一体

（3）原始比例。如图4-114所示，左边的图片出现变形，是我们在改变图片尺寸的时候，操作不规范所造成的。正确调节图片尺寸的方法是，按住Shift键，同时拉动图片的任意一个角，即可实现等比例拉伸图片。

图4-114　等比例拉伸图片

（4）关系密切。要使用与PPT内容关系密切的图片，如图4-115所示，左图的内容是消极的情绪，但是使用的是一张面带笑容的人物图片，而右图就很形象，很有代入感。

图 4-115　关系密切

### 4.5.2　图片的编辑

 案例描述

　　搜索下载的图片素材有时不能完全满足我们的需求,这时就需要对图片进行一定的处理,也就是图片的编辑,其中包括图片去背景、裁剪图片、图片样式和艺术效果等。素材如图 4-116 所示。

 案例分析

**1. 图片去背景**

图片①的背景较为单一,操作方法是:选中图片,单击【图片工具/格

图片的编辑

①　　　　　　　　　　　　②

图 4-116　案例素材

式】选项卡中的【颜色】按钮,在打开的菜单中选择【设置透明色】按钮,鼠标随即变成一个"吸管"状的光标,然后单击该图片的背景处,如图 4-117 所示,即可删除图片的背景。删除后的效果如图 4-118 所示。

　　图片②的背景比较复杂,不适合使用设置透明色的方法。其去背的方法是:先选中图片,然后单击【图片工具/格式】选项卡中的【删除背景】按钮,如图 4-119 所示,图片随即进入了背景消除的界面,其中紫色的部分是删除的部分,我们可以用【背景消除】工具栏中的【标记】按钮,如图 4-120 所示,对图片中需要保留的区域和需要删除的区域做好相应的标记,最后单击【保留更改】按钮即可删除背景,如图 4-121 所示。

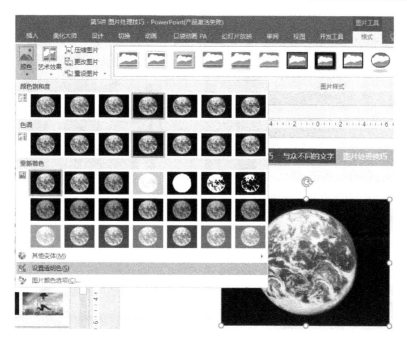

图 4-117　设置透明色

图 4-118　去背景后效果

图 4-119　"删除背景"选项

图 4-120　"背景消除"选项卡

图 4-121　删除背景

### 2. 裁剪图片

选中 PPT 中的图片,然后打开【图片工具/格式】选项卡,单击【裁剪】按钮,可以将图片裁剪成各种形状和比例。注意圆形、正方形等图形,需要设置"纵横比"为"1∶1",如图 4-122、图 4-123 和图 4-124 所示。

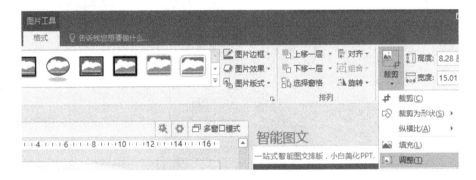

图 4-122　图片裁剪

图 4-123　原始图片

图 4-124 将图片裁剪成形状

还有另外一种思路,就是绘制一个形状,然后把图片填充到该形状中。该操作方法是:

(1) 绘制一个半圆形。先按住 Shift 键绘制一个圆形,然后对准圆形的上半部分再绘制一个矩形,如图 4-125 所示,然后同时选中这两个图形,接着单击【绘图工具/格式】选项卡中的【合并形状】按钮,选择【相交】命令,就可以得到圆形和矩形的相交部分,即半圆形,然后再单击【旋转】按钮,如图 4-126 所示,选择"垂直翻转",所得图形如图 4-127 所示。

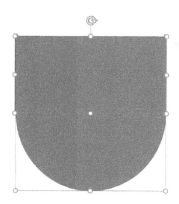

图 4-125 绘制圆形和矩形

图 4-126 "绘图工具/格式"选项卡

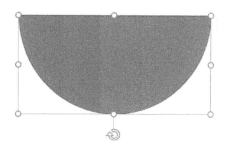

图 4-127 半圆形

（2）填充图片。右击图片，选择【复制】，这一步操作意味着已经将该图片放到了系统的"剪贴板"区域，然后右击半圆，选择【设置形状格式】，打开设置格式的窗口，如下图所示，选择【填充】选项中的"图片或文理填充"，单击【剪贴板】按钮，这步操作是把剪贴板中的图片填充到形状中，如图 4-128 所示。

图 4-128　填充图片

### 3. 图片样式

选中图片，在【格式】选项卡的【图片样式】组中，可以为图片应用边框、阴影、映像、三维旋转等特殊效果，如图 4-129 所示。图 4-130 为图片应用样式后的效果。

图 4-129　图片样式

图 4-130　图片应用样式后的效果

**4. 图片艺术效果**

选中图片,在【格式】选项卡的【调整】区域中,通过【颜色】【更正】【艺术效果】按钮,可以调节图片的清晰度、亮度和对比度,也可以变换艺术效果,如图 4-131 所示。

图 4-131　"调整"选项

### 4.5.3　图片的美化

案例描述

通过美化图片可以让图片更好地服务于主题,比如,给图片加蒙版、应用渐变效果、应用拼图效果等,都可以瞬间提升你的 PPT 的美观程度。

案例分析

图片的美化

**1. 图片的蒙版效果**

如果背景图片的颜色和画面内容比较复杂,在这样的背景上书写文字,如图 4-132 所示,效果会很不清晰,那么该如何修改呢?

图 4-132　案例素材

我们可以在图片上加一层蒙版,也就是绘制一个形状,设置透明色效果,最后的效果是隐隐约约可以看到背景,文字也可以很清晰地表现出来,如图 4-133 所示。该操作过程是:

(1)绘制一个矩形,使其覆盖图片,接着右击矩形,选择【设置形状格式】;

(2)在打开的窗口中选中"纯色填充",填充色选择"白色",透明度适当调整,线条为"无线

条",最后设置文本框中文字的格式。

图 4-133　图片蒙版效果

**2. 图片的渐变效果**

在背景图片颜色鲜艳、画面内容复杂的情况下,如图 4-134 所示。除了用上面讲到的蒙版的方法,还能通过图片渐变效果让内容更清楚,画面更和谐。

图 4-134　案例素材

设置图片渐变效果的思路是:给图片覆盖上矩形,调整其渐变效果从而使内容显示更明显。其操作过程是:

(1) 先把图片上的文本框、徽标都先放置在 PPT 的其他位置;

(2) 绘制一个矩形使其覆盖图片,右击矩形,选择"设置形状格式";

(3) 在打开的窗口中设置【填充】区域。选中"渐变填充",设置类型为"线性",方向为"线性对角-左下到右上"。调整渐变光圈点 1,设置颜色为"白色",位置为"0％",透明度为"100％";调整渐变光圈点 2,设置颜色为"白色",位置为"32％",透明度为"50％";调整渐变光圈点 3,设置颜色为"白色",位置为"59％",透明度为"20％";调整渐变光圈点 4,设置颜色为"白色",位置为"100％",透明度为"0％";

（4）最后设置文本框中文字的格式，并将文字放在合适的位置，如图 4-135 所示。

图 4-135　图片渐变效果

### 3. 图片的拼图效果

有时，我们需要在一页 PPT 中放置多张图片，使用拼图效果也是一个不错的选择，如图 4-136 所示。

图 4-136　案例展示

设置拼图效果的思路是：先绘制一张表格，然后再将图片填充到单元格中。

其操作过程是：

（1）插入一个 4 行 3 列的表格，调整表格尺寸与背景图片尺寸相同，然后选中表格，在【表格工具/设计】选项卡中，设置底纹为"无填充颜色"，如下图 4-137 所示；

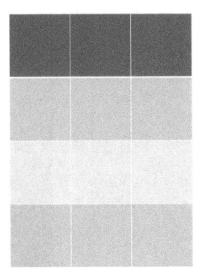

图 4-137　插入表格

（2）复制图片（相当于放入了系统的"剪贴板"里备用），右击整个表格的边框，在弹出的菜单中选择【设置形状格式】，在【填充】中选中"图片或纹理填充"，然后单击【剪贴板】按钮，刚刚被复制的图片就填充到了表格中了，注意勾选【将图片平铺为纹理】选项，效果如图 4-138、图 4-139 所示。

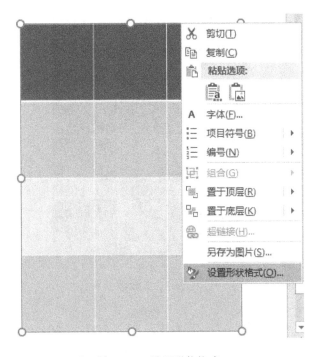

图 4-138　设置形状格式

图 4-139　图片平铺为纹理

（3）复制其他小图片（相当于放入了系统的"剪贴板"里备用），右击某个单元格，在弹出的菜单中选择"设置形状格式"，在【填充】中选中"图片或纹理填充"，单击【剪贴板】按钮，图片就填充到了单元格中，重复此操作即可。最终效果如下图 4-140 所示。

图 4-140　图片拼图效果

## 4.6　找到色彩的感觉

### 4.6.1　不可不知的配色知识

在 PPT 的视觉呈现方面，色彩搭配是不可或缺的，怎么能让你的 PPT 看起来更有"气色"呢？接下来我们来学习一些基本的配色知识、搭配原则和取色技巧。

色彩三要素即色相、亮度和饱和度。色相是眼睛对不同光波射线产生的不同感受,是色彩所呈现的质的面貌,不同色相之间有着本质的区别,色相是色彩彼此之间相互区别的标志。比如红橙黄绿青蓝紫黑灰;亮度是指明度,是色彩明暗的差别。色彩越亮越接近于白色,相当于在纯色中加入了白色,色彩越暗越接近黑色,相当于在纯色中加入了黑色;饱和度也称为纯度,饱和度高即为色彩鲜艳,饱和度低则为色彩暗沉。在配色时,要想让画面达到绚丽多彩的效果,可以提升饱和度,但是高饱和度的配色容易让人感觉刺眼。如果要想让画面给人更舒服、柔和的感觉,就降低色彩的饱和度,但是无论是哪种颜色,饱和度越低则越接近于灰色,可能会给人灰蒙蒙的感觉,用户在调整的时候要注意把握好度,如图 4-141 所示。

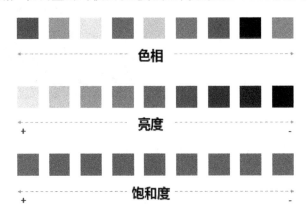

图 4-141　色相 亮度 饱和度

调整三要素的方法是:选中形状对象,然后单击【绘图工具/格式】选项卡中的【形状填充】按钮,再单击"其他填充颜色",打开了【颜色】窗口,选择【自定义】选项卡进行调整,如图 4-142所示。

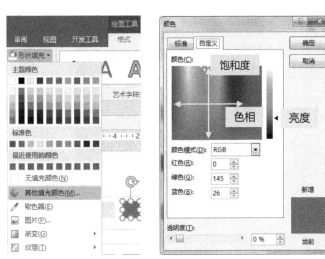

图 4-142　"颜色"对话框

另外,颜色有冷暖色调之分。暖色调和冷色调可以带给人不同的心理感受,暖色让人感觉亲近,冷色让人感觉疏远;暖色让人感觉活泼,冷色则让人感觉安静;暖色可以增强食欲,冷色则抑制食欲。冷暖色的调整方法是:选中形状对象,单击【绘图工具/格式】选项卡中的【形状填充】按钮,然后单击"其他填充颜色",打开【颜色】窗口,选择【标准】选项卡来进行调整,如

图 4-143 所示。

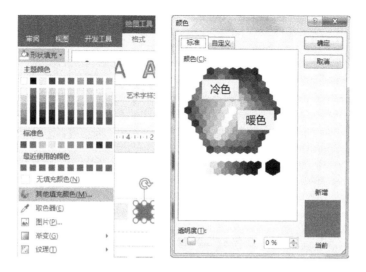

图 4-143　冷色调和暖色调

### 4.6.2　配色方案之色彩的意义

我们在使用颜色的时候可以从色彩本身的意义去考虑。红色,传递出热情、活泼的感觉,也会让人产生愤怒、紧张的情绪;橙色,是日出时分天空的颜色,是一个温暖的色彩,能传递出健康、温暖和舒适的感觉;黄色,亮度很高,象征着智慧、权利和骄傲,能让人感觉到青春和快乐;绿色,代表着和平、环保、生命和安全,给人一种年轻、健康和充满希望的感觉;蓝色,是大海和天空的颜色,象征着平静、理智、低调,是商务 PPT 中运用最多的颜色;紫色,能传递神秘、高贵、优雅的感觉,具备极强的女性气质;黑色,是夜的颜色,给人高贵、肃穆的感觉;白色,给人纯洁、干净、神圣的感觉;灰色,是一种百搭的色彩,给人一种严谨的感觉,也有一种怀旧、过往的感觉,如图 4-144 所示。

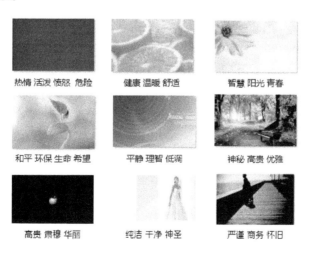

图 4-144　色彩的意义

### 4.6.3 配色方案之专业配色

我们也可以使用专业的配色色环来进行搭配,常见的有单色搭配、类比色搭配、补色搭配和三原色搭配。下面将逐一介绍。

单色搭配:一种色相由暗、中、明三种亮度组成,这就是单色。比如,使用一种颜色的明暗进行渐近的搭配,如图 4-145 所示,左边是单色搭配示例,右侧经典杂志的配色用的就是单色搭配。

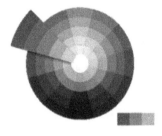 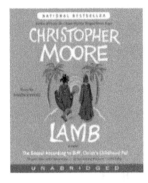 

图 4-145 单色搭配

类比色搭配:使用色环上相邻颜色进行搭配,即类比色搭配,如图 4-146 所示,左边是类比色搭配示例,其中蓝色和紫色是相邻色,黄色和橙色是相邻色,右边这两个杂志的封面用的就是类比色搭配。

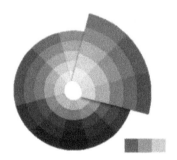  

图 4-146 类比色搭配

补色搭配:在色环上直线相对的两种颜色被称为"补色",补色要达到最佳的效果,最好是其中一种颜色所占面积比较小,另一种颜色所占面积比较大。如图 4-147 所示,左边是补色搭配示例,右边图片的配色采用的是大面积蓝色,而小面积的橙色只是作为补色搭配。

三原色搭配:色彩中不能再分解的基本色称之为原色。三原色常见于一些儿童产品中,但是三原色并不常一起使用,常用的是红黄搭配,经典的案例就是中国国旗。我们在搭配时仍然要注意应小面积地使用其中一种颜色,如图 4-148 所示。

另外,给大家几点建议,如果有必须要用的颜色,比如,公司的标志色或徽标色,可以用这个颜色定为主色,然后使用上面所提到的专业方法通过色环来搭配颜色,也可以选择从修饰物

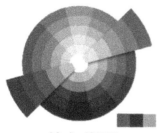

图 4-147 补色搭配

图 4-148 三原色搭配

（比如线条、形状）及图片中出现过的颜色中选择，最后，黑、白、灰是最好用的颜色，尤其是灰色，在颜色较多的情况下可以起到中和的作用。

### 4.6.4 配色方案之借鉴与取色

PowerPoint 从 2013 版开始，增加了取色器工具。当我们看到配色较好的海报、书籍、PPT、网页等，如下图（图 4-149、图 4-150、图 4-151）所示，可以使用取色器把颜色提取出来，应用到自己 PPT 的配色中。

图 4-149 网页配色（来源：京东）

图 4-150  杂志配色(来源:《Design 360°》杂志)

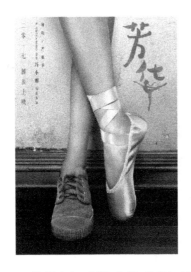

图 4-151  海报配色(来源:电影《芳华》)/书籍配色(来源:《斯坦福大学人生设计课》)

### 案例描述

我们来看下面这个例子,如图 4-152 所示。请大家为这张幻灯片中的元素设置合适的颜色。

图 4-152  案例素材

案例分析

选择配色方案可以从以下两方面考虑。

（1）画面中已有颜色：画面中大面积的颜色采用的是蓝色，也出现了其他颜色，如衣服是棕色、图表也有绿色、红色等，但是它们相比蓝色所占的面积较小。

（2）专业配色方案：参照之前讲到的"类比色搭配"和"单色搭配"的原则，蓝色和橙色、橙色和棕色，这些颜色搭配在一起效果最好。

综上，我们可以使用蓝色作为这张幻灯片的主色，而棕色作为辅助色。

接下来，使用 PPT 自带的取色器，在画面中对现有的颜色进行取色，然后应用到要设置的字体及图形上。操作步骤如下。

① 选中文本对象，单击【开始】选项卡的【字体颜色】按钮，在打开的菜单中选择【取色器】，此时鼠标变成"吸管"状，在蓝色牛仔衣上单击，就可以把取到的蓝色应用到文字上了，如图 4-153 所示。

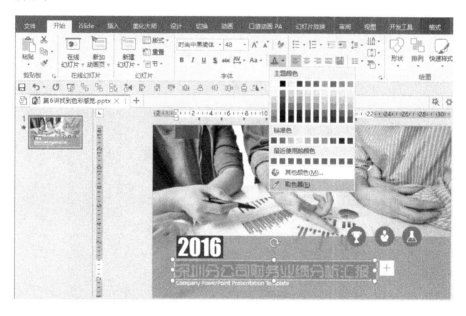

图 4-153　取色器-标题文字

② 对于幻灯片中的形状对象，先选中形状，然后单击【绘图工具/格式】选项卡中的【形状填充】按钮，在打开的菜单中选择【取色器】，接着单击棕色衣服，就可以将棕色应用到形状上了，如图 4-154 所示。

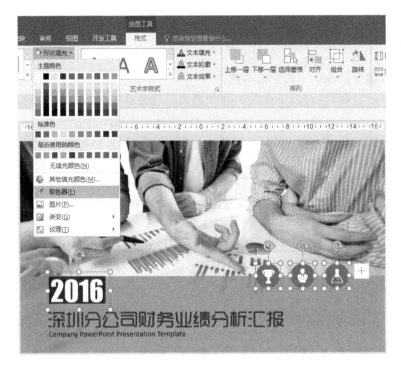

图 4-154 取色器-形状

图 4-155 案例效果

## 4.7 PPT 动画应用

动画是演示中非常重要的一个组成部分。合理的动画对提高演示效果很有帮助,在动画的指引下,观众能更清晰地把握演说者的观点的推导过程,不会对内容的理解造成障碍。动画要应用得当,以增强 PPT 展示的条理性为宗旨,不能本末倒置,否则将过犹不及。PowerPoint 2016 版本提供了包括进入、强调、退出和动作路径 4 种类型的动画效果,我们可以对它们进行任意组合,设置不同的动画效果。

### 4.7.1　进入动画

进入动画是 PPT 动画中最常用的动画,用于对象从无到有的展示,如下图 4-156 所示,主要分为以下几类:

(1) 基本型 16 种:百叶窗、擦除、出现、飞入、盒状、阶梯状、菱形、轮子、劈裂、棋盘、切入、十字形扩展、随机线条、内向溶解、楔入、圆形扩展。

(2) 细微型 4 种:淡出、缩放、旋转、展开。

(3) 温和型 9 种:翻转式由远及近、回旋、基本缩放、上浮、伸展、升起、下浮、压缩、中心旋转。

(4) 华丽型 11 种:弹跳、飞旋、浮动、挥鞭式、基本旋转、空翻、螺旋飞入、曲线向上、玩具风车、下拉、字幕式。

图 4-156　进入动画

　案例描述

给页面中的元素设置进入动画时,要注意动画的开始方式、持续时间和效果选项的设置,素材如图 4-157 所示。

图 4-157　案例素材

案例分析

上述页面有三个对象。对象①不设置动画,即放映时就出现在 PPT 上。下面为对象②③设置"进入"动画效果。

PPT 动画应用

（1）添加进入动画。按住 Shift 键的同时选中对象②③,然后单击【动画】选项卡的【添加动画】按钮,在打开的菜单中选择进入动画中的"飞入"选项,如图 4-159 所示。

图 4-158　"动画"选项卡

图 4-159　"飞入"动画

（2）设置动画效果。设置动画的出现效果,如方向、出现形式、时间等。单击【动画】选项卡中的【效果选项】按钮可进行简单设置,更多设置可通过单击【动画窗格】按钮,然后双击要设置效果的动画,在弹出的对话框中进行设置,如图 4-161 所示。

（3）设置动画计时。动画的开始形式、持续时间和延迟时间可在上图所示的对话框中的【计时】选项卡中进行设置,如图 4-162 所示。

动画的开始形式有 3 种。

图 4-160 效果选项/动画窗格

图 4-161 效果选项

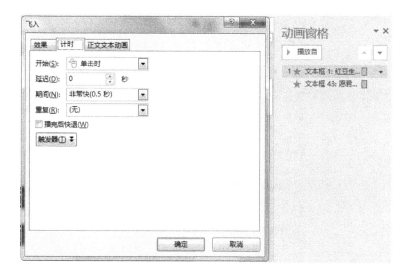

图 4-162 计时

- 单击时:需要单击鼠标触发动画效果。
- 与上一动画同时:会和上一个动画效果同时出现,如果该动画是页面中的第一个动画,则在幻灯片播放时它会同步出现。
- 上一动画之后:在前一个动画效果结束后,该动画才会出现。

(4) 正文文本动画。添加动画的对象为文本或形状时方可进行该设置,如图 4-163 所示,注意:图片不可设置正文文本动画。

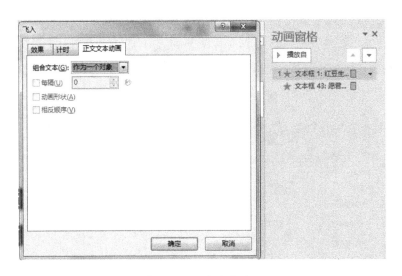

图 4-163　正文文本动画

### 4.7.2　强调动画

强调动画用于对象从出现到变化的展示,这种变化包括大小、颜色、效果的变化。如图 4-164所示,强调动画主要分为以下几类。

图 4-164　强调动画

(1)基本型 6 种:放大/缩小、填充颜色、透明、陀螺旋、线条颜色、字体颜色。

(2)细微型 11 种:变淡、补色、补色 2、不饱和、对比色、对象颜色、画笔颜色、加粗闪烁、加深、脉冲、下划线。

(3)温和型 4 种:彩色脉冲、彩色延伸、跷跷板、闪现。

（4）华丽型 3 种：波浪形、加粗展示、闪烁。

 **案例描述**

对页面中的元素，如图 4-165 所示，设置强调动画，使其顺时针、逆时针重复旋转。注意动画的效果选项设置。

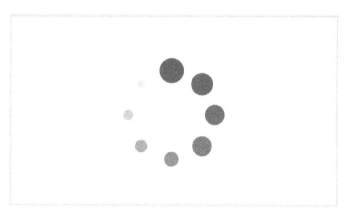

图 4-165　案例展示

 **案例分析**

（1）添加强调动画。选中对象，单击【动画】选项卡的【添加动画】按钮，在打开的菜单中选择强调动画中的"陀螺旋"选项，如图 4-166 所示。

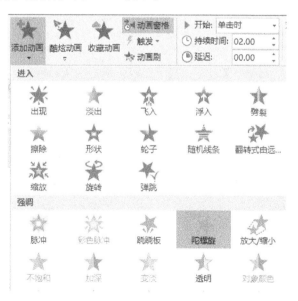

图 4-166　添加强调动画

（2）动画效果设置。在窗口右侧的【动画窗格】中双击动画，在弹出的对话框中进行"效果"和"计时"的设置，注意调整"数量""自动翻转"和"重复"，如图 4-167 所示。

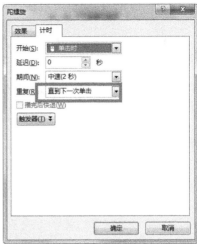

图 4-167　效果选项/计时

### 4.7.3　退出动画

退出动画用于对象在放映时从有到无的展示。退出动画的种类、效果和进入动画一致，只是动画的过程和进入动画的相反，放映时，进入动画使对象从无到有，退出动画使从有到无。退出动画的分类如图 4-168 所示。退出动画和进入动画的操作方法一致，这里不再赘述。

图 4-168　退出动画

### 4.7.4　动作路径动画

动作路径动画用于放映时对象位置发生变化的展示，动画的图形标志是带有绿点和红点的直线或弯曲的线条，绿点代表动画的起始位置，红点代表动画的结束位置。如图 4-169 所示，动作路径动画主要分为以下几类。

（1）基本18种：八边形、八角星、等边三角形、橄榄球形、泪滴形、菱形、六边形、六角星、平行四边形、四角星、梯形、五边形、五角星、心形、新月形、圆形扩展、正方形、直角三角形。

（2）直线和曲线30种：S形曲线1、S形曲线2、波浪形、弹簧、对角线向右上、对角线向右下、漏斗、螺旋向右、螺旋向左、衰减波、弯弯曲曲、向上、向上弧线、向上转、向下、向下弧线、向下阶梯、向下转、向右、向右弹跳、向右弧线、向右上转、向右弯曲、向右下转、向左、向左弹跳、向左弧线、向左弯曲、心跳、正弦波。

（3）特殊15种：垂直数字、豆荚、花生、尖角星、涟漪、飘扬形、三角结、十字形扩展、双八串接、水平数字8、弯曲的X、弯曲的星形、圆角正方形、正方形结、中子。

（4）自定义路径。选中对象，单击【添加动画】按钮，在下拉菜单中的【动作路径】区域可以看到"自定义路径"选项。

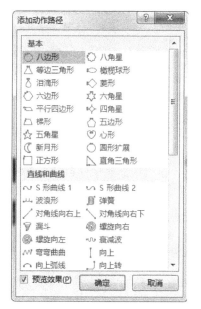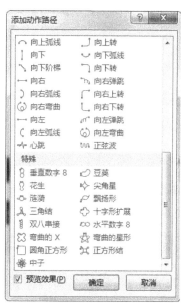

图 4-169　动作路径动画

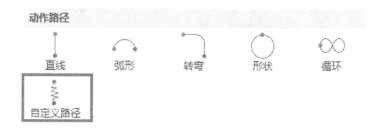

图 4-170　自定义路径

 案例描述

给图 4-171 中的"蝴蝶"对象设置路径动画，注意自定义路径的绘制和动画持续时间的设置。

图 4-171　案例素材

案例分析

（1）添加路径动画。选中对象，单击【动画】选项卡的【添加动画】按钮，在打开的菜单中选择动作路径中的【自定义路径】选项，然后用鼠标在动画的起点单击、运动路径途中单击、最后在动画结尾处双击，即可绘制出一条动作路径，如图 4-172 所示。

图 4-172　添加路径动画

（2）设置动画效果。在窗口右侧的【动画窗格】中双击动画，然后在弹出的对话框中设置"效果"和"计时"。

### 4.7.5　复合动画

一个对象如果只有一种动画效果，表现力会十分局限，如果此时给它添加另外一种动画效果,两者同时出现,会起到"1+1>2"的效果,复合动画就是对同一个对象设置多个动画以达到全新的动画效果。比较常用的复合动画效果有:缩放和陀螺旋、路径和陀螺旋、淡出和脉冲、路径和淡出。

 案例描述

对图 4-173 页面中的元素设置复合动画效果,包括"进入"和"强调"动画,注意动画的开始方式、持续时间和效果选项的设置,相同的动画可以使用动画刷来完成。

图 4-173 案例素材

案例分析

(1)添加路径动画。选中对象①,单击【动画】选项卡的【添加动画】按钮,在打开的菜单中选择进入动画中的"飞入",再次打开此菜单,选择强调动画中的"陀螺旋",如图 4-174 所示。

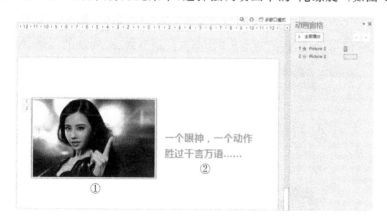

图 4-174 添加路径动画

(2)设置动画效果。在窗口右侧的"动画窗格"中分别双击"飞入"和"陀螺旋"动画,在弹出的对话框中设置"效果"和"计时"。设置"飞入"方向为自右侧,时间为 0.5 秒,如图 4-175 所示。设置"陀螺旋"动画与"飞入"动画同时开始,并设置其 720°顺时针旋转,时间为

0.5 秒,如图 4-176 所示。

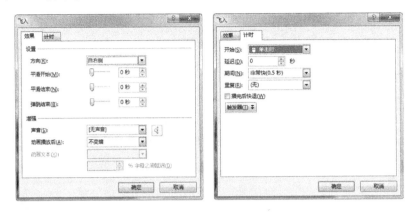

图 4-175 飞入-动画效果设置

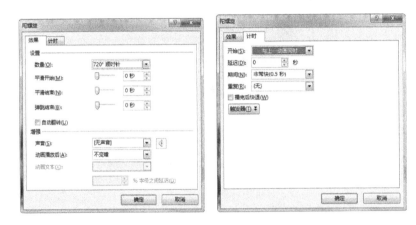

图 4-176 陀螺旋-动画效果设置

（3）动画刷。可以将某个动画的效果"刷"给另一个动画。单击可以"刷"一次,双击可以"刷"多次。若该功能使用得当,则可以大大提升动画的制作效率。选中对象①,单击【动画刷】按钮,然后再单击对象②,即可把对象①的动画复制到对象②上,最后只需要调整对象②动画的"效果"和"计时"就可以了,包括对动画的方向、开始形式、时间等的调整,如图 4-177 所示。

图 4-177 动画刷

### 4.7.6 页面切换动画

之前的内容都集中于页面内的动画,接下来我们来看一下页面之间的过渡。从一张幻灯片突然跳到另一张,会令观众觉得唐突,如果希望演示文稿播放流畅,我们可以在幻灯片之间添加切换效果。切换效果在【切换】选项卡中,如图 4-178 所示,主要分为三类。

(1)细微型 11 种:切出、淡出、推进、擦除、分割、显示、随机线条、形状、解揭开、覆盖、闪光。

(2)华丽型 29 种:跌落、悬挂、帘式、风、威望、折断、压碎、剥离、页面卷曲、飞机、日式折纸、溶解、棋盘、百叶窗、时钟、涟漪、蜂巢、闪耀、涡流、碎片、切换、翻转、库、立方体、门、框、梳理、缩放、随机。

(3)动态内容 7 种:平移、摩天轮、传送带、旋转、窗口、轨道、飞过。

图 4-178 幻灯片切换

案例描述

给某页幻灯片设置"涟漪"切换效果。注意效果选项、计时和换片方式的设置。

案例分析

(1)添加切换动画。选中该幻灯片,单击【切换】选项卡中的【其他】按钮,在打开的菜单中选择"涟漪"效果。注意:如果要同时设置多张幻灯片的切换效果,可以先按住 Ctrl 键选中这些页,然后再应用效果,如图 4-179 所示。

图 4-179 添加切换动画

（2）设置切换动画。设置"效果选项"和"计时"，如图 4-180 所示。

图 4-180　切换动画设置

【计时】区域包括了声音、持续时间、全部应用和换片方式 4 个选项。

声音：选择一种声音（只支持 wav 音频格式文件），在从上一张幻灯片切换到此幻灯片时播放。

持续时间：指定切换效果的时间长度。

全部应用：将当前幻灯片的切换效果和计时设置应用到 PPT 中所有幻灯片上。

换片方式："单击鼠标时"指在放映状态下，单击鼠标才能切换到下一页幻灯片；"设置自动换片时间"指到了一定的时间自动切换到下一页，我们可以根据实际演讲或播放的时间进行设置。注意：如果使用默认时间 00：00.00，则会在当前页面最后一个动画结束后，立刻自动切换到下一页。

## 思考与实践

## 项目三　读书笔记 PPT

阅读是运用语言文字来获取信息，认识世界，发展思维，并获得审美体验的活动。在读书时，写读书笔记是训练阅读的好方法。读书要做到：眼到、口到、心到、手到。这"手到"就是写读书笔记。在读完一篇文章或一本书后，写读书笔记，对于深入理解知识、应用知识，以及积累学习资料来说，很有必要。

本项目任务是，根据提供的书单任选一本图书，阅读书籍，并通过思考、梳理和提炼内容，完成一份读书笔记 PPT。

**一、书单**

1.《好好学习》，成甲著，中信出版社，2017 年 2 月，ISBN：978-7-5086-7158-1。

2.《让未来现在就来》，彭小六著，中国铁道出版社，2016 年 6 月，ISBN：9787113217624。

3.《跃迁》，古典著，中信出版社，2017 年 7 月，ISBN：9787508678887。

4.《只管去做》，邹小强著，湖南文艺出版社，2018 年 1 月，ISBN：9787540484026。

5.《朋友圈的尖子生》，小马宋著，重庆出版集团，2017 年 9 月，ISBN：9787229126216。

**二、主题**

读书笔记 PPT（封面体现书名、作者和 PPT 绘制者信息）

**三、要求**

1. 认真阅读书籍，梳理与提炼知识点，用九宫格或思维导图工具做好读书笔记，思考如何用于指导自己的实践；

2. 设计 PPT 模板，要求风格统一，逻辑清晰，版面设计新颖，布局合理；

3. 字体统一，文字素材不可大段堆砌，字间距与行间距设置合理；

4. 图片素材清晰，大小适度；

5. 为幻灯片添加合适的动画或切换效果；

6. 作品内容控制在 15～30 页,应有标题幻灯片和结尾幻灯片,同时在片头或片尾注明 PPT 作者班级、姓名等信息；

7. 色彩搭配协调,具有较强的视觉感染力与表现力。

### 四、存储

完成后,以"读书笔记 PPT-姓名.pptx"为文件名并提交到学习平台。

# 第5章　高效办公之锦囊妙计

## 5.1　在 Word 中为图表自动编号

题注是为文档中的大量图片、表格添加自动编号的"利器"。题注一般位于表格的上方或图片的下方,用于说明表格或图片的含义和功能。

选择要添加题注的表格或图片,在【引用】选项卡【题注】组中,单击【插入题注】按钮,打开【题注】对话框,如图 5-1 所示。在对话框中单击【新建标签】按钮,打开【新建标签】对话框,如图 5-2 所示,在【标签】文本框中根据需要输入"表"或"图"字样,单击【确定】按钮。此时返回【题注】对话框,可看到新建标签自动设置为题注标签,同时题注标签后自动生成了题注编号。在【位置】下拉列表中可以选择题注所在位置。

注:如果文档中的图或表有增减,按"Ctrl+A"全选文档,然后按 F9 即可更新图表编号。

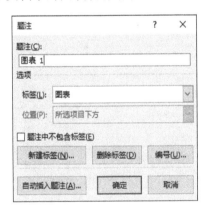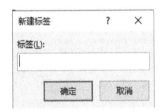

图 5-1　"题注"对话框　　　　图 5-2　"新建标签"对话框

## 5.2　Word 中页眉的横线如何去除?

页眉编辑状态下默认有一条横线,如图 5-3 所示。如何将页眉中的横线去除?

图 5-3　页眉中的横线

首先进入页眉编辑状态,在【设计】选项卡【页面背景】组中,单击【页面边框】按钮,打开【边框和底纹】对话框,单击【边框】选项卡,如图 5-4 所示。在左侧【设置】处选择无,在右下角【应用于】下拉列表中选择【段落】,单击【确定】按钮即可去除页眉中的横线。

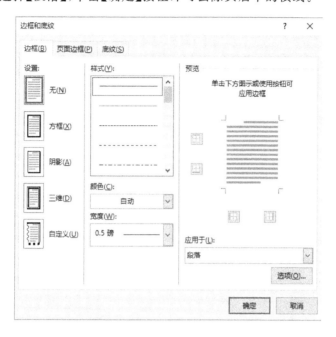

图 5-4　"边框和底纹"对话框

## 5.3　怎样在 Word 文档的页眉处自动插入章节名称?

长文档排版有时需要在页眉中动态显示当前的章(节)标题,该如何进行操作?

进入页眉编辑状态,在【插入】选项卡【文本】组中,单击【文档部件】下拉列表,选择【域】选项,然后打开【域】对话框,如图 5-5 所示。在【类别】列表框中选择"全部",在【域名】列表框中选择"StyleRef"域,在【样式名】列表框中选择所需的章标题或节标题的样式名,然后单击【确定】按钮,退出页眉和页脚编辑状态,返回到主文档视图中即可。

图 5-5　"域"对话框

## 5.4 快速删除 Word 文档中的空行或空白区域

从网上下载资料粘贴到 Word 文档中,有时很多不必要的空格、空行也一起被复制粘贴了下来,影响版面美观。那有没有什么办法快速删除这些空行和空白区域呢?

空行,也就是多个连在一起的"段落标记",我们用 Word 的替换功能就可实现文章中空行的删除。

在功能区【开始】选项卡,单击【编辑】组的【替换】按钮,打开【替换】对话框,然后单击【更多】按钮,如图 5-6 所示。

图 5-6 "查找和替换"对话框

(1) 删除空行:在【查找内容】处输入^P^P,在【替换为】处输入^P;也可以直接在【查找和替换】对话框下方单击【特殊格式】按钮,在【查找内容】处选择两次【段落标记】选项,在【替换为】处选择一次【段落标记】选项。

(2) 删除空白区域:在【查找内容】处输入^W,【替换为】处不用输入任何内容;也可以直接在【查找和替换】对话框下方单击【特殊格式】按钮,在【查找内容】处选择【空白区域】选项,【替换为】处无需输入任何内容。

## 5.5 将网页内容复制到 Word 文档中,如何清除自带格式?

网页内容复制到 Word 文档中会自带一些格式,比如,超链接、图片、表格等。如果我们只需要保留文字内容该如何操作呢?

选择网页上需要的内容进行复制,然后在 Word 文档中右击鼠标,在快捷菜单中选择【粘贴选项】中的【只保留文本】,或者在【开始】选项卡【剪贴板】组中,单击【粘贴】下拉列表【粘贴选项】中的【只保留文本】选项，如图 5-7 所示。

图 5-7　粘贴选项

## 5.6　在 Word 中怎么给跨页表格的每一页都添加列标题?

当表格行数较多甚至跨页时，我们可以为表格的每一页都添加列标题，从而优化读者的阅读体验。

选中表格第一行列标题，然后在【表格工具/布局】选项卡的【数据】组中，单击【重复标题行】命令，如图 5-8 所示，即可为跨页表格的每一页添加列标题。

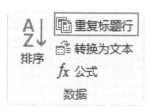

图 5-8　重复标题行

## 5.7　Excel 工作表标签或滚动条的隐藏与显示

有时别人发过来的一个 Excel 文件，打开后，发现没有工作表标签，如图 5-9 所示。一旦出现这种情况，会大大影响我们的工作效率。这时可以单击【文件】选项卡中的【选项】命令，在打开的【Excel 选项】对话框中，选择【高级】命令，然后在【高级】选项组中，勾选【显示工作表标签】复选框，即可重新显示工作表标签。

【Excel 选项】对话框提供了许多对 Excel 进行功能设置的选项，用户可以根据自己的实际需要设置 Excel 的功能，还可以根据自己的偏好配置 Excel 的工作环境，如设置 Excel 的布局、色彩，还有工作表中的字体、字形及工作表网格线的粗细、虚实等。

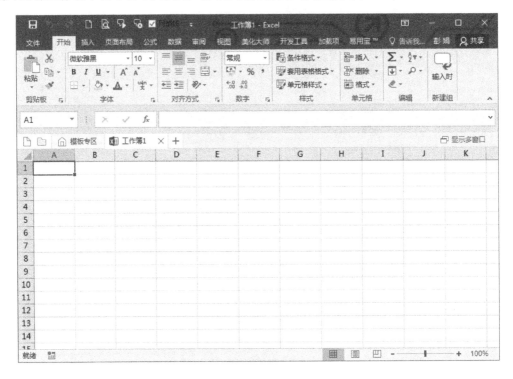

图 5-9　隐藏工作表标签和滚动条的工作表

## 5.8　在一个单元格内输入多行文本

有时我们需要在一个单元格内输入多行文本，其解决方法即是将插入点定位在单元格内要换行的位置，按下"Alt＋Enter"组合键即可在指定位置强制换行，或者在【设置单元格格式】对话框中，单击【对齐】选项卡，在【文本控制】栏中选择"自动换行"即可。以上两种方法都可以使单元格内的文本换行，但两者的区别在于前者不管文本是否超出单元格宽度，都会在指定位置强制换行，而后者只有在文本内容超出单元格宽度时，才会自动换行。

## 5.9　重复显示 Excel 工作表的标题行

制作 Excel 表格时，工作表的第一行或第一列通常存放的是各列或各行的字段名称。如果数据量较大，表格过长或者过宽，超过一页，但只有第一页有标题行或标题列时，会影响阅读和打印效果。

为了解决此问题，我们可以单击【页面布局】选项卡中【页面设置】组中的【打印标题】命令。在打开的【页面设置】对话框中，单击【工作表】选项卡，如图 5-10 所示，在【顶端标题行】一栏中，单击右侧的【参数选择】按钮，进行标题行区域的设置。

图 5-10 "页面设置"中的打印标题

## 5.10 隐藏 Excel 编辑栏中的公式

在制作某些表格时,如果不希望让其他人看见表格中包含的公式内容,可以直接将公式计算结果通过复制的方式粘贴为数字。如果还需要利用这些公式来进行计算,就需要对编辑栏中的公式进行隐藏,即当选择包含公式的单元格时,编辑栏中不显示公式。

实现该功能的具体操作如下:选择要隐藏公式的单元格或区域,打开【设置单元格格式】对话框,在【保护】选项卡中,勾选【隐藏】复选框,然后单击【开始】选项卡【单元格】组中的【格式】按钮,在弹出的下拉列表中选择【保护工作表】命令,如图 5-11 所示,接着打开【保护工作表】对话框,勾选【保护工作表及锁定的单元格】复选框,如图 5-12 所示,单击【确定】即可。

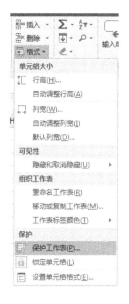

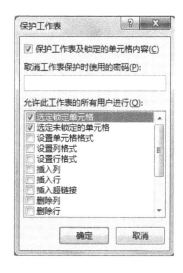

图 5-11 "保护工作表"命令    图 5-12 "保护工作表"对话框

## 5.11 快速指定 Excel 单元格以列标题为名称

Excel 中使用"列标＋行号"的方式虽然能准确定位单元格或区域的位置,但不能体现单元格中数据的相关信息,为了直观地表达一个单元格或区域中数值或公式的引用与用途,可以为其定义名称。

在定义单元格名称的过程中,若要直接将当前单元格区域对应的表头定义为单元格名称,可使用"根据所选内容创建"来实现。具体操作为:选择需要定义名称的单元格区域(包含表头),如图 5-13 所示,单击【公式】选项卡【定义的名称】组中的【根据所选内容创建】按钮,然后打开【以选定区域创建名称】对话框,选择要作为名称的单元格位置,如图 5-14 所示,单击【确定】即可。

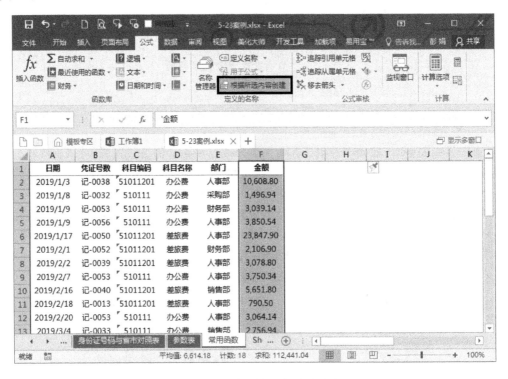

图 5-13 选择单元格区域(包含表头)

图 5-14 "以选定区域创建名称"对话框

## 5.12　只复制 Excel 分类汇总的结果

若只想复制分类汇总的结果数据,直接复制是无法达到想要的结果的,系统会将汇总结果数据和汇总明细数据一起复制。我们可通过对可见单元格来实现。具体操作步骤如下:单击相应的分级符号,只显示汇总结果,然后单击【开始】选项卡【编辑】组中的【查找和选择】下拉按钮,在弹出的下拉菜单中选择【定位条件】命令,接着在打开的【定位条件】对话框中,选中"可见单元格"单选按钮,单击【确定】按钮,如图 5-15 所示,系统会自动将所有可见单元格选中,我们可以按"Ctrl+C"组合键进行复制,然后新建工作表(或切换到目标工作表中),再按"Ctrl+V"组合键进行粘贴,即可实现仅复制分类汇总的结果数据。

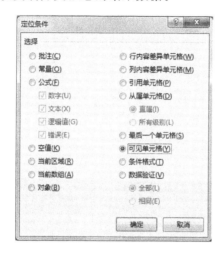

图 5-15　"定位条件"对话框

## 5.13　将 Excel 图表变成图片

图表是用户根据数据源来绘制的图形,它能把抽象的数据直观化,帮助用户分析数据的发展规律和潜在问题。数据源一旦发生变化,图表的绘制显示也会发生变化,因此,为了防止一些最终确定的图表,特别是被动态控制的图表发生变化,可将其转换为图片。

操作时,先选择图表,单击【开始】选项卡【剪贴板】组中的【复制】按钮,然后选择要放置图表图片位置的起始单元格,最后单击【粘贴】按钮下方的下拉按钮,在弹出的列表中选择【图片】选项,如图 5-16 所示。

默认粘贴的图表图片是 JPG 格式,用户可在复制图片后,单击【开始】选项卡【剪贴板】组中的【粘贴】按钮,在下拉列表中选择【选择性粘贴】,然后打开【选择性粘贴】对话框,选择相应的图片格式选项,单击【确定】按钮即可。

图 5-16　"粘贴"下拉列表

## 5.14 让 Excel 数据透视表保持最新数据

默认状态下,Excel 不会自动刷新数据透视表和数据透视图中的数据。当用户更改了数据源中的数据时,数据透视表和数据透视图不会随之发生改变。为了保证数据透视表保持最新、最及时的数据,需要对数据透视表和数据透视图中的数据进行刷新。

若要手动刷新数据透视表中的数据源,可以在源数据修改后,选择数据透视表中的任一单元格,单击【数据透视表工具/选项】选项卡中【数据】组的【刷新】按钮,即可刷新数据透视表中的数据。

## 5.15 PPT 中文字的快速调节(快捷键)

1. 更改文本大小写 Shift+F3
2. 改变文本格式,如图 5-17 所示:
- 缩小文本 Ctrl + Shift + <;
- 放大文本 Ctrl + Shift + >;
- 文本加粗 Ctrl + B。

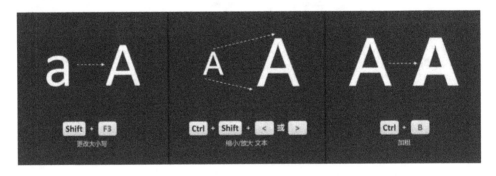

图 5-17 改变文本格式

## 5.16 PPT 中三维立体字(字体样式)

在 PPT 中,文字和图片有三维旋转效果,它可以让元素更好地融入具体的使用场景。在输入所需文字后,选中文本框,右击设置形状格式,在效果选项卡的【三维旋转】中选择"宽松透视"效果,然后设置好透视角度及 Y 坐标轴的大小即可,如图 5-18 所示。设置后的效果如图 5-19 所示。

图 5-18　三维设置

图 5-19　立体字效果

## 5.17　快速提取 PPT 中的图片

将要提取图片的 PPT 文件重命名为"图片",并把 PPT 文件的后缀".pptx"改成".rar",得到一个压缩文件"图片.rar"。

双击刚刚建立的"图片.rar"文件进入操作界面,然后依次单击 ppt→media,打开 media 文件,这时会发现 PPT 里所有的图片都被保存在了文件中,如图 5-20 所示。

| 名称 | 大小 | 压缩后大小 | 类型 | 修改时间 |
|------|------|-----------|------|---------|
| | | | 本地磁盘 | |
| image1.jpg | 765,473 | 765,473 | ACDSee JPEG 图像 | 1980/1/1 星… |
| image2.jpg | 559,565 | 559,565 | ACDSee JPEG 图像 | 1980/1/1 星… |
| image3.jpeg | 607,095 | 607,095 | PicosmosShows … | 1980/1/1 星… |
| image4.jpg | 639,474 | 639,474 | ACDSee JPEG 图像 | 1980/1/1 星… |
| image5.jpg | 614,505 | 614,505 | ACDSee JPEG 图像 | 1980/1/1 星… |
| image6.jpg | 530,878 | 530,878 | ACDSee JPEG 图像 | 1980/1/1 星… |
| image7.jpg | 697,770 | 697,770 | ACDSee JPEG 图像 | 1980/1/1 星… |
| image8.jpeg | 769,766 | 769,766 | PicosmosShows … | 1980/1/1 星… |
| image9.jpg | 803,562 | 803,562 | ACDSee JPEG 图像 | 1980/1/1 星… |
| image10.jpeg | 385,114 | 385,114 | PicosmosShows … | 1980/1/1 星… |
| image11.jpeg | 383,342 | 383,342 | PicosmosShows … | 1980/1/1 星… |
| image12.jpg | 631,584 | 631,584 | ACDSee JPEG 图像 | 1980/1/1 星… |
| image13.jpg | 619,566 | 619,566 | ACDSee JPEG 图像 | 1980/1/1 星… |
| image14.jpeg | 619,985 | 619,985 | PicosmosShows … | 1980/1/1 星… |
| image15.jpg | 672,195 | 672,195 | ACDSee JPEG 图像 | 1980/1/1 星… |

图 5-20　压缩文件中的图片

## 5.18　神奇的 PPT 插件

- PPT 美化大师

PPT 美化大师是一款 PPT 美化插件，它可以与 Office 软件完美融合，能帮助用户快速地完成 PPT 的制作和美化，其内容涵盖了图片、图示、模板等，使 PPT 制作变得更简单，其图标如图 5-21 所示。

图 5-21　PPT 美化大师

- iSlide

iSlide 是一个专业且高效的 PPT 设计插件，它拥有各类 PPT 专业素材，包括各种模板库、图示库、图表库、图标库、图片库、插图库、配色库等，能满足你对 PPT 元素的各种需求，其图标如图 5-22 所示。

图 5-22　iSlide

- Onekey 6 pro

Onekey 6 pro 是一款制作 PPT 长图及导出 gif 图形的软件。打开需要导成长图的 PPT，选择【页面导图】，有三种方式：快捷拼图、微信封面和自由拼图。例如，点击"自由拼图"，系统会自动生成长图，用户可以一行设置几张图片，如图 5-23 所示。

图 5-23　Onekey 6 pro

# 附　　录

## 附录 A　全国计算机等级考试简介

全国计算机等级考试(National Computer Rank Examination,简称 NCRE),是经原国家教育委员会(现教育部)批准,由教育部考试中心主办,面向社会,用于考查应试人员计算机应用知识与技能的全国性计算机水平考试体系。

**NCRE 级别科目设置及证书体系(2018 年版)**

| 级别 | 科目名称 | 考试时长 |
|------|----------|----------|
| 一级 | 计算机基础及 WPS Office 应用 | 90 分钟 |
| | 计算机基础及 MS Office 应用 | 90 分钟 |
| | 计算机基础及 Photoshop 应用 | 90 分钟 |
| | 网络安全素质教育 | 90 分钟 |
| 二级 | C 语言程序设计 | 120 分钟 |
| | VB 语言程序设计 | 120 分钟 |
| | Java 语言程序设计 | 120 分钟 |
| | Access 数据库程序设计 | 120 分钟 |
| | C++语言程序设计 | 120 分钟 |
| | MySQL 数据库程序设计 | 120 分钟 |
| | Web 程序设计 | 120 分钟 |
| | MS Office 高级应用 | 120 分钟 |
| | Python 语言程序设计 | 120 分钟 |
| 三级 | 网络技术 | 120 分钟 |
| | 数据库技术 | 120 分钟 |
| | 信息安全技术 | 120 分钟 |
| | 嵌入式系统开发技术 | 120 分钟 |
| 四级 | 网络工程师 | 90 分钟 |
| | 数据库工程师 | 90 分钟 |
| | 信息安全工程师 | 90 分钟 |
| | 嵌入式系统开发工程师 | 90 分钟 |

其中:

一级:操作技能级。它考核计算机基础知识及计算机基本操作能力,包括 Office 办公软件、图形图像软件、网络安全素质教育。

二级:程序设计/办公软件高级应用级。其考核内容包括计算机语言与基础程序设计能力,要求参试者掌握一门计算机语言,可选类别有高级语言程序设计类、数据库程序设计类等;二级还包括办公软件高级应用能力,要求参试者具有计算机应用知识及 MS Office 办公软件的高级应用能力,能够在实际办公环境中开展具体应用。

三级:工程师预备级。三级证书考核面向应用、面向职业的岗位专业技能。

四级:工程师级。四级证书面向已持有三级相关证书的考生,考核计算机专业课程,是面向应用、面向职业的工程师岗位证书。

报名者不受年龄、职业、学历等限制,均可根据自己的学习情况和实际能力选考相应的级别和科目。考生可按照省级承办机构公布的流程在网上或考点进行报名。

每次考试具体报名时间由各省级承办机构规定,考生可登录各省级承办机构网站查询。

NCRE 考试实行百分制计分,但以等第形式通知考生成绩。成绩等第分为"优秀""良好""及格""不及格"四等。100～90 分为"优秀",89～80 分为"良好",79～60 分为"及格",59～0 分为"不及格"。

考试成绩优秀者,证书上会注明"优秀"字样;考试成绩良好者,证书上会注明"良好"字样;考试成绩及格者,证书上会注明"合格"字样。

## 附录 B　全国计算机等级考试二级 MS Office 高级应用考试大纲（2018 年版）

**一、基本要求**

1. 掌握计算机基础知识及计算机系统组成。

2. 了解信息安全的基本知识,掌握计算机病毒及其防治的基本概念。

3. 掌握多媒体技术基本概念和基本应用。

4. 了解计算机网络的基本概念和基本原理,掌握因特网网络服务和应用。

5. 正确采集信息并能在文字处理软件 Word、电子表格软件 Excel、演示文稿制作软件 PowerPoint 中熟练应用。

6. 掌握 Word 的操作技能,并熟练应用进行文档编制。

7. 掌握 Excel 的操作技能,并熟练应用进行数据计算及分析。

8. 掌握 PowerPoint 的操作技能,并熟练应用进行演示文稿制作。

**二、考试内容**

（一）计算机基础知识

1. 计算机的发展、类型及其应用领域。

2. 计算机软硬件系统的组成及主要技术指标。

3. 计算机中数据的表示与存储。

4. 多媒体技术的概念与应用。

5. 计算机病毒的特征、分类与防治。

6. 计算机网络的概念、组成和分类;计算机与网络信息安全的概念和防控。

7. 因特网网络服务的概念、原理和应用。

（二）Word 的功能和使用

1. Microsoft Office 应用界面使用和功能设置。

2. Word 的基本功能,文档的创建、编辑、保存、打印和保护等基本操作。

3. 设置字体和段落格式、应用文档样式和主题、调整页面布局等排版操作。

4. 文档中表格的制作与编辑。

5. 文档中图形、图像(片)对象的编辑和处理,文本框和文档部件的使用,符号与数学公式的输入与编辑。

6. 文档的分栏、分页和分节操作,文档页眉、页脚的设置,文档内容引用操作。

7. 文档审阅和修订。

8. 利用邮件合并功能批量制作和处理文档。

9. 多窗口和多文档的编辑,文档视图的使用。

10. 分析图文素材,并根据需求提取相关信息引用到 Word 文档中。

(三) Excel 的功能和使用

1. Excel 的基本功能,工作簿和工作表的基本操作,工作视图的控制。

2. 工作表数据的输入、编辑和修改。

3. 单元格格式化操作、数据格式的设置。

4. 工作簿和工作表的保护、共享及修订。

5. 单元格的引用、公式和函数的使用。

6. 多个工作表的联动操作。

7. 迷你图和图表的创建、编辑与修饰。

8. 数据的排序、筛选、分类汇总、分组显示和合并计算。

9. 数据透视表和数据透视图的使用。

10. 数据模拟分析和运算。

11. 宏功能的简单使用。

12. 获取外部数据并分析处理。

13. 分析数据素材,并根据需求提取相关信息引用到 Excel 文档中。

(四) PowerPoint 的功能和使用

1. PowerPoint 的基本功能和基本操作,演示文稿的视图模式和使用。

2. 演示文稿中幻灯片的主题设置、背景设置、母版制作和使用。

3. 幻灯片中文本、图形、SmartArt、图像(片)、图表、音频、视频、艺术字等对象的编辑和应用。

4. 幻灯片中对象动画、幻灯片切换效果、链接操作等交互设置。

5. 幻灯片放映设置,演示文稿的打包和输出。

6. 分析图文素材,并根据需求提取相关信息引用到 PowerPoint 文档中。

**三、考试方式**

上机考试,考试时长 120 分钟,满分 100 分。

1. 题型及分值

单项选择题 20 分(含公共基础知识部分 10 分)。

Word 操作 30 分。

Excel 操作 30 分。

PowerPoint 操作 20 分。

2. 考试环境

操作系统:中文版 Windows 7。

考试环境:Microsoft Office 2010。

## 附录 C　Microsoft Office 认证

### 一、什么是 Microsoft Office 认证

微软 Office 专家(英语:Microsoft Office Specialist,简称 MOS,旧称 Microsoft Office User Specialist)是微软针对 Microsoft Office 系列软件所发展的一种认证,为微软认证的一个分支,其认可的是针对使用 Office 各类软件的用户,由于 MOS 是国际性且系由微软官方提出的认证,因此在全球受到许多国家的认可。此认证由 Office 95 开始出现,经由 Office 97,2000,XP,2003,2007,2010 等版本,认证与考试的模型已经发展的相当成熟。全球目前获取 MOS 认证的人数已超过 250 万。

目前,MOS 认证的最新版本为 MOS 2013 版。

### 二、MOS 认证体系结构

MOS 认证分为专员级、专家级、大师级三个级别,如图 C-1 所示。

附图 C-1　MOS 认证体系结构

### 三、Microsoft Office Specialist 课程

微软办公软件国际认证 MOS 2010 考试科目如图 C-2 所示。

附图 C-2 MOS 2010 考试科目

微软办公软件国际认证 MOS Master 2010 考试科目如图 C-3 所示。

通过以下其中四科办公软件认证考试，即取得"大师级"证书：

Mos Master 2010
大师级认证

考三科
Microsoft Word 2010（Expert专家级）
Microsoft Excel 2010（Expert专家级）
Microsoft PowerPoint（Specialist专业级）

考一科
Microsoft Access 2010（Specialist专业级）
Microsoft Outlook 2010（Specialist专业级）

附图 C-3 MOS Master 2010 大师级认证

### 四、MOS 认证相关问题？

Q1：MOS 考试形式

MOS 考试全部为上机考试形式。

Q2：MOS 考试 Office 版本选择

考试客户端会自动识别考试机上所安装的版本。例如，安装的是 office2010 考试版本就是 2010 版，安装的是 2013 考试版本就是 2013 版，但不可以同时安装两个不同的版本。

Q3：MOS 科目合格标准及考试时间

MOS 每科满分为 1000 分，考试通过为 700 分，每项目考题大概 20～30 题。

MOS 考试时间为 50 分钟。

# 参考文献

[1]  博赞. 思维导图[M]. 北京:化学工业出版社,2015.

[2]  陈泉. 信息素养与信息检索[M]. 北京:清华大学出版社,2017.

[3]  张文强. 新媒体运营职业技能一本通[M]. 北京:石油工业出版社,2018.

[4]  谭贤. 新媒体运营从入门到精通[M]. 北京:人民邮电出版社,2017.

[5]  蔡英. 常用工具软件项目教程[M]. 3 版. 北京:人民邮电出版社,2016.

[6]  叶丽珠. 常用工具软件[M]. 北京:北京邮电大学出版社,2013.

[7]  马焕坚. 大学计算机基础项目式教程[M]. 北京:北京邮电大学出版社,2015.

[8]  张文霖. 谁说菜鸟不会数据分析:工具篇[M]. 北京:电子工业出版社,2016.

[9]  宋翔. Word 排版技术大全[M]. 北京:人民邮电出版社,2015.

[10]  凤凰高新教育. Word/Excel/PPT 2016 三合一完全自学教程[M]. 北京:北京大学出版社,2017.

[11]  WALKENBACH J. Excel 2016 宝典[M]. 赵利通,卫琳,译. 9 版. 北京:清华大学出版社,2016.

[12]  张倩. Word/Excel/PPT 2016 商务办公从入门到精通[M]. 北京:清华大学出版社,2018.

[13]  蒋杰. Word/Excel 2016 高效办公从入门到精通[M]. 北京:中国铁道出版社,2016.

[14]  李洪发. Excel 2016 中文版完全自学手册[M]. 北京:人民邮电出版社,2017.

[15]  秋叶,卓弈刘俊. 说服力:让你的 PPT 会说话[M]. 2 版. 北京:人民邮电出版社,2014.

[16]  秋叶,卓弈刘俊. 说服力:工作型 PPT 该这样做[M]. 2 版. 北京:人民邮电出版社,2014.

[17]  秋叶. 和秋叶一起学 PPT[M]. 3 版. 北京:人民邮电出版社,2017.

[18]  曹将. PPT 炼成记:高效能 PPT 达人的 10 堂必修课[M]. 北京:中国青年出版社,2014.

[19]  陈魁,孙宁. 精 P 之道:高效沟通 PPT[M]. 北京:电子工业出版社,2016.

[20]  陈魁,吴树波. P 精斩级:专业 PPT 精髓[M]. 北京:电子工业出版社,2016.

[21]  陈魁,张庆文. P 神微力:PPT 微动画[M]. 北京:电子工业出版社,2016.

[22]  许江林,肖云莉. 价值百万的 PPT 是如何炼成的[M]. 北京:电子工业出版社,2014.